# 金 工 实 习

## （第 2 版）

**主　编**　徐永礼　涂清湖
**副主编**　黄斌斌　兰国莉
　　　　　刘棣中　莫寿生

U0234433

北京理工大学出版社
BEIJING INSTITUTE OF TECHNOLOGY PRESS

## 内 容 简 介

本书系统地介绍了金属工艺的基础知识，常用金工实习设备、工量具及其加工工艺方法。全书共分为 9 个课题，内容包括：金属材料及热处理实训，钳工实训，车削加工实训，刨、磨削与镗削实训，铣削与齿轮加工实训，铸造实训，锻压实训，焊接与切割实训，现代加工技术实训等，重要课题均编写了综合训练示例。

本书适用于高职高专机械类、机电类、近机类以及工科各专业的金工实习（实训）使用，也可供工程技术人员参考使用。

**图书在版编目（CIP）数据**

金工实习／徐永礼，涂清湖主编. —2 版. —北京：北京理工大学出版社，2019. 8
（2021.1重印）
ISBN 978-7-5682-7484-5

Ⅰ.①金…　　Ⅱ.①徐…②涂…　　Ⅲ.①金属加工-实习-高等学校-教材　　Ⅳ.①TG-45

中国版本图书馆 CIP 数据核字（2019）第 188632 号

| | |
|---|---|
| 出版发行 / | 北京理工大学出版社有限责任公司 |
| 社　　址 / | 北京市海淀区中关村南大街 5 号 |
| 邮　　编 / | 100081 |
| 电　　话 / | (010)68914775(总编室) |
| | (010)82562903(教材售后服务热线) |
| | (010)68948351(其他图书服务热线) |
| 网　　址 / | http://www.bitpress.com.cn |
| 经　　销 / | 全国各地新华书店 |
| 印　　刷 / | 唐山富达印务有限公司 |
| 开　　本 / | 787 毫米×1092 毫米　1/16 |
| 印　　张 / | 19.5 |
| 字　　数 / | 458 千字 |
| 版　　次 / | 2019 年 8 月第 2 版　2021 年 1 月第 2 次印刷 |
| 定　　价 / | 55.00 元 |

责任编辑／多海鹏
文案编辑／多海鹏
责任校对／周瑞红
责任印制／李志强

# 前　　言

本教材本着"突出技能，重在实用，淡化理论，够用为度"的理念，并总结高职院校近年来的教改经验编写而成。主要供高职高专院校机械制造及自动化、机电一体化、模具设计与制造、数控技术、汽车修理、汽车电子等专业的学生使用。也可供近机类、非机类专业以及从事机电设计和制造的技术人员使用。

通过本教材的学习，可以帮助学生在金工实习时，了解毛坯和零件的加工工艺过程、机械零件的主要加工方法和要领，并指导学生的实际操作，掌握基本的操作技能，为学习专业课程和今后工作奠定必要的实践基础。

本教材的内容注重理论与实际相结合，力求文字简明通顺，插图清晰，书中的技术名词、定义、符号均采用最新国家标准。尽量体现以职业活动为导向，以项目任务为载体，以突出能力为目标的教育特色。每一课题均以案例导入为开始，切入必需的基本知识，侧重加工工艺过程操作要点介绍，配合综合实训和适当的练习，有助于学生自学和教师指导。

本教材由广西水利电力职业技术学院徐永礼担任主编并负责统稿，由桂林理工大学南宁分校涂清湖担任第二主编。本书的编写分工是：广西水利电力职业技术学院徐永礼编写课题一和课题三；刘棣中编写课题二（2.1、2.2、2.3、2.4、2.5）；桂林理工大学南宁分校涂清湖编写课题二（2.6、2.7、2.8、2.9、2.10）和课题五；河池职业学院莫寿生编写课题四；广西职业技术学院兰国莉编写课题六；贵港职业学院谭红江编写课题七；广西农业职业技术学院廖其兴编写课题八；广西工业职业技术学院黄斌斌编写课题九。

由于编者水平有限，书中难免有不足之处，敬请专家和广大读者批评、指正。

编　者

# 目　　录

# 金属材料及热处理实训

**教学目标**：了解金属材料常用的力学性能试验，熟悉常用钢材的分类、牌号、用途与鉴别，掌握热处理的基本原理及普通热处理工艺。

**教学重点和难点**：拉伸试验、硬度试验、钢的分类和热处理工艺实训。

**案例导入**：某企业需要购买一批减速机，厂家提供两种型号供选择。一种是 ZL500-31.5 软齿面减速机，重 450 kg，价格 3 600 元/台；另一种是 ZLY160-31.5 硬齿面减速机，重 230 kg，价格 4 600 元/台。这两种型号减速机的传动功率和传动比相同，均能满足使用要求。采购人员很是纳闷：后一种的质量轻、体积小，价格却比前一种的高出许多倍，这是为什么呢？原来软齿面减速机的齿轮是用 45 号钢经正火或调质处理；而硬齿面减速机的齿轮是用 20CrMnTi 合金钢经渗碳+淬火+低温回火处理，最后再进行精磨加工，从而使其齿面的硬度、耐磨性能和配合精度大大提高，传动平稳，使用寿命比软齿面减速机高出 3 倍以上，企业在了解情况后选择购买硬齿面减速机。可见，合理使用金属材料并采用适当的加工工艺，能大大提高其力学性能，节约材料，并获得可观的经济效益。

## 1.1 金属材料常用力学性能试验

金属材料的性能分为使用性能和工艺性能两大类。使用性能是指金属材料在使用过程中所表现出来的特性，包括物理性能、化学性能和力学性能；工艺性能是指金属材料在加工过程中所表现出来的特性，主要包括铸造性能、锻压性能、焊接性能、切削加工性能和热处理工艺性能等。

力学性能是指金属材料在外力作用下，所表现出来的力学特性。当金属承受各种外加载荷（如拉伸、压缩、弯曲、扭转、冲击和交变等应力）时，会产生变形以至断裂。因此，力学性能也可以理解为金属材料受力时抵抗变形与断裂的能力。

金属材料常用的力学性能试验方法有：拉伸试验、硬度试验、冲击试验和疲劳试验等。

### 1.1.1 拉伸试验

金属材料的强度和塑性通常是通过拉伸试验来测定的。

**1. 试样的准备**

在试验之前，按 GB/T 228—2002 规定，先将金属材料制作成标准试样，图 1-1 所示为圆柱形拉伸试样。拉伸试验的试样按原始标距 $l_0$ 与原始横截面直径 $d_0$ 的比值分为两种：原始标距 $l_0 = 5d_0$ 时为短试样；$l_0 = 10d_0$ 时为长试样。低碳钢拉伸试验时通常采用长试样。

**2. 拉伸试验过程**

试验之前，先将试样的两端安装在拉伸试验机的夹头内，然后对试样施加拉伸力，当缓慢增大拉伸力时，试样也随之逐渐伸长，直至将试样拉断。同时试验机自动绘制出拉伸过程中的载荷（$F$）与试样的伸长量（$\Delta l$）之间的关系曲线，称为拉伸曲线。低碳钢的拉伸曲线如图1-2所示。

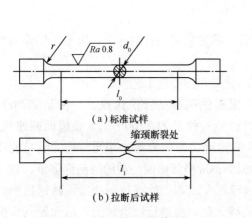

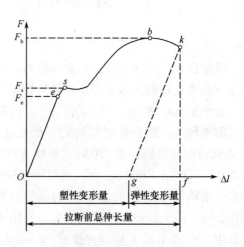

图1-1　圆柱形拉伸试样

图1-2　低碳钢的拉伸曲线

**3. 拉伸结果分析**

从拉伸曲线可知，拉伸过程可分为弹性变形、弹性-塑性变形和断裂三个阶段。在拉伸开始的 $Oe$ 阶段，为弹性变形阶段，在此阶段，当外力去除后变形量也完全消除。当拉伸力超过 $F_e$ 后，试样产生明显的塑性变形，当拉伸力增大到 $F_s$ 时，拉伸曲线上出现一近似水平的线段，表示外力不增加，变形量仍继续增加，这种现象称为屈服现象。屈服后，只有增大外力，变形量才会增加，$eb$ 阶段为弹性-塑性变形阶段，即除了发生塑性变形外，同时也发生弹性变形。当拉伸力到达 $F_b$ 时，试样局部横截面积减小，开始形成"缩颈"现象，此时，承载能力迅速下降，变形量明显增大，到 $k$ 点时试样发生断裂。

拉伸曲线中，拉断前总伸长量为 $Of$，拉断后测得的伸长量 $Og$ 为塑性变形量，恢复的伸长量 $gf$ 为弹性变形量。

### 1.1.2　金属材料的强度

强度是指金属材料在静载荷作用下抵抗塑性变形和断裂的能力。按照国家标准对材料进行各种破坏性试验（如拉伸、压缩、弯曲、扭转、剪切和疲劳试验等），可测定相应的强度指标。金属材料常用的强度指标是：屈服点和抗拉强度。

**1. 屈服点（屈服强度）**

屈服点是指拉伸试样产生屈服现象时的应力值，用 $\sigma_s$ 表示，即

$$\sigma_s = \frac{F_s}{S_0} \text{（MPa）}$$

式中　$F_s$——试样发生屈服现象时的载荷，N；

$S_0$——试样的原始横截面积，$mm^2$。

对于高碳钢、铸铁等材料，在拉伸试样中没有明显的屈服现象，无法确定其屈服点，可用规定的残余伸长率为 0.2% 时对应的应力值作为材料的名义屈服点，以 $\sigma_{0.2}$ 表示，即

$$\sigma_{0.2} = \frac{F_{0.2}}{S_0} \text{（MPa）}$$

式中　$F_{0.2}$——试样标距发生 0.2% 残余伸长率时的载荷，N；

$S_0$——试样的原始横截面积，$mm^2$。

**2. 抗拉强度**

抗拉强度是指材料在拉断前所承受的最大应力值，以 $\sigma_b$ 表示，即

$$\sigma_b = \frac{F_b}{S_0} \text{（MPa）}$$

式中　$F_b$——试样拉断前所承受的最大载荷，N；

$S_0$——试样的原始横截面积，$mm^2$。

在进行机械零件设计时，机械零件的横截面积尺寸可根据该零件的受力情况和材料的许用应力进行计算。通常设计钢件（或塑性材料）零件时的许用应力以 $\sigma_s$ 或 $\sigma_{0.2}$ 为依据来确定，而设计铸铁等脆性材料零件时的许用应力以 $\sigma_b$ 为依据来确定。

### 1.1.3　金属材料的塑性

塑性是指金属材料在断裂前产生永久变形的能力。金属材料常用的塑性指标是：断后伸长率和断面收缩率。

**1. 断后伸长率**

断后伸长率简称伸长率，它是指试样拉断后，标距的伸长量与原始标距的百分比，用 $\delta$ 表示，即

$$\delta = \frac{l_1 - l_0}{l_0} \times 100\%$$

式中　$l_1$——试样拉断后的标距长度，mm；

$l_0$——试样原始标距长度，mm。

对于同一种材料，长试样测得的伸长率通常小于短试样。长试样的伸长率用 $\delta_{10}$ 或 $\delta$ 表示，短试样则用 $\delta_5$ 表示。

**2. 断面收缩率**

断面收缩率是试样断口处横截面的减少量与原始横截面积之比的百分数，以 $\psi$ 表示，即

$$\psi = \frac{S_0 - S_1}{S_0} \times 100\%$$

式中　$S_0$——试样原始横截面积，$mm^2$；

$S_1$——试样断口处横截面积，$mm^2$。

金属材料的 $\delta$ 和 $\psi$ 值越大，其塑性越好。良好的塑性是金属材料进行锻造、冲压、轧制、焊接的必要条件。此外，机械零件具有一定的塑性，可避免在使用中发生突然断裂。

### 1.1.4 硬度试验

硬度是指金属材料局部表面抵抗变形（特别是塑性变形）的能力。它是由材料的弹性、强度、塑性、韧性等力学性能组成的综合性能指标。由于硬度试验设备简单，操作方便快捷，所以它是机械零件最为常用的力学性能检验方法，在机械产品零件图纸上，技术要求通常只标出硬度值，而不再标出其他的力学性能指标。

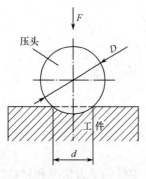

目前，硬度的测定方法可分为压入法、刻划法和回跳法三类，生产中常用的是压入法。压入法主要有布氏硬度试验法、洛氏硬度试验法和维氏硬度试验法等。

图 1-3 布氏硬度试验原理

#### 1. 布氏硬度试验

布氏硬度试验的原理如图 1-3 所示，它是在一定的载荷（试验力）$F$ 作用下，将直径为 $D$ 的淬火钢球（或硬质合金球）压入被测工件的表面，保持规定的时间后，将试验力去除，取出工件，用读数显微镜测量压痕的表面直径 $d$，然后按公式求出布氏硬度值（当压头用淬火钢球时，用 HBS 表示；当压头用硬质合金球时，用 HBW 表示）。也可根据 $d$ 值用布氏硬度换算表中查出硬度值。布氏硬度计算公式为

$$\text{HBS}（\text{HBW}）= 0.102\frac{F}{S_凹} = 0.102\frac{F}{\pi Dh} = 0.102\frac{2F}{\pi D（D-\sqrt{D^2-d^2}）}$$

式中　$F$——载荷，N；

　　　$S_凹$——压痕球冠表面积，$mm^2$；

　　　$D$——压头的直径，mm；

　　　$d$——压痕的直径，mm。

布氏硬度试验所用压头的直径有 $\phi10$ mm、$\phi5$ mm、$\phi2.5$ mm 三种，载荷有 29 420N、9 807N、7 355N、2 452N、1 839N、613N 和 153N 等多种，供不同种类和不同厚度的材料测试时选用。黑色金属（主要指钢铁材料），常用 $\phi10$ mm 的压头和 29 420 N（3 000 kgf[①]）的载荷。布氏硬度试验规范见表 1-1。

布氏硬度的表示方法为：硬度值+硬度符号+试样条件。例如 255HBS/3000/10 表示用 $\phi10$ mm 的淬火钢球为压头，在 29 420 N 载荷的作用下，保持时间为 10 s（保持时间 10~15 s 时，可以不标注），测得的布氏硬度值为 255。

在日常生产中，HBS 试验适用于布氏硬度值低于 450 的金属材料的硬度试验，HBW 试验适用于布氏硬度值为 450~650 的较硬材料硬度试验。

布氏硬度试验的优点是数据较稳定，重复性好；缺点是测试过程费时麻烦，而且压痕过大，不适合测量成品和过薄的工件。布氏硬度主要用于经过退火、正火和调质处理的钢件毛

---

① 1 kgf = 9.806 65 N。

坏或半成品，也常用于灰口铸铁、非铁金属的硬度测量。

表 1-1 布氏硬度试验规范

| 材料 | 硬度范围 /HB | 试样厚度 /mm | 压头直径 D/mm | 载荷 F /N | 载荷保持时间/s |
|---|---|---|---|---|---|
| 黑色金属 | 140~450 | 6~3<br>4~2<br><2 | 10<br>5<br>2.5 | 29 420（3 000 kgf）<br>7 355（750 kgf）<br>1 839（187.5 kgf） | 10 |
|  | <140 | >6<br>6~3<br><3 | 10<br>5<br>2.5 | 9 807（1 000 kgf）<br>2 452（250 kgf）<br>613（62.5 kgf） | 10~15 |
| 铜合金及镁合金 | 36~130 | >6<br>6~3<br><3 | 10<br>5<br>2.5 | 9 807（1 000 kgf）<br>2 452（250 kgf）<br>613（62.5 kgf） | 30 |
| 铝合金及轴承合金 | 8~35 | >6<br>6~3<br><3 | 10<br>5<br>2.5 | 2 452（250 kgf）<br>613（62.5 kgf）<br>153（15.6 kgf） | 60 |

### 2. 洛氏硬度试验

洛氏硬度试验的原理如图 1-4 所示，它是以顶角为 120° 的金刚石圆锥体（或直径为 1.58 mm 的淬火钢球）作为压头，先施加 98.1 N（10 kgf）的预载荷，使压头与试样表面之间接触良好，将深度刻度盘调零，再施加规定的主载荷，将压头压入金属材料的表面，保持 5~10 s 后将主载荷卸除，根据压头压入的深度 $h$，由刻度盘上的指针直接读出洛氏硬度值。

进行洛氏硬度测定时，需要两次施加载荷（即预载荷和主载荷）。先加预载荷 98.07 N（即刻度盘上的小指针转动 3 圈），然后旋转深度刻度盘调整表盘零点与大指针对齐，压头处于 1-1 位置，此时压头压入的深度为 $h_1$；加上主载荷后，压头处于 2-2 位置，此时压入的深度为 $h_2$，$h_2$ 包括加载引起的弹性变形和塑性变形量；卸除主载荷后，由于弹性变形恢复，压头稍抬起到 3-3 位置，此时压入深度为 $h_3$。洛氏硬度就是以主载荷所引起的残余压入深度 $h$（$h=h_3-h_1$）来表示的。但这样直接以压入深度的

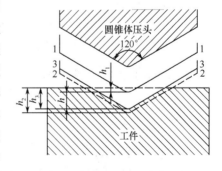
图 1-4 洛氏硬度试验原理示意图

大小表示硬度，将会出现硬的金属硬度值小，而软的金属硬度值大的现象，这与布氏硬度所标志的硬度值大小的概念相矛盾。为了与人们习惯上数值越大硬度越高的概念相一致，试样标准规定以一常数 $K$ 减去压痕深度 $h$ 的差值表示洛氏硬度值，为简单起见又规定每 0.002 mm 压入深度为一个洛氏硬度单位（即刻度盘上一小格）。洛氏硬度值的计算公式如下：

$$HR = \frac{K-h}{0.002}$$

使用金刚石圆锥压头时，取 $K=0.2$ mm；使用淬火钢球时，取 $K=0.26$ mm。

根据金属材料的软硬程度和性质不同，可选用不同的压头和载荷。目前常用的洛氏硬度试验方法是 HRA、HRB 和 HRC 三种，其中，HRC 在生产中应用广泛。洛氏硬度的试样规范和应用范围见表 1-2。

表 1-2 洛氏硬度的试样规范和应用范围

| 符号 | 压头 | 总负荷/N | | 硬度值有效范围/HRC | 使用范围 |
| --- | --- | --- | --- | --- | --- |
| | | 预载负荷 | 主载负荷 | | |
| HRA | 120°金刚石圆锥 | | 490.3 | >70 | 适用测量硬质合金、表面淬火层、渗碳层 |
| HRB | 1.588 mm 钢球 | 98.1 | 882.6 | 25～100 （HB60～230） | 适用测量有色金属、退火或正火钢 |
| HRC | 120°金刚石圆锥 | | 1 373 | 20～67 （HB230～700） | 适用测量调质钢、淬火钢 |

洛氏硬度的表示方法为：硬度值+硬度符号。例如：61HRC 表示按 HRC 规范测得的洛氏硬度值为 61。

### 3. 维氏硬度试验

维氏硬度试验原理与布氏硬度的基本相同，都是用单位压痕面积上承受的载荷来表示硬度值。所不同的是压头形状不一样，且使用载荷较小，如图 1-5 所示。它是用锥面夹角为 136°的金刚石正四棱锥体压头，在规定载荷的作用下压入被测金属表面，保持一定时间后，卸除载荷，取出工件，测量出压痕的两对角线的平均长度 $d$，然后按下面的公式计算出维氏硬度值。

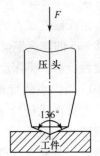

图 1-5 维氏硬度
试验原理

$$HV = 0.102\frac{F}{S} = 0.102\frac{F}{d^2/(2\sin68°)} = 0.189\,1\frac{F}{d^2}$$

式中 HV——维氏硬度符号；

　　　$F$——载荷，N；

　　　$S$——压痕面积，$mm^2$；

　　　$d$——两对角线的平均长度，mm。

实际测量时，通常是测出压痕对角线长度 $d$ 后，从维氏硬度换算表中查出维氏硬度值。

维氏硬度的表示方法为：硬度值+硬度符号+试样条件。例如：600HV30/20 表示在 294.2N（30 kgf）载荷作用下，保持 20 s 后测得的维氏硬度值为 600。通常载荷的保持时间为 10～15 s 时可以不必标注，如 600HV30。

维氏硬度试验时常用的载荷有 49.0 N（5 kgf）、98.1 N（10 kgf）、196.2 N（20 kgf）、294.3 N（30 kgf）、490.5 N（50 kgf）、981 N（100 kgf）等。如果被测材料的厚度较大，应尽

量使用较大的载荷，以便获得较大的压痕，从而提高测量精度。

维氏硬度的优点是载荷较小，压痕较浅，适合测量零件表面淬硬层和化学热处理后的表层硬度；可以测量极软到极硬的各类材料；由于载荷可任意选择，因此，既可以测定厚度较大的材料，也可以测定很薄的材料。缺点是被测工件表面的平整程度要求较高，试验操作也比较麻烦。

在金相显微组织研究中，常常使用维氏显微硬度试验来测定显微组织的硬度。维氏显微硬度试验施加的载荷更小，常用的有 0.098 1 N、0.196 1 N、0.490 3 N、0.980 7 N、1.961 N 等，测量压痕对角线长度以 μm 为单位，硬度符号仍用 HV 表示。维氏显微硬度除了可以测定金属组织中的晶粒及相组织的硬度外，还可以测定金属箔、微粒和极薄表面层的硬度值。

由于各种硬度的试验条件不同，因此相互之间没有准确的换算关系。但根据试验数据分析，得到粗略换算关系为：当硬度值在 200~600 HBS（或 HBW）范围时，1 HRC≈0.1 HBS（或 HBW）；当硬度值小于 450 HBS 时，HV≈HBS。

### 1.1.5 韧性与疲劳强度

#### 1. 韧性

金属材料在断裂前吸收变形能量的能力，称为韧性。韧性的常用指标为冲击韧度。

冲击韧度通常利用摆锤冲击试验机测定，其试验原理如图 1-6 所示。试验时，将带有缺口的标准试样 2（见 GB/T 229—2007）放在试验机的机座 1 上，试样缺口背向摆锤冲击方向。将质量为 m 的摆锤 4 抬升到高度 $H_1$，然后让摆锤自由下摆，冲断试样。摆锤冲断试样后继续向后摆动至高度 $H_2$ 处，摆锤冲断试样后的位能损失为 $mg（H_1-H_2）$，就是试样在冲击力作用下冲断时所吸收的功，称为冲击吸收功，用符号 $A_k$ 表示，其单位为焦耳（J）。$A_k$ 可由试验机的刻度盘上直接读出。

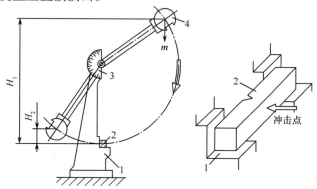

图 1-6 摆锤冲击试验原理示意图
1—机座；2—试样；3—指针；4—摆锤

试样缺口断裂处单位横截面上的冲击吸收功，称为冲击韧度，用符号 $a_k$ 表示。

$$a_k = \frac{A_k}{S} \ (J/cm^2)$$

式中 S——试样缺口底部横截面积，$cm^2$。

冲击韧度 $a_k$ 越大，表示金属材料抵抗冲击载荷的能力越大，即韧性越好。当机器零件承受冲击载荷作用时，不能只考虑静载荷的强度指标，还必须考虑金属材料抵抗冲击载荷的能力，即应具有一定的 $a_k$ 值。

**2. 疲劳强度**

疲劳强度是指金属材料经受无数次循环应力作用而不发生断裂的最大应力值。当应力按正弦曲线对称循环变化（也称为交变应力）时，疲劳强度以符号 $\sigma_{-1}$ 表示。

许多机械零件，如弹簧、齿轮、曲轴、连杆和滚动轴承等，都是在周期性或非周期性的变动应力下工作的，这些零件受到破坏时，其断裂应力往往低于材料的屈服强度。试验表明，材料所承受的交变应力的最大值 $\sigma_{max}$ 越大，则疲劳断裂前所经历的应力循环次数 $N$ 越少，反之越多。交变应力 $\sigma_{max}$ 和断裂前应力循环次数 $N$ 的关系曲线称为疲劳曲线。低、中碳钢的疲劳曲线如图1-7所示。

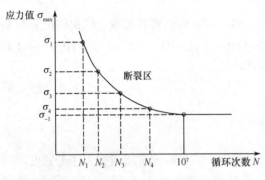

图1-7 低、中碳钢的疲劳曲线

由疲劳曲线图可知，当交变应力 $\sigma_{max}$ 较大时，应力循环次数 $N$ 较小就会出现断裂；随着 $\sigma_{max}$ 减小，$N$ 则增加，才会出现疲劳断裂。实践证明，对于钢铁材料，如果经过 $10^7$ 周次应力循环仍不发生疲劳断裂，则再经过更多的应力循环也不会发生疲劳断裂。GB/T 4337—2015规定，钢铁材料以经受 $10^7$ 周次应力循环而不破坏的最大循环应力作为疲劳强度。对于非铁合金和某些超高强度钢，应力循环次数取 $10^8$。

金属材料的疲劳强度受到材料的本质、工件表面质量、工作条件、零件的结构形状和表面残余应力等诸多因素的影响，设计和生产承受交变应力作用的零件时，应充分考虑这些影响寿命的因素，以提高产品的使用寿命。

# 1.2 钢材及其鉴别

## 1.2.1 钢材的分类

钢材的分类方法很多，常用的分类方法有：

（1）按化学成分分为：非合金钢（以前称碳素钢）和合金钢。

（2）按用途分为：结构钢（工程结构用钢和机械结构用钢）、工具钢和特殊性能钢等。

（3）按质量（硫、磷的含量）分为：普通质量钢、优质钢、高级优质钢和特级质量钢等。

（4）按钢中碳的含量分为：低碳钢（$w_C \leqslant 0.25\%$）、中碳钢（$w_C = 0.25\% \sim 0.60\%$）和高碳钢（$w_C > 0.60\%$）。

（5）按钢中合金元素的总含量分为：低合金钢（$w_{Me} \leqslant 5\%$）、中合金钢（$w_{Me} = 5\% \sim 10\%$）和高合金钢（$w_{Me} > 10\%$）。

（6）按钢中合金元素的种类分为：锰钢、铬钢、硅锰钢、硼钢和铬镍钢等。

我国目前主要按化学成分、质量和性能进行分类，具体见表1-3。

表1-3 钢的主要分类

| 按化学成分 | 按主要质量等级 | 按主要性能及使用性能 |
| --- | --- | --- |
| 非合金钢 | 普通质量非合金钢 | 以规定性能为主要特性的非合金钢 |
| | 优质质量非合金钢 | 以限制含碳量为主要特性的非合金钢 |
| | 特殊质量非合金钢 | 其他非合金钢等 |
| 低合金钢 | 普通质量低合金钢 | 可焊接的低合金高强度结构钢 |
| | 优质低合金钢 | 低合金耐候钢 |
| | 特殊质量低合金钢 | 其他低合金专业用钢 |
| 合金钢 | 优质合金钢 | 工程结构用合金结构钢 |
| | | 机械结构用合金结构钢 |
| | 特殊质量合金钢 | 合金工具钢 |
| | | 特殊性能钢 |

### 1.2.2 钢牌号的表示方法

**1. 非合金钢**

（1）碳素结构钢牌号的表示方法为：Q+数字+质量等级符号+脱氧方法。

其中，Q表示"屈"的汉语拼音首位字母；数字表示屈服点数值；质量等级符号分为A、B、C、D、E，其中A级钢中S（硫）、P（磷）含量最高，而E级钢中S、P含量最低；脱氧方法有F（沸腾钢）、B（半镇静钢）、Z（镇静钢、牌号中不用标出）、TZ（特殊镇静钢）。例如：Q235AF表示屈服点$\sigma_s \geq 235$ MPa，A级质量的沸腾碳素结构钢；Q235A为镇静钢。

（2）优质碳素结构钢牌号的表示方法为：两位数字+Mn（或不加）。

两位数字表示钢中平均碳的质量分数（$w_C$）的万分数；Mn表示较高含锰量（$w_{Mn} = 0.70\% \sim 1.20\%$），没有Mn字样的表示普通含锰量。例如：45表示平均碳的质量分数为0.45%的优质碳素结构钢；65Mn表示平均碳的质量分数为0.65%，是较高含锰量的优质碳素结构钢。

（3）碳素工具钢牌号的表示方法为：T+数字+A（或不加）。

其中，T表示"碳"的汉语拼音首位字母；数字表示钢中平均碳的质量分数的千分数；A表示高级优质钢（不加A表示优质钢）。例如：T8表示平均$w_C$为0.80%的优质碳素工具钢；T10A表示平均$w_C$为1.00%的高级优质碳素工具钢。

（4）碳素铸钢牌号的表示方法为：ZG+数字1-数字2。

ZG表示为"铸钢"的汉语拼音首位字母；数字1表示铸钢的最小屈服强度值；数字2表示铸钢的最小抗拉强度值。例如：ZG230-450表示$\sigma_s \geq 230$ MPa、$\sigma_b \geq 450$ MPa的碳素铸钢。

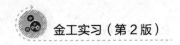

**2. 低合金钢**

（1）低合金高强度结构钢牌号的表示方法为：Q+数字+质量等级符号。

低合金、高强度结构钢牌号与碳素结构钢的牌号表示方法一致，只是屈服点数值更大一些，没有脱氧方法符号，均为镇静钢或特殊镇静钢。例如：Q345B 表示屈服点 $\sigma_s \geq 345$ MPa 的、B 级质量的、低合金高强度结构钢。

（2）耐候钢牌号的表示方法为：Q+数字+NH。

Q 表示"屈"的汉语拼音首位字母；数字表示屈服点数值；NH 表示"耐候"的汉语拼音字首。例如：Q235 NH 表示屈服点 $\sigma_s \geq 235$ MPa 的焊接结构用耐候钢。

（3）易切削结构钢牌号的表示方法为：Y+数字+元素符号。

Y 表示"易"的汉语拼音首位字母；数字表示钢中碳的质量分数的万分数；元素符号表示加入的主要元素。例如：Y45Ca 表示平均碳的质量分数为 0.45%、加入的主要元素为 Ca 的易切削结构钢。

**3. 合金钢**

（1）合金结构钢牌号的表示方法为：两位数字+元素符号及数字。

两位数字表示碳的质量分数的万分数；元素符号后面的数字表示该元素的平均含量，合金元素的含量小于 1.5% 时，一般不加数字，1.5%～2.5% 表示为 2，2.5%～3.5% 表示为 3，依此类推。例如：20CrMnTi 表示平均碳的质量分数为 0.20%，合金元素 Cr、Mn、Ti 的质量分数均小于 1.5% 的合金渗碳钢。

（2）滚动轴承钢牌号的表示方法为：G+Cr 及数字+合金元素及数字。

其中，G 表示"滚"的汉语拼音首位字母；Cr 后面的数字表示 Cr 平均质量分数的千分数；其余合金元素表示方法与合金结构钢相同。例如：GCr15SiMn 表示 Cr 的平均质量分数为 1.5%，Si、Mn 的平均质量分数均小于 1.5% 的滚动轴承钢。

（3）合金工具钢牌号的表示方法为：一位数字（或没有）+元素符号及数字。

一位数字表示钢中碳的质量分数的千分数，当碳的质量分数 ≥1% 时，则不予标出；其他与合金结构钢表示相同。例如：CrWMn 表示碳的平均质量分数 ≥1.0%，Cr、W、Mn 的平均质量分数均小于 1.5% 的冷作模具钢。

（4）高速工具钢牌号的表示方法为：元素符号 1 及数字+元素符号 2 及数字+……

高速工具钢不标含碳量，其他与合金工具钢表示方法一致。例如：W18Cr4V 表示平均钨的质量分数为 18%、平均铬的质量分数为 4%、平均钒的质量分数小于 1.5% 的高速工具钢，其碳的质量分数为 0.7%～0.8%（牌号中不标出）。

（5）特殊性能钢牌号的表示方法为：数字+合金元素及数字。

一位数字表示碳的质量分数的千分数，与工具钢相同。另外，当碳的质量分数 >0.03% ≤0.08% 时表示为"0"，当碳的质量分数 ≤0.03% 时表示为"00"。例如：0Cr19Ni9 表示平均碳的质量分数为 0.03%～0.08%、铬的平均质量分数为 19%、镍为 9% 的不锈钢；00Cr19Ni11 表示平均碳的质量分数为 ≤0.03% 的不锈钢。

对于专门用途的钢种，在钢号的尾部或头部加注相应的符号，见表 1-4。

表1-4　我国专门用途钢种的名称及其符号（GB/T 221—2000）

| 名称 | 汉字及采用符号 | 位置 | 名称 | 汉字及采用符号 | 位置 |
|---|---|---|---|---|---|
| 耐候钢 | 耐候-NH | 牌号尾 | 易切削非调质钢 | 易非-YF | 牌号头 |
| 锅炉钢 | 锅-g | 牌号尾 | 热锻用非调质钢 | 非-F | 牌号头 |
| 压力容器用钢 | 容-R | 牌号尾 | 焊接用钢 | 焊-H | 牌号头 |
| 桥梁用钢 | 桥-q | 牌号尾 | 钢轨钢 | 轨-U | 牌号头 |
| 焊接气瓶用钢 | 焊瓶-HP | 牌号尾 | 滚动轴承钢 | 滚-G | 牌号头 |
| 矿用钢 | 矿-K | 牌号尾 | 塑料模具钢 | 塑模-SM | 牌号头 |
| 保证淬透性钢 | H | 牌号尾 | 锚链钢 | 锚-M | 牌号头 |

### 1.2.3　常用钢材

#### 1. 常用碳素结构钢

常用碳素结构钢的牌号、机械性能及其用途见表1-5。

表1-5　常用碳素结构钢牌号、机械性能及其用途

| 类别 | 常用牌号 | 机械性能 | | | 用途 |
|---|---|---|---|---|---|
| | | 屈服点 $\sigma_s$/MPa | 抗拉强度 $\sigma_b$/MPa | 伸长率 $\delta_5$/% | |
| 碳素结构钢 | Q195 | （195） | 315~390 | 33 | 塑性较好，有一定的强度，通常轧制成钢筋、钢板、钢管等，可用于作桥梁、建筑物等构件，也可用作普通螺钉、螺帽、铆钉等 |
| | Q215 | 215 | 335~410 | 31 | |
| | Q235A | 235 | 375~460 | 26 | |
| | Q235B | | | | |
| | Q235C | | | | 可用于重要的焊接件 |
| | Q235D | | | | |
| | Q255 | 255 | 410~510 | 24 | 强度较高，可轧制成型钢、钢板作构件用 |
| | Q275 | 275 | 490~610 | 20 | |
| 优质碳素结构钢 | 08F | 175 | 295 | 35 | 塑性好，可制造冷冲压零件 |
| | 10 | 205 | 335 | 31 | 冷冲压性与焊接性能良好，可用作冲压件及焊接件，经过热处理（如渗碳）也可以制造轴、销等零件 |
| | 20 | 245 | 410 | 25 | |
| | 35 | 315 | 530 | 20 | 经热处理后，可获得良好的综合机械性能，用来制造齿轮、轴类、套筒等零件 |
| | 40 | 335 | 570 | 19 | |
| | 45 | 355 | 600 | 16 | |
| | 50 | 375 | 630 | 14 | |
| | 60 | 400 | 675 | 12 | 主要用来制造小型弹簧 |
| | 65 | 410 | 695 | 10 | |

## 2. 常用合金钢

常用合金钢的牌号、机械性能及其用途见表1-6。

表1-6 常用合金钢牌号、机械性能及其用途

| 类别 | 常用牌号 | 机械性能 | | | 用途 |
|---|---|---|---|---|---|
| | | 屈服点 $\sigma_s$/MPa | 抗拉强度 $\sigma_b$/MPa | 伸长率 $\delta_5$/% | |
| 低合金高强度结构钢 | Q295 | ≥295 | 390~570 | 23 | 具有高强度、高韧性、良好的焊接性能和冷成型性能，主要用于制造桥梁、船舶、车辆、锅炉、高压容器、输油输气管道、大型钢结构等 |
| | Q345 | ≥345 | 470~630 | 21~22 | |
| | Q390 | ≥390 | 490~650 | 19~20 | |
| | Q420 | ≥420 | 520~680 | 18~19 | |
| | Q460 | ≥460 | 550~720 | 17 | |
| 合金渗碳钢 | 20Cr | 540 | 835 | 10 | 主要用于制造汽车、拖拉机中的变速齿轮，内燃机上的凸轮轴、活塞销等机器零件 |
| | 20CrMnTi | 835 | 1 080 | 10 | |
| | 18Cr2Ni4WA | 835 | 1 175 | 10 | |
| 合金调质钢 | 40Cr | 785 | 980 | 9 | 主要用于汽车和机床上的主轴、齿轮、曲轴等 |
| | 35CrMo | 835 | 980 | 12 | |
| | 38CrMoAlA | 835 | 980 | 14 | |
| 合金弹簧钢 | 55Si2Mn | 1 176 | 1 274 | 30 | 用于汽车、机车上的减振弹簧、螺旋弹簧、安全阀弹簧等 |
| | 50CrVA | 1 127 | 1274 | 40 | |
| 滚动轴承钢 | GCr15 GCr15SiMn | — | — | — | 用于机床、机车及其他设备轴承的滚动体和内外圈 |
| 低合金刃具、量具钢 | 9SiCr 9Mn2V CrWMn | — | — | — | 用于板牙、丝锥、钻头、铰刀、齿轮铣刀、拉刀、量具等 |
| 冷作模具钢 | Cr12 Cr12MoV | — | — | — | 用于冷作模具、冲头、拉丝模、冷作剪刀、圆锯、滚丝模等 |
| 热作模具钢 | 5CrNiMo 3Cr2W8V | — | — | — | 用于锤锻模、热挤压模、有色金属压铸模等 |
| 高速工具钢 | W18Cr4V W6Mo5Cr4V2 | — | — | — | 用于大钻头、车刀、铣刀、滚刀、高速冲头、锯片、拉刀等 |
| 不锈钢 | 0CrNi9 1Cr18Ni9Ti | 200 200 | 500 550 | 60 55 | 用于耐酸、耐碱、耐盐的容器及输送管道及医疗器械等 |

### 1.2.4 钢材的鉴别

钢材的品种很多，性能差异很大，只从外观上看，很难鉴别钢材的种类。目前钢材的鉴别方法有化学鉴定法、金相鉴定法、火花鉴定法、涂色标志法等。下面主要介绍火花鉴定法和涂色标记法。

**1. 火花鉴定法**

火花鉴定法是利用钢材在旋转的砂轮上磨削，根据所产生的火花形状、光亮度、色泽的不同特征来大致鉴别钢的化学成分。

（1）火花的构成。由高温灼热粉末形成的线条状火花称为流线。流线在飞行途中爆炸而发出稍粗而明亮的点称为节点，火花在爆裂时所射出的线条称为芒线，芒线所组成的火花称为节花。节花分一次花、二次花、三次花不等，芒线附近呈现明亮的小点称为花粉。火花束的构成如图1-8所示。

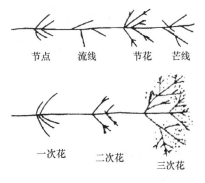

图1-8 火花束的组成

由于钢材的化学成分不同，流线尾部出现不同的尾部火花，称为尾花。尾花有苞状尾花、狐尾花、菊状尾花、羽状尾花等，如图1-9所示。

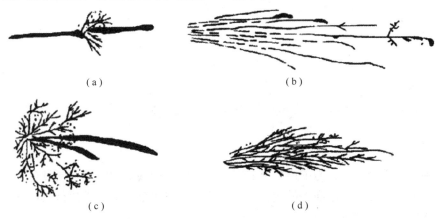

（a）　　　　　　　　　　　（b）

（c）　　　　　　　　　　　（d）

图1-9 各种尾花形状
（a）苞状尾花；（b）狐尾花；（c）菊状尾花；（d）羽状尾花

（2）常用钢材的火花特征。碳是火花形成的基本元素，也是火花鉴别法测定的主要成分。由于钢中的含碳量不同，其火花形状也不同。

碳素钢随含碳量的增加，火花束中流线逐渐增多，长度逐渐缩短并变细；芒线也逐渐变短、变细；节花由一次花转成二次花、三次花；色泽由草黄色带暗红色逐渐转为黄亮色，再转为暗红色，光亮度逐渐增高。图1-10所示为碳素钢火花特征示意图。

15钢（图1-10（a））的火花束为粗流线，流线量少，火束长，一次花较多，色泽呈草黄带暗红。

45钢（图1-10（b））流线多而稍细，火束短，发光大，二次花较多，色泽呈黄色。

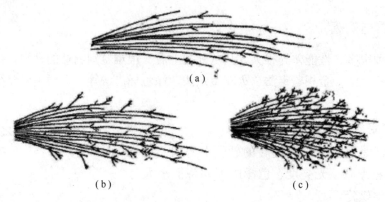

图 1-10　碳素钢火花特征示意图

(a) 15 钢；(b) 45 钢；(c) T10 钢

T10 钢（图 1-10（c））流线多而细，有二次花及三次花，色泽呈暗红色。

合金钢火花的特征与加入合金元素有关。例如 Ni、Si、Mo、W 等有抑制火花爆裂的作用，而 Mn、V、Cr 却可以助长爆裂，所以对合金钢火花的鉴别较难掌握。图 1-11 所示为高速工具钢 W18Cr4V 的火花特征，火花束细长，流线数量少，无火花爆裂；色泽呈暗红色；根部和中部为断裂流线，尾花呈狐状。

图 1-11　高速工具钢火花特征

### 2. 涂色标记法

在仓储和使用钢材时，为了避免出差错，常在钢材的两端面涂上不同颜色的油漆作为标记，以便钢材的分类。所涂油漆的颜色和要求应严格按照统一的标准执行具体标准如下：

碳素结构钢 Q235 钢——红色；

优质碳素结构钢 45 钢——白色+棕色；

优质碳素结构钢 60Mn 钢——绿色三条；

合金结构钢 20CrMnTi 钢——黄色+黑色；

合金结构钢 40CrMo 钢——绿色+紫色；

滚动轴承钢 GCr15 钢——蓝色一条；

高速钢 W18Cr4V 钢——棕色一条+蓝色一条；

不锈钢 0Cr19Ni9 钢——铝色+绿色。

## 1.3　钢的热处理工艺

热处理工艺是将金属材料以一定的速度加热到预定温度并保持一定的时间，再以预定的冷却速度进行冷却的综合工艺方法。它的目的是：改善材料的使用性能和工艺性能。它的基本过程是：加热→保温→冷却。图 1-12 所示为一种基本的热处理工艺曲线。

下面主要介绍常用的普通热处理工艺：退火、正火、淬火、回火。

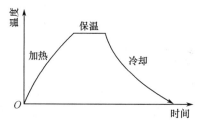

图 1-12　基本的热处理工艺曲线

### 1.3.1　钢的退火工艺

退火是将钢加热到一定温度，保温适当时间，缓冷至 600 ℃以下，再空冷（放置在空气中冷却）至室温的热处理工艺。根据钢的化学成分和不同的目的要求，退火方法可分为：完全退火、不完全退火、等温退火、球化退火、扩散退火、再结晶退火、去应力退火等。图 1-13 所示为各种退火工艺的加热温度范围。

**1. 完全退火和不完全退火**

完全退火工艺为：将工件加热到 $A_{c3}$ 以上 30 ℃~50 ℃，保温适当时间后慢冷。完全退火工艺获得接近平衡状态组织，目的是细化、软化组织，降低硬度，一般应用于亚共析钢的铸件、锻件、热轧型材和焊接件。

不完全退火是将铁碳合金加热到 $A_{c1}$~$A_{c3}$ 温度，达到不完全奥氏体化，随之缓慢冷却的退火工艺。不完全退火主要适用于中、高碳钢和低合金钢锻轧

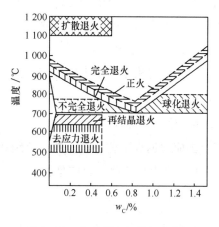

图 1-13　各种退火加热温度范围

件等，其目的是细化组织和降低硬度，但细化组织程度低于完全退火。

**2. 等温退火**

等温退火是将钢件或毛坯件加热到高于 $A_{c3}$（或 $A_{c1}$）温度，亚共析钢一般加热到 $A_{c3}$ 以上 30 ℃~50 ℃，过共析钢和共析钢一般加热到 $A_c$ 以上 20 ℃~40 ℃，保温适当时间后，较快地冷却到珠光体温度转变区间的某一温度等温，保温一定时间，使奥氏体转变为珠光体组织，然后在空气中冷却的退火工艺。等温退火工艺应用于中碳合金钢和低合金钢，其目的是细化晶粒和降低硬度。等温退火的组织与硬度比完全退火更为均匀。图 1-14 所示为某工具钢完全退火与等温退火的比较。

**3. 球化退火**

球化退火工艺是把工件加热到 $A_{c1}$ 以上 20 ℃~40 ℃，保温后等温冷却或随炉缓慢冷却。其目的是获得球粒状碳化物，降低硬度，提高塑性，以利于切削加工，为后续工序做好组织

准备。球化退火主要用于 $w_C > 0.6\%$ 的各种工、模具钢及轴承钢件等。图 1-15 所示为 T10 钢球化退火工艺。

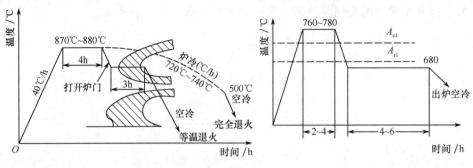

图 1-14　某工具钢完全退火　　　　图 1-15　T10 钢的球化退火工艺
　　　　　与等温退火比较

### 4. 扩散退火

扩散退火工艺为：将工件加热到 $A_{c3}$ 以上 150 ℃～300 ℃，长时间保温后慢冷。目的是使钢中的化学成分和组织均匀化，主要用于合金钢铸锭和铸件，以消除枝晶偏析，使成分均匀化，然后再进行一次完全退火或正火，以细化晶粒组织。

### 5. 再结晶退火

再结晶退火工艺是把钢件加热到 $A_{c1}$ 以下 50 ℃～150 ℃，保温后空冷。目的是消除冷变形件加工硬化，改善塑性。

### 6. 去应力退火

去应力退火工艺是把工件加热到 $A_{c1}$ 以下 100 ℃～200 ℃，保温后空冷或炉冷至 200 ℃～300 ℃，再出炉空冷。目的是去除由于塑性形变加工、焊接等造成的以及铸件内存在的残余应力。

### 1.3.2　钢的正火工艺

正火是将钢件加热到 $A_{c3}$（$A_{ccm}$）以上 30 ℃～50 ℃，保温适当的时间后，在静止的空气中冷却至室温的热处理工艺。对于中、低碳钢的铸件、锻件，正火的主要目的是细化晶粒和适当提高硬度。与退火相比，钢正火后的珠光体片层更细，因而强度和硬度较高。

目前正火的主要应用有以下几个方面：

（1）改善切削加工性能。低碳钢和低碳合金钢退火后硬度小于 150 HBS，切削加工时容易粘刀，加工出来的零件表面质量较差。用正火处理后，可将硬度调整为 160～230 HBS，从而改善了切削加工性能。

（2）消除网状碳化物。对于 $w_C \geq 1.2\%$ 的过共析钢，铸态组织会出现网状碳化物，通过正火处理后，可抑制并消除网状二次渗碳体的形成，以便在进一步的球化退火中得到良好的球状碳化物组织。

（3）普通结构零件的最终热处理。通常 $w_C = 0.4\% \sim 0.7\%$ 的普通结构零件可在正火状态下使用。

### 1.3.3　钢的淬火工艺

**1. 淬火加热温度**

淬火加热温度的选择应以得到细而均匀的奥氏体晶粒为原则，以便冷却后获得细小的马氏体组织。亚共析钢的淬火加热温度通常为 $A_{c3}$ 以上 30 ℃~50 ℃；过共析钢的淬火加热温度通常为 $A_{c1}$ 以上 20 ℃~40 ℃。图 1-16 所示为钢的一般淬火加热温度范围。上述的加热温度仅适合于一般情况，并非固定不可改变，具体工件的加热温度还要考虑工件的形状、尺寸和冷却介质等因素。对于大型工件的淬火温度可采用 $A_{c3}$ 以上 50 ℃~80 ℃，对细晶粒钢取 $A_{c3}$ 以上 100 ℃。小工件可取较低的加热温度。同一钢种零件的等温淬火或分级淬火温度常取略高于一般淬火加热温度。

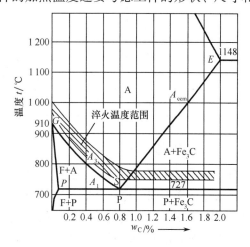

图 1-16　钢的一般淬火加热温度范围

**2. 淬火保温时间**

淬火保温时间主要根据钢的成分特点、加热介质和零件尺寸来确定。钢的含碳量越高，含合金元素越多，导热性越差，则保温时间就越长；零件尺寸越大，保温时间越长；一般箱式电阻炉加热，保温时间长一些，而用盐浴炉加热、保温的，则时间短一些。

生产中可根据经验数据、经验公式确定保温时间，常用的经验公式为：

$$T = aKD$$

式中　$T$——保温时间，min；

　　　$a$——保温时间系数，min/mm；

　　　$K$——工件装炉方式修正系数；

　　　$D$——工件有效厚度，mm。

保温时间系数可从表 1-7 中查出，工件装炉方式修正系数可从表 1-8 中查出。

表 1-7　保温时间系数 $a$

| 工件材料 | 直径/mm | <600 ℃气体介质炉中预热 /（min·mm） | 800 ℃~900 ℃气体介质炉中加热 /（min·mm） | 750 ℃~850 ℃盐浴炉中加热或预热/（min·mm） | 1 100 ℃~1 300 ℃盐浴炉中加热 /（min·mm） |
|---|---|---|---|---|---|
| 碳素钢 | ≤50 |  | 1.0~1.2 | 0.3~0.4 |  |
|  | >50 |  | 1.2~1.5 | 0.4~0.5 |  |
| 低合金钢 | ≤50 |  | 1.2~1.5 | 0.45~0.5 |  |
|  | >50 |  | 1.5~1.8 | 0.5~0.55 |  |
| 高合金钢 |  | 0.35~0.4 |  | 0.3~0.35 | 0.1~0.2 |
| 高速钢 |  |  | 0.65~0.85 | 0.3~0.35 | 0.16~0.18 |

表 1-8　工件装炉方式修正系数 $K$

| 工件装炉方式 | 修正系数 $K$ | 工件装炉方式 | 修正系数 $K$ |
|:---:|:---:|:---:|:---:|
| | 1.0 | | 1.4 |
| | 2.0 | | 4.0 |
| | 1.4 | | 2.2 |
| | 1.7 | | 1.8 |

**3. 淬火冷却速度**

淬火冷却速度的控制是保证钢在淬火工艺中获得马氏体的关键步骤，控制不同的冷却速度是通过选择不同的冷却介质来实现的。理想的冷却速度是在出炉初期（650 ℃以上）要慢冷，然后快冷，以避免碰到 $C$ 曲线的凸点，防止出现高温和中温组织转变，冷却到 350 ℃以下可降低冷却速度，以减少热应力和组织转变应力的双重作用，防止工件变形和开裂。

淬火冷却介质选择的原则为：

（1）为保证获得马氏体组织，要求淬火冷却速度 $v \geq$ 该材料的淬火临界冷却速度 $v_k$；

（2）为保证零件不因淬火应力过大而变形或开裂，要求淬火冷却速度 $v$ 不应太大，应该选择合适的冷却介质。

常用的淬火冷却介质有清水、盐水、油、盐浴、碱浴等。此外，还有水玻璃溶液、氯化锌-碱液光亮淬火介质、聚乙烯醇水溶液等。

① 水：水是淬火工艺中使用最广泛的一种冷却介质，它不但来源方便、经济，而且具有良好的物理化学性能，主要用于形状简单、截面较大的碳钢零件的淬火。水的冷却能力与水温关系很大，当水温从 20 ℃升到 40 ℃时，在 600 ℃时的冷却速度降低了一倍。所以一般淬火所用水温控制在 40 ℃以下。淬火时工件在水中要不断搅动或采用循环水，以破坏蒸汽膜而提高工件在高温区的冷却速度。水中掺入微量与水不溶的杂质，如泥土、油、肥皂等都会影响水的冷却能力，在淬火时易产生软点等缺陷。

② 油：一般用于合金钢和某些小型复杂碳素钢件的淬火。常使用的淬火油为 10#、20#机械油。

③ 盐浴：为了减少零件淬火时的变形，盐浴也常用作淬火介质，主要用于分级淬火和等温淬火。

④ 水玻璃溶液、氯化锌-碱液光亮淬火介质、聚乙烯醇水溶液等新淬火介质：当加入改性添加剂时，由于冷却能力可调整，使用过程中冷却介质浓度可简便测定，具有减少变形、防止淬裂，不锈蚀、免清洗、无味、无烟雾、不着火，使用温度高，环保、少无污染，正常消耗是传统油淬火的 40%等特点，因而正在推广应用。

**4. 淬火的方法**

为了保证获得所需淬火组织，又要防止变形和开裂，必须采用合适的淬火介质再配以各种冷却方法才能解决。常用的淬火方法有：

单液淬火、双液淬火、分级淬火和等温淬火等，如图 1-17 所示。此外还有复合淬火、风淬、喷雾淬火、喷流淬火等。

（1）单液淬火。单液淬火是在单一的淬火介质中进行冷却的方法，如图 1-17 中的 a 所示。所用的淬火介质是根据零件材料的淬透性、工件尺寸大小及形状的复杂性等进行选择的。

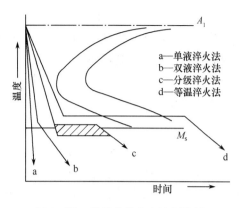

图 1-17　常用的淬火方法示意图

a—单液淬火法
b—双液淬火法
c—分级淬火法
d—等温淬火法

（2）双液淬火。双液淬火是将工件先浸入到冷却能力较强的介质，急冷到略高于 $M_s$ 的温度，以抑制珠光体和贝氏体转变，随即转入到冷却能力较弱的介质中继续冷却，使过冷奥氏体转变为马氏体，如图 1-17 中的 b 所示。最常用的淬火介质是：水-油、水-空气、水-硝酸盐等。采用双液淬火的目的是保证淬火后得到足够的淬硬层，又能防止工件开裂，减小变形。

（3）分级淬火。分级淬火是先将工件浸入温度略高于 $M_s$ 点的盐浴或碱浴中，待工件表面与中心都冷到浴槽的温度后，取出在空气或油中冷却，如图 1-17 中的 c 所示。分级淬火的优点是淬火工件内应力较小，变形与开裂倾向较小，便于热校直。分级淬火适用于形状复杂和对形状、尺寸要求严格的小型工件。

（4）等温淬火。等温淬火冷却方法与分级淬火相似，在浴槽中保温时间长，使过冷奥氏体在保温过程中转变为下贝氏体，如图 1-17 中的 d 所示。等温淬火适用于合金钢及碳的质量分数大于 0.6% 的小截面碳钢工件。

（5）复合淬火。复合淬火是将工件急冷至 $M_s$ 以下获得 10%~30% 马氏体，然后在下贝氏体区等温，使剩下的过冷奥氏体转变为下贝氏体组织。这种冷却方式可使较大截面的工件获得马氏体+下贝氏体组织。马氏体+下贝氏体复合组织具有良好的强韧性。复合淬火用于合金工具钢工件淬火处理，可避免第一类回火脆性，减少残余奥氏体量及变形开裂倾向。

## 1.3.4　钢的回火工艺

回火是把淬火后的钢件，重新加热到 $A_1$ 以下某一温度，经保温后冷却至室温的热处理工艺。回火的目的是减少或消除淬火应力，稳定组织，提高钢的塑性和韧性，从而使钢的强度、硬度与塑性、韧性得到适当配合，以满足不同工件的性能要求。

**1. 淬火钢的回火组织转变**

研究表明，淬火钢在回火时的组织转变大概可分为以下四个阶段：

第一阶段（100 ℃~250 ℃）：马氏体中的过饱和碳原子析出，形成碳化物 $Fe_xC$，得到回火马氏体组织；

第二阶段（200 ℃~300 ℃）：残余奥氏体转变为过饱和固溶体与碳化物，同时马氏体继续分解，得到回火马氏体组织；

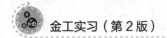

第三阶段（300 ℃~450 ℃）：马氏体继续分解，碳原子继续析出使过饱和 α 固溶体转变为铁素体；回火马氏体中的 $Fe_xC$ 转变为稳定的粒状渗碳体，得到铁素体和极细渗碳体的机械混合物，即回火托氏体；

第四阶段（450 ℃以上）：碳化物聚集长大，温度越高碳化物越大，得到粒状碳化物与铁素体的机械混合物，即回火索氏体。

**2. 回火种类及应用**

（1）低温回火（150 ℃~250 ℃）。低温回火的目的是获得回火马氏体组织，使钢具有高的硬度（≥60 HRC）、强度和耐磨性。低温回火一般用来处理要求高硬度和高耐磨性的工件，如冲裁模中的凹凸模、导柱、导套等零件以及刀具、量具、滚动轴承和渗碳件等。

（2）中温回火（350 ℃~500 ℃）。中温回火的目的是获得回火托氏体组织，使钢具有较高的弹性极限和韧性，并保持一定的硬度（一般为35~50 HRC），主要用于各种弹簧及锻模、压铸模等模具。

（3）高温回火（500 ℃~650 ℃）。高温回火后一般均可获得回火索氏体组织。通常把淬火加高温回火的复合热处理称为"调质"。中碳钢调质处理后，可获得一定的强度、硬度（25~35 HRC）以及良好的塑性、韧性，即具有良好的综合力学性能。调质处理适用于中碳结构钢制作的曲轴、连杆、螺栓、汽车拖拉机半轴、机床主轴及齿轮等重要机器零件。

# 1.4 本课题实训：硬度试验和碳钢的淬火、回火实训

## 1.4.1 硬度试验

**1. 硬度试验目的**

（1）了解布氏硬度和洛氏硬度试验的基本原理及其应用范围。
（2）了解布氏硬度和洛氏硬度试验机的主要结构和操作方法。

**2. 硬度试验技术要求**

（1）布氏硬度试验技术要求、试样准备。按每5人使用一块试样进行备料，试样材料为45钢，正火处理，尺寸为 $\phi90$ mm×20 mm，试样经精车后两端面用砂纸打磨平整光洁。

试验操作时，压痕距离试样的边缘应大于 $D$（压头的钢球直径），两压痕之间的距离也应大于 $D$。

用读数显微镜测量压痕直径 $d$ 时，应从相互垂直的两个方向上进行，取其平均值，通过查表或计算确定布氏硬度值。

（2）洛氏硬度试验技术要求。

准备多块45圆钢和T12圆钢试样，分别进行正火、淬火+低温回火处理后，试样上下两端面须经过磨制加工。根据 HRC 试验规范，选用120°金刚石圆锥压头和1 471 N 总载荷。在试样不同部位连续测量3次，注意两压痕之间距离应大于3 mm，取3次测量值的平均数作为洛氏硬度值。

**3. 硬度试验成果报告**

（1）测定布氏硬度值（HBS），并填写表1-9。

表 1-9 布氏硬度测定结果

| 45 钢正火 $\phi 80\ mm\times 20\ mm$ | 钢球直径 $D$/mm | 载荷 $P$/kgf | 持续时间/s | $P/D^2$ 值 |
|---|---|---|---|---|
| 凹痕直径 $d$/mm | | | | |
| HBS 值 | | | | |

（2）测定洛氏硬度值（HRC），并填写表 1-10。

表 1-10 洛氏硬度测定结果

| 试样材料 | 热处理 | 压头 | 载荷/kgf | 硬度值/HRC | | | |
|---|---|---|---|---|---|---|---|
| | | | | 1 | 2 | 3 | 平均值 |
| 45 钢 | 正火 | | | | | | |
| | 淬火+低温回火 | | | | | | |
| T12 钢 | 正火 | | | | | | |
| | 淬火+低温回火 | | | | | | |

### 1.4.2 碳钢的淬火、回火实训

**1. 实训目的**

（1）了解碳钢经过各种淬火工艺处理后所得到的组织和性能差别。

（2）了解碳钢经过不同温度回火处理后所得到的组织和性能差别。

**2. 碳钢的淬火实训**

（1）准备试样：材料规格为 $\phi 20\ mm\times 30\ mm$，其中 20 钢、T12 钢各 5 件，45 钢 10 件，每种钢材要作好标记。

（2）根据表 1-11 中的五种淬火条件，分五个小组进行淬火试验。1~4 组每种钢号各按工艺处理一块；第五组除 20 钢、T12 钢各按工艺处理一块外，45 钢按 860 ℃加热和水冷工艺处理六块，其中五块供回火使用。

表 1-11 淬火试验测定结果

| 组别 | 加热温度/℃ | 冷却方式 | 20 钢 | | 45 钢 | | T12 钢 | |
|---|---|---|---|---|---|---|---|---|
| | | | 热处理前硬度/HRC | 热处理后硬度/HRC | 热处理前硬度/HRC | 热处理后硬度/HRC | 热处理前硬度/HRC | 热处理后硬度/HRC |
| 1 | 1 000 ℃ | 水冷 | | | | | | |
| 2 | 760 ℃ | 水冷 | | | | | | |
| 3 | 860 ℃ | 空冷 | | | | | | |
| 4 | 860 ℃ | 油冷 | | | | | | |
| 5 | 860 ℃ | 水冷 | | | | | | |
| 归纳和总结： | | | | | | | | |

（3）加热前先将全部试样测定硬度，为便于比较，一律用洛氏硬度测定，把测定结果填入表1-11的相应栏中。

（4）淬火加热的保温时间可按每毫米直径1 min来确定；

（5）各组将按表1-11中的各种加热温度和冷却方式处理后的试样表面用砂纸（或砂轮）磨平，然后测定硬度值，各组的数据提供给全班共享，一起填入表1-11的相应栏中，每个同学根据钢的组织与硬度的关系进行归纳和总结，上交实训报告。

**3. 淬火钢的回火实训**

（1）根据表1-12中的回火温度不同，分五个小组进行。各小组将第五组已经正常淬火并测定过硬度的45钢试样分别放入指定温度的炉内加热，保温60 min，然后取出空冷。

（2）用砂纸磨光表面，分别在洛氏硬度机上测定硬度值。

（3）各组将测定的硬度值分别填入表1-12中（各组的数据提供全班共享），每个同学根据钢的回火组织与硬度的关系进行归纳和总结，上交实训报告。

表1-12　45淬火钢回火实训结果

| 组别 | 1 | 2 | 3 | 4 | 5 |
|---|---|---|---|---|---|
| 回火温度 | 200 ℃ | 300 ℃ | 400 ℃ | 500 ℃ | 600 ℃ |
| 回火前硬度/HRC | | | | | |
| 回火后硬度/HRC | | | | | |
| 归纳和总结 | | | | | |

## 本课题小结

本课题主要介绍了拉伸试验、布氏硬度试验、洛氏硬度试验、维氏硬度试验、冲击试验和疲劳试验等原理、试验方法及其应用范围；介绍了非合金钢、合金钢等常用钢材的分类、牌号、性能特点及用途；介绍了钢的退火、正火、淬火、回火工艺方法及其适用范围。

## 练习题

**一、填空题**

1. 金属塑性指标主要有_____和_____两种。

2. 常用压入法的硬度试验方法有_____、_____和_____。

3. 布氏硬度的表示方法为_____加_____加_____。

4. 韧性是指金属材料在_____吸收变形能量的_____。

5. 金属材料的晶粒越细小，其强度、塑性和韧性越_____。

6. 共析钢淬火+低温回火后的组织是_____；中温回火后的组织是_____；高温回火后的组织是_____。

7. 球化退火适于_____钢，完全退火适于_____钢。

8. 为便于切削加工，不同钢材宜采用不同的预先热处理方法。其中 $w_C < 0.35\%$ 的碳钢宜采用_____热处理，$w_C > 0.77\%$ 的碳钢宜采用_____热处理，$w_C = 0.4\% \sim 0.7\%$ 的碳钢宜采用_____热处理。

二、判断题

1. 硬度试验操作既简便，又迅速，不需要制备专门试样，也不会破坏零件，根据测得的硬度值还能估计近似的强度值，因而是热处理工件最常用的一种力学能试验方法。（    ）

2. 金属材料的各项力学性能都可以通过拉伸试验测定。（    ）

3. 布氏硬度试验简单、压痕小，主要用于成品工件的硬度测定。（    ）

4. 维氏硬度试验适合测定工件表面淬硬层和化学热处理后表面层的硬度，还可以测量极软到极硬的材料的硬度值。（    ）

5. 对于钢铁材料，如果经过百万次应力循环仍不发生断裂，可认为其在此交变应力作用下永远不会发生疲劳断裂。（    ）

6. 淬火、低温回火后的钢，常用布氏硬度试验方法测定其硬度。（    ）

7. 钢号 W18Cr4V 中因没标出其含碳量，故其含碳量大于 1.0%。（    ）

8. 为了改善低碳钢的组织结构、力学性能及切削加工性，常用正火作为预先热处理。（    ）

9. 经加工硬化了的金属材料，为了恢复材料的塑性，常进行再结晶退火处理。（    ）

10. 低碳钢的硬度低，可以用淬火方法显著地提高其硬度。（    ）

三、选择题

1. 金属材料在静载荷作用下，抵抗塑性变形和断裂的能力称为（    ）。
A. 硬度 B. 强度 C. 塑性

2. 对于高碳钢等材料，在拉伸试验中没有明显的屈服点，可用（    ）作为屈服强度。
A. $\sigma_b$ B. $\sigma_{-1}$ C. $\sigma_{0.2}$

3. 进行疲劳试验时，试样承受的应力为（    ）。
A. 循环应力 B. 冲击应力 C. 动应力

4. 冲裁模的凹模零件在装配之前，测量其硬度的常用试验方法为（    ）。
A. 布氏硬度试验法 B. 洛氏硬度试验法 C. 维氏硬度试验法

5. 在交变应力作用下的机械零件，其断裂前承受到的最大应力值往往（    ）该材料的 $\sigma_b$ 值。
A. 低于 B. 等于 C. 大于

6. 钢经调质处理后所获得的组织是（    ）。
A. 回火马氏体 B. 回火索氏体 C. 回火屈氏体

7. 扩散退火的目的是（    ）。
A. 降低硬度以利切削加工 B. 消除或改善晶内偏析
C. 消除或降低内应力

8. 钢丝在冷拉过程中间必须经（    ）退火。
A. 扩散 B. 去应力 C. 再结晶

9. 铸钢件因成分不均匀，影响其性能，这时可进行（　　　）退火。

A. 扩散　　　　　　　　B. 完全　　　　　　　　C. 不完全

四、问答题

1. 有一件低碳钢试样，$d_0 = 10$ mm，$l_0 = 100$ mm，拉伸试验时测得 $F_s = 21.2$ kN，$F_b = 30.6$ kN，$d_1 = 6.12$ mm，$l_1 = 121.3$ mm，试确定其 $\sigma_s$、$\sigma_b$、$\psi$ 和 $\delta$ 值。

2. 什么叫退火？有多少种常用退火工艺？什么叫正火？正火与退火的组织有何区别？

3. 一根模具的顶杆，材料为 40Cr，尺寸为 $\phi 20$ mm×200 mm，要求硬度为 28~32 HRC。请制定其最终热处理工艺规范。

4. 一个冷冲模具的冲头，材料为 T10A，尺寸为 $\phi 25$ mm×100 mm，要求硬度为 58~62HRC。请制定其最终热处理工艺规范。

# 钳 工 实 训

**教学目标：**了解钳工在零件加工、机械装配及维修中的作用，掌握常用工具、量具的使用方法和划线、锯削、锉削、钻孔、攻丝、套扣、刮削和研磨的基本操作方法，具有独立运用常用钳工设备制作中等复杂零件的操作技能。

**教学重点和难点：**划线、锯削、锉削的操作方法。

**案例导入：**某工厂承接到一批冲裁件业务，需要复合冲裁模一套，如图 2-1 所示。该套模具共有 26 种零件，模具车间经过 7 天时间进行购料、下料、车、铣、热处理、磨、电火花等各种加工，完成了全部模具零件的加工任务。紧接着钳工班组织精干力量，对各个零件进行测量、配作、研磨、抛光、调整、装配、试冲、修模，又经过两天多的钳工加工，终于完成了模具的制造。急用模具的人不禁感叹，尽管现代机械加工十分先进，但钳工还是不能缺少的。据统计，一套模具的加工过程，钳工工作量占整个制造过程的 1/5~1/3。

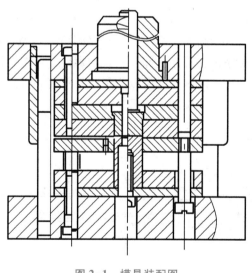

图 2-1 模具装配图

## 2.1 概 述

### 2.1.1 钳工简介

钳工主要是利用各种手工工具和一些机械设备完成某些零、部件的加工，机器的装配和调试，以及各类机械设备的维护、修理等。今天所有先进的加工方法都是从最原始的手工制作一步步发展而来的，即使到了科技快速发展的今天，仍无法由机械来完成所有的工作，许多工作（如刮研、配作、调试等）还需通过手工来完成，所以有"万能的钳工"之说。

钳工是机械制造企业中不可缺少的一个工种，主要担负着划线、錾削、锯削、锉削、钻孔、扩孔、铰孔、锪孔、攻螺纹、套螺纹、刮削、研磨，以及某些精密仪器零件的加工（例如配刮、研磨、锉制样板和制作模具等）以及机械设备的安装、维护修理等任务。

### 2.1.2　常用量具简介

常用的量具分为普通量具和精密量具，普通量具的测量精度较低，主要有钢尺和直尺等，适用于精度要求不高的尺寸和形状的测量。精密量具读数精度高，主要有游标卡尺和千分尺等。进行测量时，应根据对零件的精度要求和它本身的形状特点，合理选用并正确使用量具和量仪。

#### 一、游标卡尺

游标卡尺是一种常用的测量工具，其结构简单，使用方便，测量范围大，用途极为广泛。游标卡尺主要用于测量工件的外尺寸、内尺寸（如长度、宽度、内径和外径）、孔距、深度和高度等。

##### 1. 游标卡尺结构

游标卡尺是中等精度的测量工具，其规格有 0 ~ 125 mm、0 ~ 200 mm、0 ~ 300 mm、0 ~ 500 mm 等几种，常用游标卡尺的读数值有 0.1 mm、0.05 mm 和 0.02 mm 共三种。如图 2-2 所示，若从背面看，游标是一个整体。游标与尺身之间有一弹簧片（图中未能画出），利用弹簧片的弹力使游标与尺身靠紧。游标上部有一紧固螺钉，可将游标固定在尺身上的任意位置。尺身和游标都有量爪，利用内测量爪可以测量槽的宽度和管的内径，利用外测量爪可以测量零件的厚度和管的外径。深度尺与游标尺连在一起，可以测槽和筒的深度。

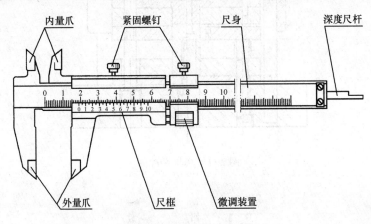

图 2-2　游标卡尺构造

##### 2. 游标卡尺刻线原理

以读数值为 0.02 mm 游标卡尺为例来说明其刻线原理。一般主尺每 1 分格为 1 mm，在游标上把 49 mm 分为 50 小格，当两量爪合并时，游标上 50 小格刚好与尺身的 49 mm 对正，如图 2-3 所示，因此游标刻线每 1 小格为 49 mm/50＝0.98 mm。尺身 1 小格与游标 1 小格之差为 1 mm－0.98 mm＝0.02 mm。所以，它的读数值为 0.02 mm。

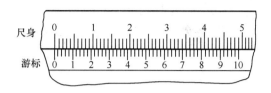

图 2-3　读数为 0.02 mm 游标卡尺的刻线原理

**3. 游标卡尺的使用**

量具使用是否正确，不但影响量具本身的精度，而且直接影响零件尺寸的测量精度，甚至发生质量事故。所以在游标卡尺测量尺寸前，应清洁量爪两侧量面，将两测量面对齐并校准零位，检查两测量面密合性，应密不透光。否则，应进行修理或更换。因此，使用游标卡尺测量零件尺寸时，必须注意以下几点：

（1）如图 2-4 所示，移动副尺时，活动要自如，不应有过松或过紧，更不能有晃动现象。用固定螺钉固定副尺时，卡尺的读数不应有所改变。在移动副尺时，不要忘记松开固定螺钉，也不宜过松，以免掉落。

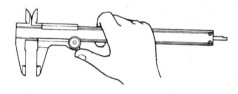

图 2-4　游标卡尺握法

（2）如图 2-5 所示，当测量零件的外尺寸时，卡尺两测量面的连线应垂直于被测量表面，不能歪斜。测量时，可以轻轻摇动卡尺，放正垂直位置，否则，量爪若在错误位置上，将使测量结果产生较大误差。

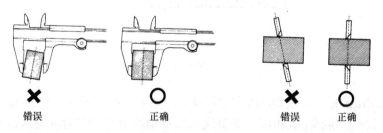

图 2-5　游标卡尺测量的正确方法

（3）测量沟槽宽度时，要放正游标卡尺的位置，应使卡尺两测量刃的连线垂直于沟槽，不能歪斜，如图 2-6（b）所示。否则，量爪若在错误位置上，如图 2-6（a）所示，将使测量结果不准确。

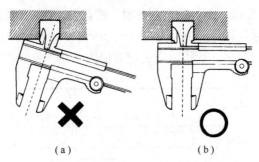

图 2-6　游标卡尺测量的正确方法

（a）错误；（b）正确

（4）测量零件的内尺寸时，要使量爪分开的距离小于所测内尺寸，进入零件内孔后，再慢慢张开并轻轻接触零件内表面，用固定螺钉固定尺框后，轻轻取出卡尺来读数。取出量爪时，用力要均匀，并使卡尺沿着孔的中心线方向滑出，不可歪斜，避免量爪扭伤、变形和受到不必要的磨损，同时会使尺框走动，影响测量精度。图 2-7 所示为测量零件内尺寸的示意图。

图 2-7　游标卡尺测量的正确方法

### 4. 游标卡尺测量值的读数方法

按以下步骤进行，如图 2-8 所示：

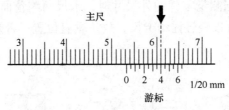

图 2-8　游标卡尺读法

（1）首先读出游标卡尺零刻度线左边尺身上的整毫米数，图中为 53 mm。

（2）读小数：在游标上找出哪一条刻线与尺身刻线对齐，在对齐处从游标尺上读出毫米数的小数值，图中为 0.4 mm。

（3）将上述两个数值相加，即为游标卡尺测量的工件尺寸为 53 mm+0.4 mm＝53.4 mm。

## 二、千分尺

千分尺又称螺旋测微器，是利用螺旋副的螺纹升降原理制成的量具。千分尺的种类很多，按用途可分为外径千分尺、内径千分尺、深度千分尺、螺纹千分尺、公法线千分尺和板厚千分尺等。外径千分尺主要用于外径和长度尺寸的测量，本节重点介绍外径千分尺。

### 1. 外径千分尺结构

外径千分尺比游标卡尺能获得精度更高的测量值，其测量范围是以每 25 mm 为单位进行分挡，其分度值为 0.01 mm。外径千分尺结构如图 2-9 所示。

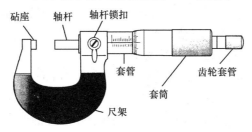

图 2-9　外径千分尺结构

### 2. 刻线原理

外径千分尺测微螺杆螺距为 0.5 mm，当微分筒每转 1 周时，测微螺杆便沿轴线移动 0.5 mm。微分筒的外锥面上分为 50 小格，所以当微分筒每转过 1 小格时，测微螺杆便沿轴线移动 0.5 mm/50＝0.01 mm。在外径千分尺的固定套筒上刻有轴向中线，作为微分筒的读数基准线，基准线两侧分布有 1 mm 间隔的刻线，并相互错开 0.5 mm。上面一排刻线标出的数字，表示毫米整数值；下面一排刻线未标数字，表示对应于上面刻线的半毫米值。

### 3. 外径千分尺使用

用千分尺测量时，应先将千分尺测砧和测微螺杆的测量面擦拭干净，并校准千分尺的零线，以保证测量准确性。测量步骤如下：

（1）先将工件被测表面擦净，以保证测量准确；

（2）用左手握住千分尺的尺架（如图 2-10 所示），用右手转动齿轮套管，或者将千分尺固定在千分尺固定架上，用左手握住工件、右手转动棘轮套管；

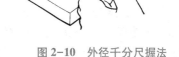

图 2-10　外径千分尺握法

（3）在轴杆向前移动时（如图 2-11 所示），应转动齿轮套管，不要转动套筒。转动套筒将会产生高的测量压力而影响测量的正确性。

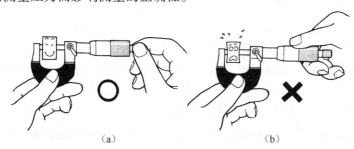

（a）　　　　　　　　　　　　　（b）

图 2-11　外径千分尺测量的正确方法
（a）正确；（b）错误

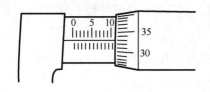

图2-12　外径千分尺读法

### 4. 外径千分尺读法

如图2-12所示，在套管上有毫米的分度刻线，在它们的下侧还有0.5 mm的分度刻线。在套筒的圆周上共刻有50格等分刻线。转动套筒上一格刻线则轴杆移动0.01 mm，因此套筒转一转，轴杆就移动0.5 mm。读数步骤如下：

（1）套筒将套管露出10 mm，故读数为10 mm。

（2）查看在靠近10 mm处套筒是否还使套管露出0.5 mm的刻线，如果是，则本步骤的读数是0.5 mm；如果不是，则读数是0。

（3）读取套筒上与套管上基准线相对齐的刻线，本步骤的读数是0.33 mm。

（4）将上述读数相加即为测得的实际尺寸，即为10 mm+0.5 mm+0.33 mm＝10.83 mm。

### 5. 使用螺旋量具的注意事项

（1）使用前必须对螺旋量具进行"0"位检查。若没有对齐，要先进行调整，然后才能使用。

（2）在比较大的范围内调整时，应旋转微分筒。当测量面靠近被测表面时，才用转动齿轮，这样既能节约测量时间，又能准确控制测量力，保证测量精度。

（3）测量时量具要放正，不能倾斜，并要注意温度对测量精度的影响。

（4）在读测量数值时，要防止在固定套筒上多读或少读0.5 mm。

（5）不能用螺旋量具来测量毛坯或转动着的工件。

### 三、百分表

百分表是一种指示式仪表也是常用量具，它的结构原理是将轴杆的每一个移动量机械地予以放大并将它转换成指针的转动量，因此能精确地进行测量。百分表的结构如图2-13所示，它主要用于直接或比较测量工件的长度尺寸及几何形状和位置误差，国产百分表的测量范围（即测量杆的最大移动量）有0~3 mm、0~5 mm和0~10 mm。百分表的分度值为0.01 mm，使用时，应按照零件的形状和精度要求，选用合适的百分表精度等级和测量范围。

#### 1. 百分表使用

（1）使用前，应检查测量杆活动的灵活性。轻轻推动测量杆时，测量杆在套筒内的移动要灵活，没有任何轧卡现象，且每次放松后，指针能回复到原来的刻度位置，如图2-14所示。

（2）使用百分表时，必须把它固定在可靠的夹持架上，如固定在万能表架或磁性表座上（见图2-15），则切勿放在曲面上，且夹持架要安放平稳，避免测量结果不准确或摔坏百分表。

（3）在将百分表置于被测工件上时，要对着工件推压轴杆，至少使指针转动半圈，推压多少取决于工件的变形程度。因此，必须判断各种情况使轴杆能跟随工件移动。设定好百分表后，转动表壳使指针与表盘面上的零刻线对齐，如图2-16所示。

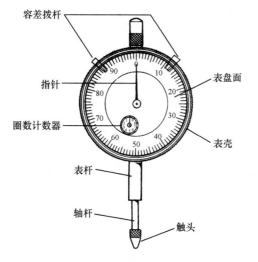

容差拨杆

指针

圈数计数器

表杆

轴杆

触头

表盘面

表壳

图 2-13　百分表的结构

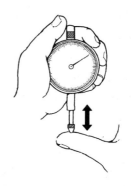

图 2-14　百分表检查

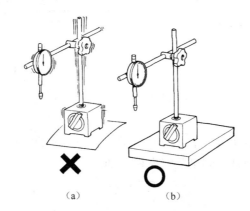

（a）　　　　（b）

图 2-15　百分表使用的正确方法

（a）错误；（b）正确

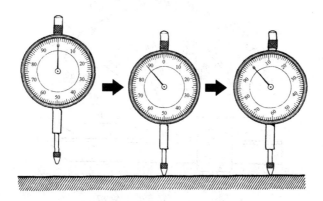

图 2-16　百分表使用的正确方法

（4）用百分表测量零件时，测量杆必须垂直于被测量表面。

（5）测量时，不要使测量杆的行程超过它的测量范围；不要使测量头突然撞在零件上；不要使百分表受到剧烈的振动和撞击；也不要把零件强迫推入测量头下，以免损坏百分表的机件，而失去精度。

**2. 百分表读法**

在将指针置于表盘面上的零刻线后（如图 2-17 所示），慢慢地转动被测工件，指针将朝顺时针或逆时针方向振摆。两个方向内的最大振摆值即为读数，即 0.1 mm + 0.15 mm = 0.25 mm。

上面例子中的读数是 0.25 mm。假定这个读数是由图 2-18 所示的测量状况所获得的，那么应注意，实际的弯曲度是该值的一半，通常我们用"跳动"代替"弯曲度"，这样就能用百分表的读数作为其数值，轴的使用极限以及维修手册内规定的值就是指这个"跳动"。

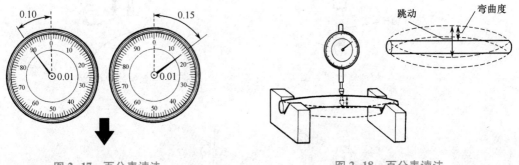

图 2-17 百分表读法                      图 2-18 百分表读法

## 四、万能角度尺

游标万能角度尺是用来测量工件或样板等的内、外角度的一种游标量具（如图 2-19 所示），其分度值有 2′ 和 5′ 两种，测量范围为 0°~320°。

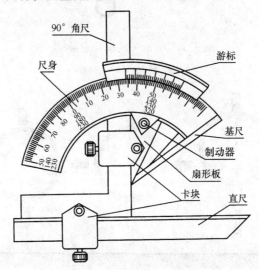

图 2-19 万能角度尺结构

**1. 刻线原理**

以测量精度为 2′ 的万能角度尺为例来说明刻线原理。尺身刻线每 1 小格为 1°，游标上共 30 小格为 29°，游标每 1 小格为 29°/30 = 58′，尺身 1 小格和游标 1 小格之差为 1° − 58′ =

2′，所以它的分度值为2′。

### 2. 万能角度尺测量范围

（1）检测0°~50°时，装上直尺和90°角尺，如图2-20（a）所示；

（2）检测50°~140°时，只装上直尺，如图2-20（b）所示；

（3）检测140°~230°时，只装上90°角尺，如图2-20（c）所示；

（4）检测230°~320°时，直尺和90°角尺均不装上，如图2-20（d）所示。

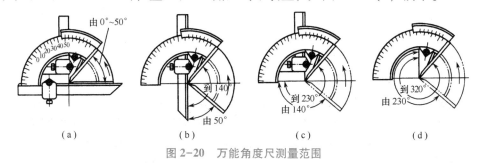

| （a） | （b） | （c） | （d） |

图2-20　万能角度尺测量范围

### 3. 万能角度尺读法

先读出尺身上位于游标0刻度线左侧的整数刻度，然后读出游标上刻度线和尺身刻度线对齐处的数值，把两次的读数相加即为所测角度的数值。

### 五、量规

量规是用于成批量生产的一种定尺寸专用量具，常用的有塞规和卡规两种，如图2-21（a）所示。

### 1. 塞规

塞规是用来测量孔径或槽宽的。它的两端分别称为"过规"和"不过规"。过规的长度较长，直径等于工件的下极限尺寸（最小孔径或最小槽宽）。不过规的长度较短，直径等于工件的上极限尺寸。用塞规检验工件时，当过规能进入孔（或槽）时，说明孔径（或槽宽）大于最小极限尺寸；当不过规不能进入孔（或槽）时，说明孔径（或槽宽）小于最大极限尺寸。只有当过规进得去，而不过规进不去时，才说明工件的实际尺寸在公差范围之内，是合格的。否则，工件的尺寸不合格。

### 2. 卡规

卡规是用来检验轴径或厚度的，如图2-21（b）所示。和塞规相似，也有过规和不过规两端，使用的方法和塞规相同。与塞规不同的是：卡规的过规尺寸等于工件的最大极限尺寸，而不过规的尺寸等于工件的最小极限尺寸。

量规检验工件时，只能检验工件合格与否，但不能测出工件的具体尺寸。量规在使用时省去了读数的麻烦，操作极为方便。

## 2.1.3　钳工安全生产和防护知识

在现代工业生产中，安全问题是一个很重要的问题，安全为了生产，生产必须安全。为了避免疏忽大意而造成人身事故和国家财产的重大损失，必须自觉地学习安全操作规程，养

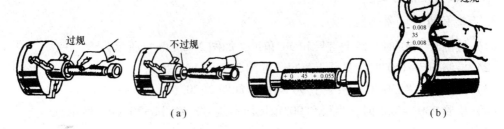

图 2-21　量规及使用

成遵守安全操作规程的良好习惯。

钳工安全操作和防护的一般知识：

（1）合理布局主要设备。钳台要放在便于工作和光线适宜的地方，台式钻床和砂轮机一般应安装在场地的边缘，毛坯和原材料等的放置要有顺序，以保证操作中的安全和方便。

（2）工、量具的安放要合理有序。一般说来，为取用方便，右手取用的工、量具放在右边，左手取用的工、量具放在左边，且排列整齐，不能使其伸到钳台边以外，工具与量具不能混放在一起，量具必须放在量具盒内或专用板架上，精密的工、量具要轻拿轻放，以保证其精度与测量的准确性。

（3）使用的机床工具（如砂轮机、钻床、手电钻和各种工具）要经常检查，发现损坏，要停止使用，修好再用，不能擅自使用损坏或不熟悉的机床和工具。在进行某些操作时，必须使用防护用具（如防护眼镜、胶皮手套和胶鞋等）。工作完毕后，对所有使用过的设备应按要求进行清理、润滑，对工作场地要及时清扫干净，并将切屑及垃圾及时运送到指定地点，保持工作场地的整齐清洁。

（4）使用电器设备时，必须严格遵守操作规程，防止触电造成人身事故，如发现有人触电，不要慌乱，要及时切断电源进行抢救。

（5）钳工工作中，如錾削、锯削以及在砂轮机上修磨工具，都会产生很多切屑，清除切屑时要用刷子，不要用手，更不可用嘴吹，以免切屑飞进眼睛造成伤害。

（6）操作前应熟悉图样、工艺文件及有关技术要求，严格按规定加工。

（7）拆卸无图样的机器设备时，必须按顺序拆卸，在拆下的零件上做出标记标明顺序，以利于以后组装。

（8）抡锤前应注意周围是否有人，要选好方向以免锤头或手锤脱出伤人。

（9）钻削时，严禁戴手套操作，严禁戴手套接近旋转体。

（10）零件放在钳台上应用橡胶板、木板或靶料板垫好，避免碰撞划伤现象发生。

## 2.2　划线实训

根据图纸要求在工件上划出加工的界线，称为划线。

划线分平面划线和立体划线两种。只需在工件的一个表面上划线后，即能明确表示加工界线的，称为平面划线，如图 2-22 所示。如在板料、条料表面上划线，法兰端面上划钻孔加工线等都属于平面划线。要同时在工件上几个互成不同角度（通常是互相垂直）的表面上都划线，才能明确表示加工界线的，称为立体划线，如图 2-23 所示。如划出矩形块各表面的加工线以及支架、箱体等表面的加工线都属于立体划线。可见，平面划线与立体划线之区别，并不在于工件形状的复杂程度如何，有时平面划线的工件形状比立体划线还要复杂。

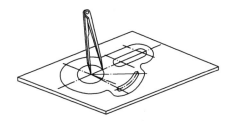

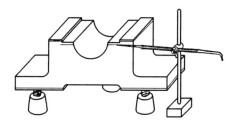

图 2-22　平面划线　　　　　　　　　图 2-23　立体划线

划线工作不局限在毛坯表面上进行，有时在已加工表面上也要划线。例如在加工后的平面上再划出钻孔的加工线等。划线的作用不仅能在加工时有明确的尺寸界线，而且能及时发现和处理不合格的毛坯，避免加工后造成损失；而在毛坯误差不大时，往往又可依靠划线时借料的方法予以补救，使加工后的零件仍能符合要求，由此可见划线工作也是生产中的操作之一。在单件和小批生产的条件下，它还是机械加工过程中的一个重要环节。

划线除了要求划出的线条清晰均匀以外，最重要的是要保证尺寸准确。划线发生错误或精度太低时，都有可能造成加工错误而使工件报废。但由于划出的线条总有一定的宽度，以及在使用工具和测量尺寸时难免产生误差，所以不可能达到绝对的准确。一般的划线精度为 0.25～0.5 mm。因此，通常不能依靠划线来直接确定加工时的最后尺寸，而在加工过程中仍要通过测量来控制尺寸的准确度。

### 2.2.1　划线工具和使用

#### 一、基准工具

划线平台又叫划线平板，如图 2-24 所示，用铸铁制成，它是用来安放工件和划线的工具。在划线过程中所采用的基准称为划线基准，平台表面的平整性直接影响划线的质量，因此，工作表面经过精刨或刮削等精确加工。为了长期保持平台表面的平整性，应注意以下一些使用和保养规则：

（1）安装划线平台，要使上平面保持水平状态，以免倾斜后在长期的重力作用下发生变形。

（2）使用时要随时保持表面清洁，因为有铁屑、灰砂等污物时，在划线工具或工件的拖动下会划伤平台表面，同时也可能影响划线精度。

（3）工件和工具在平台上都要轻放，尤其要防止重物撞击平台和在平台上进行较重的敲击工作而损伤表面。

（4）用完后要揩擦干净，并涂上机油，以防生锈。

#### 二、支承工具

**1. V 形铁**

V 形铁（如图 2-25 所示）主要用来安放圆形工件，以便用划针盘划出中心线或找出中心等。V 形铁用铸铁或碳钢制成，相邻各边互相垂直，V 形槽一般呈 90°或 120°角。在安放较长的圆形工件时，需要选择两个等高的 V 形铁（它们是在一次安装中同时加工出来的），这样才能保证划线的准确性。

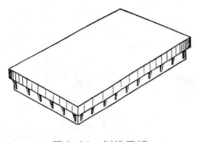

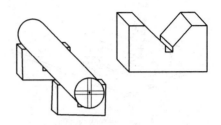

图 2-24　划线平板　　　　　　　　　　　图 2-25　V 形铁及其应用

### 2. 方箱

划线方箱（如图 2-26 所示）是一个空心的立方体或长方体，相邻平面互相垂直，相对平面互相平行，用铸铁制成。方箱用来支撑划线的工件，并常依靠夹紧装置把工件固定在方箱上，这样可翻转方箱而把工件上互相垂直的线在一次安装中全部划出来。

### 3. 角铁

角铁（如图 2-27 所示）用来夹持划线的工件，一般常与压板或 C 形夹头配合使用。它有两个互相垂直的平面。通过角尺对工件的垂直度进行找正后，再用划针盘划线，可使所划线条与原来找正的直线或平面保持垂直。

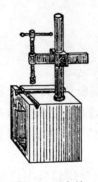

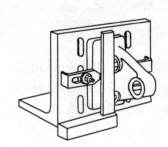

图 2-26　方箱　　　　　　　　　　　　图 2-27　角铁及其应用

### 4. 千斤顶

千斤顶（如图 2-28 所示）用来支持毛坯或形状不规则的划线工件，并可调整高度。因为这些工件如果直接放在方箱或 V 形铁上不能直接达到所要求的高低位置，而利用三个为一组的千斤顶就可方便地调整，直至工件各处的高低符合要求为止。

用千斤顶支承工件时，要保证工件稳定可靠。为此，要求三个千斤顶的支撑点离工件的重心应尽量远；三个支撑点所组成的三角形面积应尽量大；在工件较重的部位放两个千斤顶、较轻的部位放一个千斤顶；工件的支撑点尽量不要选择在容易发生滑移的地方；必要时须附加安全措施，如工件上面用绳子吊住或工件下面加垫铁等。

### 三、划线量具

#### 1. 钢尺

钢尺又称金属直尺（如图 2-29 所示），尺面上刻有尺寸的刻度，最小刻线距为 0.5 mm，它的长度规格有 150 mm、300 mm、1 000 mm 等多种。其主要用来量取尺寸、测量工件，也可作为划线的导向工具，如果和尺座、划线盘配合使用，可用于量取高度及尺寸划线，如图 2-30 所示。

图 2-28　千斤顶

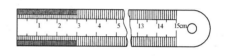

图 2-29　钢直尺

#### 2. 直角尺

直角尺是划线过程中的主要量具，主要用于划相互垂直的直线，也可用于检查工件的直线度、垂直度等，如图 2-31 所示。

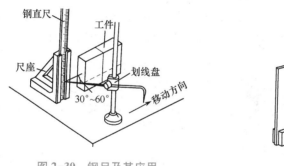

图 2-30　钢尺及其应用

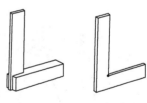

图 2-31　直角尺

#### 3. 高度游标尺

高度游标尺可用于测量工件的高度，由于它本身有划线量爪，所以也可以用划线量爪划线，如图 2-32 所示。

### 四、划线工具

在划线过程中，为了保证尺寸的准确性，必须首先熟悉各种划线工具，并能正确掌握及使用它们，下面主要介绍几种常用的划线工具。

#### 1. 划针

划针（如图 2-33 所示）直接用来划出线条，但常需配合钢尺、角尺或样板等导向工具一起使用。它用弹簧钢丝或高速钢制成，直径为 3～6 mm，长为200～300 mm，尖端磨成 15°～20°的尖角，并经淬火硬化，这样就不容易磨损变钝。有的划针在尖端焊上一段硬质合金，则更能保持长期的锋利。因为只有锋利的针尖，才能划出清晰的线条。钢丝制成的划针

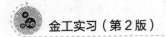

用钝后重磨时，要经常浸入水中冷却，注意不要使针尖过热而退火变软。

　　用划针划线时，针尖要紧靠导向工具的边缘；要压紧导向工具，避免滑动而影响划线的准确性。划针的握持方法与用铅笔划线相似，上部向外侧倾斜15°～20°，向划线方向倾斜40°～75°（如图2-34所示），用划针划线要尽量做到一次划成，不要重复划线，否则线条变粗，反而模糊不清。

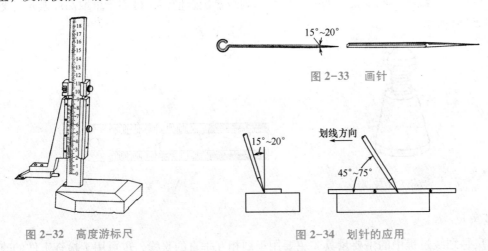

图2-32　高度游标尺

图2-33　画针

图2-34　划针的应用

### 2. 划规

　　划规又称圆规（如图2-35所示），主要用来划圆、划圆弧、二等分线段、等分角度及量取尺寸等。划规有普通划规、弹簧划规、可调划规等几种。划规两脚尖端都经过热处理淬硬，不易磨损。

锁紧螺钉　滑杆

针尖

针尖

图2-35　划针的种类

### 3. 划卡

　　划卡（如图2-36所示）主要用来求圆形工件的中心，工作比较方便。但在使用时要注意划卡的弯角离工件端面的距离应保持每次都相同，否则所求中心会产生较大偏差。

### 4. 划线盘

　　划线盘（如图2-37所示）主要是用来作为工件的立体划线和校正工件的位置，划线时，可调节划针到一定的位置，并在平板上移动划线盘。用划线盘划线时，要注意划针装夹应牢靠，伸出长度要短，以免产生抖动。其底座要保持与划线平台贴紧，不要摇晃和跳动。

### 5. 样冲

　　样冲是在已划好的线上的工件上打出冲眼的工具，以固定所划的线条，如图2-38所示。在使用圆规划圆弧前，也要用样冲先在圆心上冲眼。作为圆规定心脚的立脚点，样冲用工具钢制成，并经淬火硬化，尖端处磨成45°~60°角。

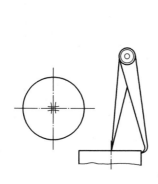

图2-36 划卡及其应用

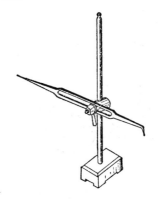

图2-37 划线盘

### 2.2.2 划线基准的选择

一个工件有许多线条要划，究竟从哪一根线开始划呢？通常都要遵守一个规则，即从基准线开始。基准就是零件上用来确定其他点、线、面的位置的依据。

在零件图上用来确定其他点、线、面位置的基准，称为设计基准。在划线时，划线基准与设计基准一致。

划线基准一般可根据以下三种类型来选择。

**1. 以两个互相垂直的平面（或线）为基准**

如图2-39所示，该零件上有垂直两个方向的尺寸。可以看出，每一方向的许多尺寸都是依照它们的外平面（在图纸上是一条线而不是一个面）而确定的，此时，这两个平面就分别是每一方向的划线基准。

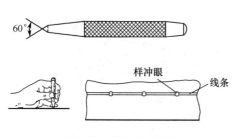

图2-38 样冲及其应用

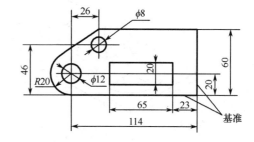

图2-39 以两个互相垂直的平面基准

**2. 以两条中心线为基准**

如图2-40所示，该零件上两个方向的尺寸与其中心线具有对称性，且其他尺寸也从中心线起始标注。此时，这两条中心线就分别是这两个方向的划线基准。

**3. 以一个平面和一条中心线为基准**

如图2-41所示，该零件上高度方向的尺寸是以底面为依据的，此底面就是高度方向的划线基准；而宽度方向的尺寸对称于中心线，故中心线就是宽度方向的划线基准。

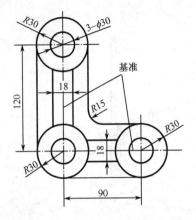

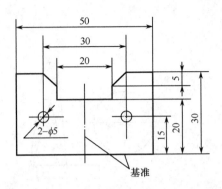

图 2-40  以两条中心线为基准　　　　　图 2-41  以一个平面和一条中心线为基准

由于划线时在零件的每一个方向的各尺寸中都需选择一个基准，因此，平面划线时一般要选择两个划线基准，而立体划线时一般要选择三个划线基准。划线工作必须按基准进行，否则将使划线误差增大，有时甚至使划线产生困难和工作效率降低。在光坯上划线时，应该以已加工表面为划线基准。因为先加工的表面已保证了有关的要求。

### 2.2.3  划线操作方法

划线分为平面划线和立体划线，平面划线是在工件的一个平面上划线后即能明确表示加工界限，它与平面作图法类似，如图 2-42 所示。

立体划线是平面划线的复合，是在工件的相互不同角度的表面（通常是相互垂直的表面）上划线，即长、宽、高三个方向划线，如图 2-43 所示。

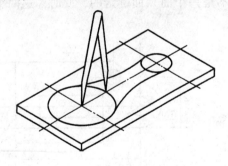

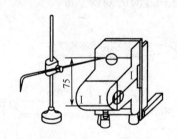

图 2-42  平面划线　　　　　图 2-43  立体划线

划线的步骤：

（1）清楚图纸，详细了解工件上需要划线的部位，明确工件及其划线有关部分的作用和要求，了解有关的加工工艺；

（2）选定划线基准；

（3）初步检查毛坯的误差情况；

（4）正确安放工件和选用工具；

（5）划线；

（6）详细检查划线的准确性以及是否有线条漏划；

（7）在线条上冲眼。

划线工作要求认真和细致，尤其是立体划线，往往比较复杂，还必须具备一定的加工工艺和结构知识，才能完全胜任，所以要通过实践锻炼而逐步提高。

# 2.3 錾削实训

錾削（或称凿削）是用手锤敲击錾子（或称凿子）对工件进行切削加工的一种方法。錾削工作主要用于不便于机械加工的场合。它的工作范围包括去除凸缘、毛刺，分割材料，錾油槽等，有时也用作较小表面的粗加工。

## 2.3.1 錾削工具及使用

錾削是钳工工作中一项较为重要的基本技能，而錾子和手锤又是錾削所用的工具。

### 一、錾子

錾子一般用碳素工具钢（T7、T8）锻打成型后进行刃磨，并经淬火和回火处理而成，其硬度要求是：切削部分 52 ~ 57 HRC，头部 32 ~ 42 HRC。錾子的构造及种类如图 2-44、图 2-45 所示，根据工件加工的需要，一般常用的錾子有以下几种：

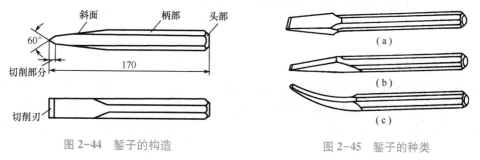

图 2-44　錾子的构造　　　　图 2-45　錾子的种类

#### 1. 扁錾（平口錾）

如图 2-45（a）所示，扁錾有较宽的切削刃（刀刃），刃宽一般在 15 ~ 20 mm，可用于錾大平面、较薄的板料及直径较细的棒料，清理焊件边缘及铸件与锻件上的毛刺、飞边等。

#### 2. 尖錾（狭錾）

如图 2-45（b）所示，尖錾的刀刃较窄，一般为 2 ~ 10 mm，用于錾槽和配合扁錾錾削宽的平面。

#### 3. 油槽錾

如图 2-45（c）所示，油槽錾的刀刃很短并呈圆弧状，其斜面做成弯曲形状，可用于錾削轴瓦和机床润滑面上的油槽等。

### 二、锤子

手锤（榔头）是钳工的重要工具，錾削和装拆零件都必须用手锤来敲击。

手锤由锤头和木柄两部分组成，如图 2-46 所示。锤头的质量大小用来表示手锤的规

图2-46 手锤

格，有 0.5 lb[①]、1 lb 和 1.5 lb 等几种（公制用 0.25 kg、0.5 kg 和 1 kg 等表示）。锤头用 T7 钢制成，并经淬硬处理。木柄选用比较坚固的木材做成，如檀木等，常用的1.5 lb 手锤的柄长为 350 mm 左右。

木柄安装在锤头中必须稳固可靠，要防止脱落而造成事故。为此，装木柄的孔做成椭圆形，且两端大、中间小。木柄敲紧在孔中后，端部再打入楔子，就不易松动了。木柄做成椭圆形的作用除了防止在锤头孔中发生转动以外，握在手中也不易转动，便于进行准确的敲击。

### 2.3.2 錾削方法

#### 一、錾子握法

如图2-47所示，錾子主要用左手的中指、无名指和小指握住，食指和大拇指自然地接触，头部伸出约 20 mm。錾子要自如地握着，不要握得太紧，以免敲击时掌心承受的振动过大。錾削时握錾子的手要保持小臂处于水平位置，肘部不能下垂或抬高。

#### 二、手锤的握法

图2-47 錾子握法

手锤用右手握法如图2-47所示，采用五个手指满握的方法，大拇指轻轻压在食指上，虎口对准锤头（即木柄椭圆形的长轴）方向，不要歪在一侧，木柄尾端露出 15～30 mm。

手锤在敲击过程中手指的握法有两种：一种是五个手指的握法，无论在抬起手锤或进行敲击时都保持不变，这种握法叫紧握法（如图2-48（a）所示）；另一种握法是在抬起手锤时小指、无名指和中指都要放松，在进行敲击时再握紧，这种握法叫松握法（如图2-48（b）所示），松握法由于手指放松，故不易疲劳，且可以增大敲击力量。

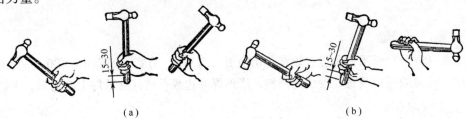

(a)                          (b)

图2-48 手锤的握法

#### 三、挥锤法

挥锤的方法有手挥、肘挥和臂挥三种，一般挥锤速度约 40 次/mim。

（1）手挥。只做手腕的挥动，敲击力较小，一般用手錾削的开始和结尾。錾油槽时由于切削量不大，也常用手挥。

（2）肘挥。如图2-49所示，手腕和肘部一起挥动，敲击力较大，运用最广。

---

① 1 lb（磅）= 0.453 6 kg（千克）。

（3）臂挥。如图 2-50 所示，手腕、肘部和全臂一起挥动，敲击力最大，用于需要大力的錾削工作。

### 四、錾削姿势

在一般场合下，为了充分发挥较大的敲击力量，操作者必须保持正确的站立姿势，如图 2-50 所示。左脚超前半步，两腿自然站立，人体重心稍微偏于后脚，视线要落在工件的切削部位。

图 2-49　肘挥

图 2-50　臂挥和站立位置

为了保证錾削质量，除了敲击应该准确以外，錾子的位置也必须保持正确和稳定不变。尤其要注意切削刃在每次敲击时都应保证接触在工件原来的切削部位，而不能脱离，否则将不能錾削出平滑的表面。

### 五、錾削操作方法

#### 1. 錾削平面

錾削平面用扁錾进行，每次錾削余量 0.5~2 mm。太少容易滑掉，太多则錾削费力和不易錾平。錾削较宽的平面时，要掌握好起錾方法。起錾时从工件边缘尖角处着手，如图 2-51（a）所示，由于切削刃与工件的接触面小，阻力不大，只需轻敲，錾子便很容易切入材料，因此不会产生滑脱、弹跳等现象，錾削余量也就能准确地控制。有时不允许从边缘尖角处起錾（例如錾槽），则起錾时切削刃抵紧起錾部位后，錾子头部向下倾斜，至錾子与工件起錾端面基本垂直，如图 2-51（b）所示，再轻敲錾子。

起錾完成后，即可按正常的方法进行平面錾削。

在錾削较窄的平面时，錾子的切削刃最好与錾削前进方向倾斜一个角度，如图 2-52 所示，而不是保持垂直位置，使切削刃与工件有较多的接触面。这样，錾子容易掌握稳当。否则将因錾子常易左右倾斜而使加工面高低不平。

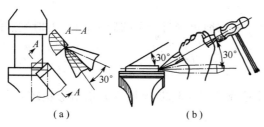

（a）　　　　　　　　（b）

图 2-51　起錾方法

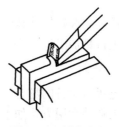

图 2-52　錾窄平面

与上相反，当錾削较宽的平面时，由于切削面的宽度超过錾子的宽度，錾子切削部分的两侧被工件材料所卡住，錾削十分费力，錾出的平面也不会平整，所以一般应先用狭錾间隔开槽，再用扁錾錾去剩余部分，如图 2-53 所示，这就比较省力。

当錾削快到尽头时，要防止工件边缘材料的崩裂，尤其是錾铸铁、青铜等脆性材料时更应注意。一般情况下，当錾到离尽头 10 mm 左右时，必须掉头再錾去余下的部分，如图 2-54（a）所示，如果不掉头，就容易使工件的边缘崩裂，如图 2-54（b）所示。在较有把握的条件下，也可利用轻敲錾子和逐次改变錾子前进方向的办法细心地把尽头部分錾掉。

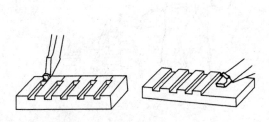

图 2-53　大平面錾削时先开槽

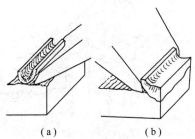

(a)　　　　(b)

图 2-54　錾削到尽头时的方法

(a) 正确；(b) 错误

## 2. 錾油槽

錾油槽如图 2-55 所示，首先要根据图纸上油槽的断面形状，把油槽錾的切削部分刃磨准确。在錾削平面上的油槽时，錾削方法与錾削平面时基本上一样；在錾削曲面上的油槽时，则錾子的倾斜度要随着曲面而变动，使錾削时的后角保持不变。因为錾子的倾斜度如果不随着錾削的前进而改变，由于切削刃在曲面上的接触位置在改变（即切削平面的位置在改变），于是錾削时的后角每处都将是不同的，会产生后角太小时錾子滑掉，或后角太大时切入过深的结果。

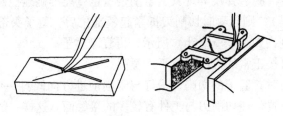

图 2-55　錾油槽

錾油槽要掌握好尺寸和表面粗糙度，必要时可进行一定的修整，因为油槽錾好后不再用其他方法进行精加工。

## 3. 錾切板料

在缺乏机械设备的场合下，有时要依靠錾子来切断板料或分割出形状较复杂的薄板工件。切断板料的常用方法如下：

（1）图 2-56 所示为板料夹在台虎钳上进行切断。用扁錾沿着钳口并斜对着板面（约45°）自右向左錾切，工件的切断线与钳口平齐，夹持要足够的牢固，以防切断过程中板料松动而使切断线歪斜。錾子切削刃平对着板面，錾切时不仅费力，而且由于板料的弹动和变形，会使切断处产生不平整或撕裂现象，如图 2-57 所示。

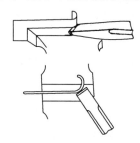
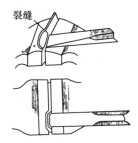

图 2-56　板料的切断　　　　图 2-57　不正确的板料切断法

（2）图 2-58 所示为较大的板料在铁砧（或平板）上进行切断的方法。此时板料下面要衬以废旧的软铁等材料，以免损伤錾子切削刃。

（3）图 2-59 所示为切割形状较复杂的板料的方法。一般是先按轮廓线钻出密集的排孔，再用扁錾或狭錾逐步切成。

**4. 錾削的安全知识**

（1）握锤时不准戴手套，以免锤击时手滑；手锤锤头与锤柄的连接要牢固，如有松动应及时拧紧。

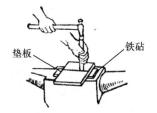
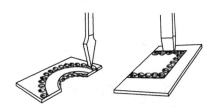

图 2-58　大尺寸板料切断法　　　　图 2-59　弯曲部分的切断

（2）工作台必须有防护网，以免錾削时錾屑飞出伤人。

（3）不要用手摸錾头的端面，以免沾油后锤击打滑。

（4）工件应夹持牢固，以免錾削时松动。

# 2.4　锯 削 实 训

锯削是钳工操作人员用手锯对工件或材料进行切断或切槽的加工方法，具有操作简单、方便灵活等特点，是钳工最基本的操作技能之一。但大型原材料或工件在进行切割时，通常是利用机械锯进行，其不属于钳工范围。

## 2.4.1　锯削工具

锯削工具主要是手锯，手锯由锯弓和锯条组成。

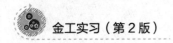
## 一、锯弓

锯弓用来张紧锯条，有固定式（如图2-60（a）所示）和可调式（如图2-61（b）所示）两种。固定式锯弓只能安装一种长度的锯条；可调式锯弓则通过调整可以安装几种长度的锯条，这种锯弓两端各有一个夹头，上面装有合适锯条长度的直槽卡位。安装锯条时，先让销钉插入锯条孔，调整锯条平直，然后旋紧翼形螺母（元宝螺母）即可把锯条拉紧。

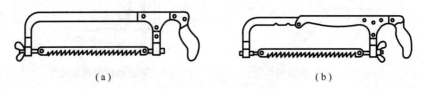

（a）                    （b）

图2-60　锯弓

## 二、锯条

锯条一般用渗碳软钢冷轧而成，也有用碳素工具钢或合金钢制成，并经热处理淬硬。锯条长度以两端安装孔的中心距来表示，钳工常用的是 300 mm，宽为 10～23 mm，厚度为 0.5～1.25 mm。

### 1. 锯齿的角度

锯条的切削部分由许多锯齿组成，相当于一排同样形状的錾子，如图2-61所示。

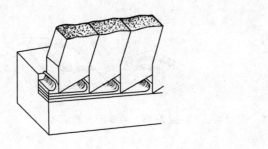

图2-61　锯齿的形状

由于锯削时要求获得较高的工作效率，必须使切削部分具有足够的容屑槽，因此锯齿的后角较大，为了保证锯齿具有一定的强度，楔角也不宜太小。综合以上因素，目前使用锯条的锯齿角度为：后角为40°、楔角为50°、前角为0°。

### 2. 锯条的选用

锯条按齿的粗细分为粗齿、中齿和细齿锯条（以每25 mm 内齿数来表示）。锯条应根据所锯材料的软硬、厚薄来选用。粗齿锯条适宜锯削软材料或锯缝长的工件；细齿锯条适宜锯削硬材料、管子、薄板料及角铁等。

### 3. 锯条的安装

可按加工需要将锯条安装成直向的或横向的，锯齿的齿尖方向要向前，不能反装，如图2-62所示。锯条的绷紧程度要适当，若过紧，锯条会因受力而失去弹性，锯削时稍有弯曲就会崩齿或折断；若过松，锯削时不但容易造成锯条弯曲而导致折断，而且锯缝易歪斜。

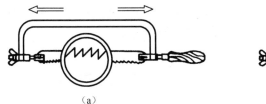
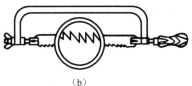

图 2-62 锯条的安装方向

（a）正确；（b）错误

### 2.4.2 锯削操作方法

**1. 锯削握法**

右手满握锯柄，左手轻扶在锯弓前端，如图 2-63 所示。

**2. 工件的夹持**

工件尽可能夹持在台虎钳的左面，以方便操作；锯削线应与钳口垂直，以防锯斜；锯削线离钳口不应太远，以防锯削时产生颤抖。工件夹持应稳当、牢固，不可有抖动，以防锯削时工件移动而使锯条折断，同时也要防止夹坏已加工表面及夹紧力过大使工件变形。

**3. 起锯**

起锯是锯削工作的开始，起锯的好坏直接影响锯削质量。起锯的方式有远边起锯和近边起锯两种。一般情况下采用远边起锯，如图 2-64（a）所示，因为此时锯齿是逐步切入材料，不易卡住，起锯比较方便；如采用近边起锯，如图 2-64（b）所示，掌握不好时，锯齿由于突然锯入且较深，易被工件棱边卡住，甚至崩断或崩齿。锯削速度以 20~40 次/mim 为宜，锯削时往复的距离不小于锯条全长的 2/3。

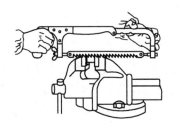

图 2-63 锯削握法

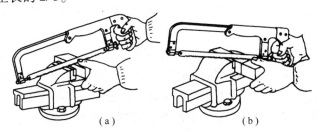

（a）　　　　（b）

图 2-64 起锯的方法

### 2.4.3 锯条损坏

锯条损坏有锯齿崩裂、锯条折断和锯齿过早磨损几种：

**1. 锯齿崩裂的原因**

（1）锯薄板料和薄壁管子时没有选用细齿锯条；

（2）起锯角太大或采用近起锯时用力过大；

（3）锯削时突然加大压力，可能会被工件棱边钩住锯齿而崩裂。

当锯齿局部几个崩裂后，应及时把断裂处在砂轮机上磨光并把后面二三齿磨斜，如

图 2-65 所示，再用来锯削时，这几个齿就不会因受突然的冲击力而折断。如果不经这样的处理而继续使用，则后面锯齿将会连续崩裂，直至无法使用为止。

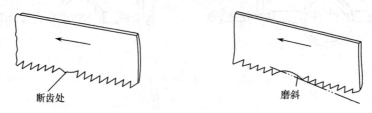

断齿处　　　　　　　　　　　　　　　　磨斜

图 2-65　锯条崩裂的处理

**2. 锯条折断的原因**

（1）锯条装得过紧或过松；

（2）工件装夹不正确产生抖动或松动；

（3）锯缝歪斜后强行校正使锯条扭断；

（4）压力太大，当锯条在锯缝中稍有卡紧时就容易折断，锯削时突然用力也易折断；

（5）新换锯条在旧锯缝中被卡住而折断一般应改换方向再锯削，如在旧锯缝中锯削时应减慢速度且特别细心；

（6）工件锯断时没有掌握好，致使手锯碰撞台虎钳等物，使锯条折断。

**3. 锯齿过早磨损的原因**

（1）锯割速度太快，锯条发热过度而使锯齿磨损加剧；

（2）锯割较硬材料时没有加冷却液；

（3）锯割过硬的材料。

# 2.5　锉　削　实　训

用锉刀对工件表面进行切削加工，使工件达到所要求的尺寸、形状和表面粗糙度，这种工作称为锉削。锉削的工作范围较广，可以锉削工件的外表面、内孔、沟槽和各种形状复杂的表面。在现代工业生产的条件下，仍有一些不便于机械加工的场合需要锉削来完成，例如装配过程中对个别零件的修整、修理工作及小批量生产条件下某些复杂形状的零件的加工等，所以锉削仍是钳工的一项重要的基本操作。

## 2.5.1　锉刀

锉刀是锉削的主要工具，常用高碳工具钢 T13 或 T12 制成，并经过热处理，硬度达 HRC62 以上，是专业生产厂家生产的一种标准工具。

**一、锉刀的组成**

锉刀由锉刀面、锉刀边、锉刀舌、锉刀尾和木柄等组成，如图 2-66 所示。

**二、锉刀的种类和选用**

**1. 锉刀的种类**

按用途，锉刀可分为钳工锉、特种锉和整形锉三类。

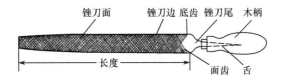

图 2-66 锉刀各部分的名称

钳工锉如图 2-67 所示，按其截面形状可分为平锉、方锉、圆锉、半圆锉和三角锉五种；按其长度可分为 100 mm、150 mm、200 mm、250 mm、300 mm、350 mm、400 mm 七种；按其齿纹可分为单齿纹、双齿纹两种；按其齿纹粗细可分为粗齿、中齿、细齿、粗油光（双细齿）、细油光五种。

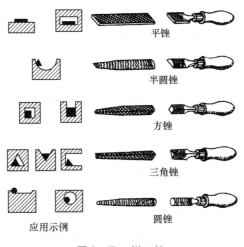

图 2-67 钳工锉

整形锉如图 2-68 所示，主要用于精细加工及修整工件上难以进行机加工的细小部位，由若干把各种截面形状的锉刀组成一套。

特种锉可用于加工零件上的特殊表面，它有直的和弯曲的两种，其截面形状很多，如图 2-69 所示。

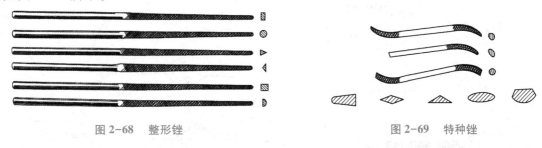

图 2-68 整形锉　　　　　　　　图 2-69 特种锉

### 2. 锉刀的选用

每种锉刀都有它适当的用途，如果选择不当，就不能充分发挥它的效能或过早地丧失切削能力。因此，锉削之前必须正确选择锉刀。锉刀的一般选择原则如下：根据工件表面形状和加工面的大小选择锉刀的断面形状和规格；根据材料软硬、加工余量、精度和粗糙度的要求选择锉刀齿纹的粗细。

粗齿锉刀由于齿距较大、不易堵塞，一般用于锉削铜、铝等软金属及加工余量大、精度低和表面粗糙工件的粗加工；中齿锉刀齿距适中，适于粗锉后的加工；细齿锉刀可用于锉削钢、铸铁（较硬材料）以及加工余量小、精度要求高和表面粗糙度值低的工件；油光锉用于最后修光工件表面。

### 2.5.2　锉刀操作方法

#### 一、工件装夹

工件夹持的正确与否，直接影响锉削的质量，因此，工件夹持要符合下列要求：

（1）工件最好夹在台虎钳的中间。

（2）工件夹持要牢固，但不能使工件变形。

（3）工件伸出钳口不要太高，以免锉削时工件产生振动。

（4）形状不规则的工件，夹持时要加衬垫。例如夹圆形工件时要衬以 V 形铁或弧形木块；夹较长的薄板工件时用两块较厚的铁板夹紧后再一起夹入钳口，露出钳口要尽量少，以免锉削时抖动。

（5）夹持已加工面和精密工件时，在虎钳口应衬以钳口铜或其他较软材料，以免表面被夹坏。

#### 二、锉刀握法

锉刀的握法掌握得正确与否，对锉削质量、锉削力量的发挥和疲劳程度都有一定的影响。由于锉刀的大小和形状不同，所以锉刀的握法也应不同。

（1）大锉刀的握法。用右手握锉刀柄，柄端顶住掌心，大拇指放在柄的上部，其余手指满握锉刀柄，如图 2-70 （a）所示。左手的姿势可以有三种，如图 2-70 （b）所示，两手在锉削时的姿势如图 2-70 （c）所示，其中左手的肘部要适当抬起，不要有下垂的姿态，否则不能发挥力量。

（2）中锉刀的握法。该握法的右手握法与大锉刀握法相同，而左手则需用大拇指和食指捏住锉刀前端，如图 2-71 （a）所示。

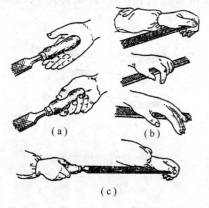

图 2-70　大锉刀的握法

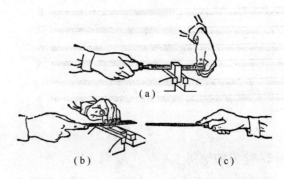

图 2-71　中锉刀、小锉刀和更小锉刀的握法
（a）中锉刀的握法；（b）小锉刀的握法；
（c）更小锉刀的握法

（3）小锉刀的握法。右手食指伸直，拇指放在锉刀木柄上面，食指靠在锉刀的刀边，左手几个手指压在锉刀中部，如图2-71（b）所示。

（4）更小锉刀（整形锉）的握法。该握法一般只用右手拿着锉刀，食指放在锉刀上面，拇指放在锉刀的左侧，如图2-71（c）所示。

### 三、锉削的姿势

锉削时人的站立位置与錾削时相似，站立要自然、便于用力，以能适应不同的锉削要求为准。

锉削时身体的重心要落在左脚上，右膝伸直，左膝随锉削时的往复运动而屈伸。锉刀向前锉削的动作过程中，身体和手臂的运动情况如图2-72所示。开始时身体向前倾斜到10°左右，右肘尽量向后收缩，如图2-72（a）所示；锉最初1/3行程时，身体前倾到15°左右，左膝稍有弯曲，如图2-72（b）所示；锉中间1/3行程时，右肘向前推进锉刀，身体逐渐倾斜到18°左右，如图2-72（c）所示。锉最后1/3行程时，右肘继续向前推进锉刀，身体自然地退回到15°左右，如图2-72（d）所示；锉削行程结束后，手和身体都恢复到原来姿势，同时，锉刀略提起退回原位。

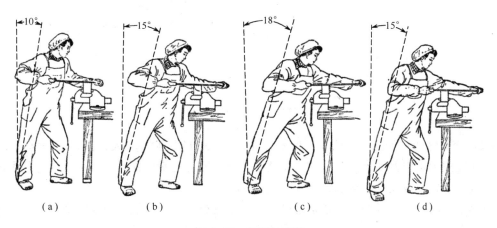

（a）　　　　　（b）　　　　　　（c）　　　　　　（d）

图2-72　锉削的姿势

### 四、锉削力的运用

推进锉刀时两手加在锉刀上的压力，应保证锉刀平稳而不上下摆动，这样才能锉出平整的平面，推进锉刀时的推力大小主要由右手控制，而压力的大小由两手控制。为了保持锉刀平稳地前进，应满足以下条件：即锉刀在工件上任意位置时，锉刀前后两端所受的力矩应相等，由于锉刀的位置是不断在改变的，显然，要求两手所加的压力也要随之做相应的改变，即随着锉刀的推进，左手所加的压力是由大逐渐减小，而右手所加的压力应是由小逐渐增大，如图2-73所示。这就是锉削平面时最关键的技术要领，必须认真锻炼才能掌握好。

锉削时的速度一般为30~60次/min，速度太快，容易疲劳和加快锯齿的磨损。

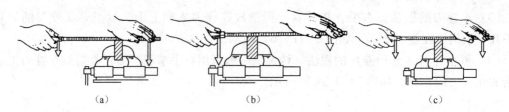

图 2-73　锉削力的运用

（a）开始位置；（b）中间位置；（c）终了位置

## 五、锉削方法

### 1. 平面的锉法

（1）顺向锉法。如图 2-74（a）所示，顺向锉是最普通的锉削方法，不大的平面和最后锉光都用这种方法，顺向锉可得到正直的锉痕，比较整齐、美观。

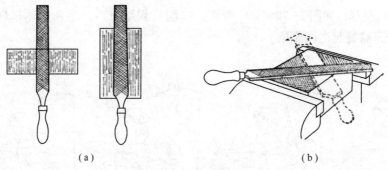

图 2-74　平面锉削

（2）交叉锉法。如图 2-74（b）所示，锉刀与工件的接触面增大，锉刀容易掌握平稳。同时，从锉痕上可以判断出锉削面的高低情况，因此容易把平面锉平。交叉锉进行到平面将锉削完成之前，要改用顺向锉法，使锉痕变为正直。

在锉平面时，不管是顺向锉还是交叉锉，为了使整个加工面能均匀地锉削到，一般在每次抽回锉刀时，要向旁边略微移动，如图 2-75 所示。

（3）推锉法。推锉法如图 2-76 所示，一般用来锉削狭长平面，或用顺向锉法锉刀推进受阻碍时采用。推锉法不能充分发挥手的力量，同时切削效率不高，故只适宜在加工余量较小和修正尺寸时应用。

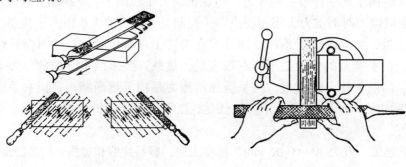

图 2-75　锉刀的移动　　　　图 2-76　推锉法

#### 2. 曲面的锉法

（1）外圆弧面的锉法。锉外圆弧一般采用锉刀顺着圆弧锉削的方法，如图2-77（a）所示。在锉刀做前进运动的同时，还应绕工件圆弧的中心做摆动。摆动时，右手把锉刀柄部往下压，而左手把锉刀前端向上提，这样锉出的圆弧面不会出现有棱边的现象。但顺着圆弧锉的方法不易发挥力量，锉削效率不高，故适用于余量较小或精锉圆弧的情况。

当加工余量较大时，可采用横着圆弧锉的方法，如图2-77（b）所示。由于锉刀做直线推进，用力较大，故效率较高。当按圆弧要求先锉成多菱形后，再用顺着圆弧锉的方法精锉成圆弧。

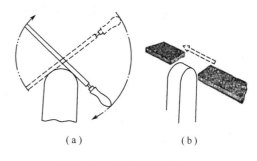

（a）　　　　　　　（b）

图2-77　外圆弧面的锉法

（2）内圆弧面的锉法。锉刀要同时完成三个运动，如图2-78所示，即锉刀的前推运动、锉刀的左右移动和锉刀自身的转动，如缺少任一项运动都锉不好内圆弧面。

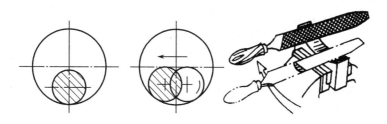

图2-78　内圆弧面的锉法

（3）球面的锉法。锉圆柱形工件端部的球面时，锉刀在做外圆弧锉法动作的同时，还需要绕球面的中心和周向做摆动，如图2-79所示。

#### 3. 通孔的锉削

根据通孔的形状、工件材料、加工余量、加工精度和表面粗糙度来选择所需的锉刀进行通孔的锉削，通孔的锉削方法如图2-80所示。

图2-79　球面的锉法　　　　　　　图2-80　通孔的锉削

### 2.5.3　锉削注意事项和质量检验

#### 1. 锉削注意事项

锉削一般不易产生事故，但为了避免不必要的伤害，工作时仍应注意以下事项：

（1）不使用无柄或柄已裂开的锉刀，且锉刀柄要装紧，否则不但用不上力，而且可能因锉刀柄脱落而刺伤手腕。

（2）不能用嘴吹铁屑，以防止铁屑飞进眼睛；也不准用手清除铁屑，以防手上扎入铁刺。

（3）锉刀放置时不要露出在钳台边外，以防跌落而扎伤脚或损坏锉刀。

（4）锉削时不要用手去摸锉削表面，因手上有油污，会使锉削时锉刀打滑而造成损伤。

**2. 锉削质量检验**

（1）直线度的检查。用钢直尺和90°角尺以透光法来检查工件的直线度，如图2-81（a）所示。

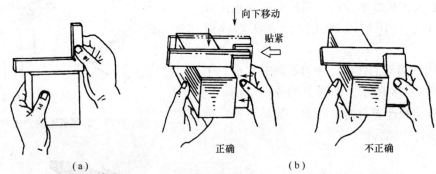

图2-81　用90°角尺检查直线度和垂直度

(a) 检查直线度；(b) 检查垂直度

（2）检查垂直度。用90°角尺采用透光法检查，先选择基准面，然后对其他各面进行检查，如图2-81（b）所示。

（3）检查尺寸。检查尺寸是指用游标卡尺在工件全长不同的位置上进行数次测量。

（4）检查表面粗糙度。检查表面粗糙度一般用眼睛观察即可，如要求准确，可用表面粗糙度样板对照进行检查。

# 2.6　钻孔、扩孔、铰孔实训

## 2.6.1　钻孔

用钻头在实体材料上加工出孔的方法，称为钻孔，如图2-82所示。由于钻头刚性较差，排屑、散热困难，所以钻孔精度不高，钻孔的精度为IT13～IT12，表面粗糙度 $Ra$ 为50～12.5 μm。钻孔是一种孔的粗加工，它的适应性强、操作简便、使用广泛。一般大批量生产时要借助夹具来保证加工位置的正确；单件和小批量生产时要借助划线来保证其加工位置的正确。下面主要介绍划线钻孔的方法。

**一、麻花钻**

钻头是钻孔的主要刀具，钻头种类很多，有麻花钻、中心钻、锪钻等。其中钳工常用的是麻花钻，它用高速钢或碳素工具钢制造。

麻花钻由刀柄、颈部和刀体（工作部分）组成，如图2-83所

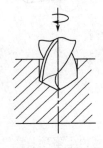

图2-82　钻孔

示。刀柄用来夹持和传递钻削动力。刀柄有直柄和锥柄两种。传递大扭矩的大直径钻头用锥柄，直径在$\phi13$ mm 以下的小钻头用直柄。颈部是刀体与刀柄相连接部分。刀柄上刻有钻头的尺寸规格。刀体工作部分包括切削和导向两部分。其前端切削部分的形状类似沿钻头轴线对称布置的两把车刀，如图 2-84 所示，由两个前面、两个后面及由它们的交线形成的两个主切削刃，和连接两个主切削刃的横刃及由两条刃带的棱边形成的两个副切削刃组成。两条主切削刃夹角（$2\phi$）称为顶角，通常为 $116°\sim118°$。导向部分上有两条刃带和螺旋槽，刃带上的副切削刃具有修光孔壁及导向作用，螺旋槽具有排屑作用。

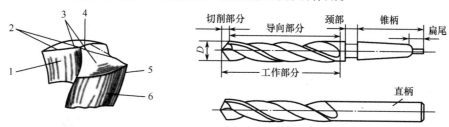

图 2-83　麻花钻的组成

1—前刀面；2—主切削刃；3—后刀面；4—横刃；5—副切削刃；6—副后刀面

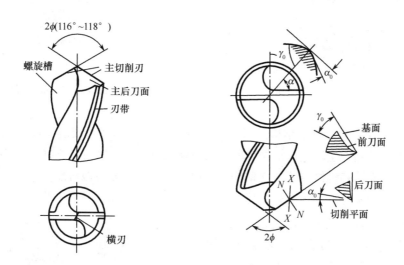

图 2-84　麻花钻的切削部分

## 二、钻床及附件

为了适应不同大小、不同形状的零件的孔的加工，在切削加工中使用的钻床有台式钻床、立式钻床和摇臂钻床等。它们共同的特点是工件固定不动，刀具做旋转运动并沿轴向进给。

常用的钻床有如下三种：

（1）台式钻床。它是一种小型钻床，简称台钻，外形结构如图 2-85 所示。其钻孔直径在 12 mm 以下。台钻使用方便灵活，主要用于钻小孔。其主轴变速是通过改变三角胶带在塔形带轮上的位置来调节的，主轴的进给是手动的。当松开锁紧手柄后，主轴架可以沿立柱上下移动。

（2）立式钻床。它的外形结构如图2-86所示，钻孔时，工件直接或用夹具安装在工作台上，由电动机把动力经变速箱传给主轴，使主轴在主轴套筒内做旋转运动并带动钻头旋转，主轴的转速可以通过扳动主轴变速手柄来调节。同时，由进给箱传来的运动，使主轴随着主轴套筒做机动轴向进给运动，也可以用手柄实现手动轴向进给。进给箱和工作台可沿立柱导轨上下移动，以适应加工不同高度的工件，立式钻床的主轴不能在垂直其轴线的平面内移动，为了使钻头与工件上的孔中心轴线重合，必须移动工件。因此，立钻只适用于加工中小型零件上的孔。这类钻床的最大钻孔直径为 25~50 mm。

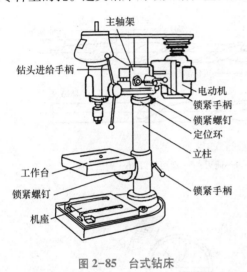

图 2-85　台式钻床

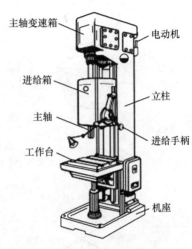

图 2-86　立式钻床

（3）摇臂钻床。它的外形结构如图2-87所示，摇臂钻有一个能绕立柱做360°回转的摇臂，其上装有主轴箱，主轴箱可沿摇臂的导轨做横向移动，摇臂可沿立柱上下移动调整加工位置。摇臂钻的变速和进给方式与立钻相似。由于摇臂可以方便地对准孔中心，所以摇臂钻的特点是加工大型零件上的中小孔，特别适用于多孔件的加工。它易于调整，操作方便，因此，广泛应用于单件和批量生产中。

钻床附件主要有过渡套筒、钻夹头、平口钳、螺栓压板、V形铁等。钻夹头用于装夹直柄钻头；过渡套筒（又称钻套）由五个莫氏锥度号组成一套，供不同大小锥柄钻头的过渡连接；平口钳用于装夹工件。螺栓压板、V形铁是利用螺栓和钻床工作台上的T形槽把工件安装在钻床工作台上。

### 三、钻头的刃磨

**1. 钻头的刃磨**

标准麻花钻在使用一段时间后，会出现钝化现象，或者在使用时出现退火、崩刃或折断等问题，都需要对钻头重新进行刃磨。

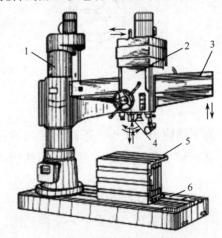

图 2-87　摇臂钻床

1—立柱；2—主轴箱；3—摇臂；

4—主轴；5—工作台；6—机座

**2. 刃磨要求**

（1）顶角 $2\phi$ 一般取 $118°+2°$，当加工锰钢时，$2\phi = 114°\sim150°$；加工黄铜、青铜时，$2\phi = 130°\sim146°$；加工硬铝合金时，$2\phi = 90°\sim100°$；当加工硬塑料、脆性材料时，$2\phi = 80°\sim90°$；

（2）外缘处后角 $\alpha_0$ 为 $10°\sim14°$；

（3）横刃斜角 $\varphi$ 为 $50°\sim55°$；

（4）两主切削刃等长且要对称；

（5）两个主后刀面光滑且大小一致。

**3. 刃磨方法**

钻头在砂轮上刃磨的方法如图 2-88 所示。

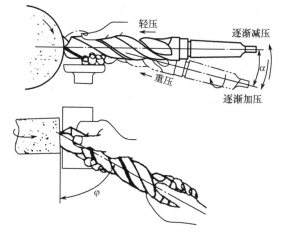

图 2-88  标准麻花钻的刃磨角度

（1）姿势。钻头刃磨时，主要刃磨两主后刀面及两主切削刃。右手握住钻头头部，左手握柄部，让刃磨部分的主切削刃处于水平位置，钻头轴心线与砂轮圆柱母线在水平面内的夹角 $\varphi\approx60°$，如图 2-89（a）所示。

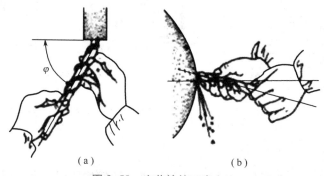

（a）                （b）

图 2-89  麻花钻的刃磨方法

（2）刃磨动作。将主切削刃先接触砂轮，如图 2-89（b）所示，右手缓慢绕钻心线由下向上转动，左手配合右手做缓慢的同步下压运动，刃磨压力逐渐加大，便于磨出合适的后角 $\alpha_0$ 值。与此同时，使钻头做小范围的同步左移，刃磨时，两手配合协调，反复地交替刃磨两主后刀面，并且及时蘸水冷却，防止钻头过热而退火。

（3）刃磨检查。刃磨时应按麻花钻的刃磨要求逐项检查，检查时可用检验样板检查钻头顶角 $2\phi$ 值以及两主切削刃的对称情况。

### 四、钻孔操作

#### 1. 钻头的安装

直柄钻头通常用钻夹头安装，如图2-90所示。通过转动固紧扳手，可以夹紧或放松钻头，如图2-91（a）所示。锥柄钻头有的可以直接装入钻床主轴孔内，如图2-91（b）所示，若不能直接装入，可用过渡套筒安装，通常套筒一般需数只，钻头锥柄尺寸较小时，可以用钻套过渡连接。套筒上端的长方孔是卸钻头时打入锲铁用的，如图2-92所示。开动钻床后发现钻头甩动的处理：钻头装夹时应先轻轻夹住，开车检查有无偏摆。无摆动时，停车夹紧后开始工作；若有摆动，则应停车，重新装夹，纠正后再夹紧。

（a）　　　　　　　　　　　　　（b）

图2-90　钻头的装夹

（a）在钻夹头上安装钻头；（b）锥套

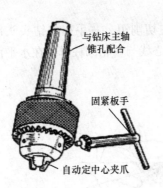 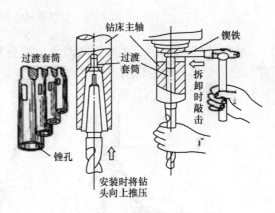

图2-91　钻夹头　　　　　　图2-92　锥柄钻头的安装与拆卸

#### 2. 工件划线

单件钻孔前的工件一般要进行划线，先将工件钻孔的位置用十字线划好，打好冲眼，便于找正引钻，如图2-93所示，在工件孔的位置划出孔径圆，对精度要求较高的孔还要划出检查圆或者方框，并在孔径圆上打样冲眼。在划好孔径圆和检查圆之后，把孔中心的样冲眼打大些，以便钻头定心。

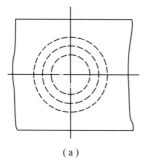
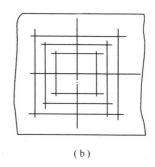

图 2-93　孔位检查线形式

（a）检查圆；（b）检查方框

### 3. 工件的装夹

如图 2-94 所示，工件通常用虎钳装夹，有时把工件直接安装在工作台上，用压板螺栓装夹，对于一些外形特殊的工件，可用 V 形铁、螺栓压板、90°角铁和三爪卡盘、虎钳、C 形卡头以及用夹具等工装进行装夹。

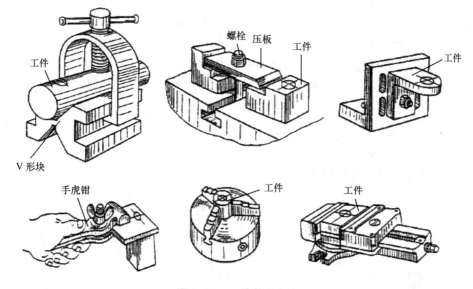

图 2-94　工件装夹方法

### 4. 钻孔操作

钻孔时，背吃刀量由钻头直径所决定，所以只需选择适当的切削速度和进给量。具体选择时应根据钻头直径和材料、工件材料、表面粗糙度的要求等几方面来决定。

选择切削用量的基本原则是：在允许范围内，尽量先选较大的进给量，当进给量受孔表面粗糙度和钻头刚度的限制时，再考虑较大的切削速度。一般来说，小钻头钻孔时，转速可相应提高，进给量减小；用大钻头钻孔时，则转速可降低，进给量适当加大。钻硬材料时，切削速度要低，进给量要小；钻软材料时，则二者可适当提高和增大。切削用量的选择也可参阅有关切削用量表格来确定。

操作时要注意：钻削时先钻一浅坑，检查是否对中，如有偏斜，则校正后再钻削。钻通孔时，在孔将被钻透时，进给量要减小，避免在钻透时出现"啃刀"抖动现象。钻盲孔时，要注意掌握钻孔深度，调整深度标尺挡块，安置控制工量具。钻深孔（$D/L \geqslant 3$，$D$ 为孔径，$L$ 为孔深）时，要经常退出钻头以排屑和冷却。钻大孔（$D \geqslant 30$）时，应分两次钻，即先钻小孔（$D<15$），再钻大孔，这样既有利于延长钻头寿命，也有利于提高钻削质量。钻孔时应保证被钻孔的中心线与钻床工作台面垂直，为此可以根据工件大小、形状选择合适的装夹方法。尽量避免在斜面上钻孔，若在斜面上钻孔，必须用立铣刀在钻孔位置铣出一个水平面，使钻头中心线与工件在钻孔位置的表面垂直。钻半圆孔则必须另找一块与工件同样材料的垫块，把垫块与工件拼夹在一起钻孔。圆柱工件一般用 V 形架装夹钻孔，钻孔前，先用百分表找正，使钻床主轴中心与 V 形铁中心相重合，再安装工件，装上钻头钻孔。

在批量生产中广泛应用钻模夹具。应用钻模钻孔时，可免去划线工作，提高生产效率，钻孔精度可提高一级，表面粗糙度也有所减小。

### 2.6.2　扩孔

扩孔是用扩孔钻对已经钻、铸、锻及冲出的孔进行扩大或提高加工质量的过程。扩孔的精度高于钻孔，当工件精度和粗糙度要求不高时，扩孔即可作为孔的终加工。加工精度可达 IT10~IT11，表面粗糙度 $Ra$ 值为 $6.3 \sim 3.2~\mu m$。扩孔余量（$D-d$）一般为 $0.5 \sim 4~mm$，小孔取小值，大孔取大值。麻花钻一般可用作扩孔，但在扩孔精度要求较高或生产批量较大时，应采用专用扩孔钻。扩孔钻的结构与钻头相似，如图 2-95 所示，其区别是：切削刃数量多（3~4 个）、无横刀、钻芯较粗、螺旋槽浅、刚性和导向性较好、切削较平稳、加工余量较小，因而加工质量比钻孔高。在钻床上扩孔的切削运动与钻孔相同，如图 2-96 所示。钻头无横刃，切削刃只是近外缘处一段。扩孔加工能纠正孔中心线的歪斜，用扩孔钻扩孔时，由于扩孔时加工余量小、扩孔钻刚性好、导向作用好，故扩孔时不易变形和颤动，加工质量高于钻孔。常用于铰孔和磨孔的预加工。

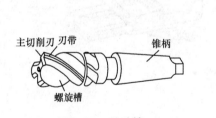

图 2-95　扩孔钻

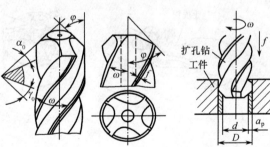

图 2-96　扩加工及其切削运动

### 2.6.3　锪孔

在钻床上，用锪钻进行孔口形面的加工称为锪孔。在工件的连接孔端锪出柱形或锥形埋头孔，以埋头螺钉埋入孔内把有关的零件连接起来，使外观整齐、装配位置紧凑；将孔口端面锪平并与孔中心线垂直，能使连接螺栓或螺母的端面与连接件接触良好。在钻床上锪平面是使用圆形锪钻、锥形锪钻、端面锪钻来加工的。

锪孔的加工形式有：

（1）圆形锪钻主要用于加工锪圆柱形埋头孔，如图 2-97（a）所示。圆柱形埋头孔锪钻的端刃起主要切削作用，周刃为副切削刃起修光作用。为保持原有孔与埋头孔的同轴度，锪钻前端带有导柱，与已有孔相配，为间隙配合，起定心作用。

（2）锥形锪钻主要用于加工锪锥形埋头孔，如图 2-97（b）所示，锪钻锥顶角有 60°、75°、90°等几种，60°用于锪孔倒角，75°用于锪埋头铆钉孔，90°用于锪螺栓孔。锪钻有 6～12 个刀刃。

（3）端面锪钻主要用于锪孔端平面，如图 2-97（c）所示。端面锪钻用于锪孔端凸台平面，端面锪钻前端也有导柱，起定心作用，使得底面与孔中心线垂直。

（4）图 2-97（d）所示为装配式平台锪钻，用来加工箱体内孔内端面。装锪钻的圆柱用作导向定心，以保证加工面的位置正确。

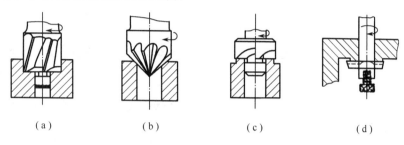

（a）　　　　　　（b）　　　　　　（c）　　　　　　（d）

图 2-97　锪孔

（a）锪圆柱形埋头孔；（b）锪锥形埋头孔；（c）锪孔端平面；（d）锪孔端平面

锪孔时，切削速度不宜过高，锪钢件时需加润滑油，以免锪削表面产生径向振纹或出现多菱形等质量问题。

高速钢锪钻已制定了国家标准。为了提高生产率和刀具寿命，许多工厂设计和使用了硬质合金锪钻，并把它作为工厂标准。在单件小批量生产中，常把麻花钻改磨制成扩孔钻和锪钻来使用。

### 2.6.4　铰孔

铰孔是用铰刀对孔进行精加工的方法，其尺寸公差等级可达 IT8～IT7，表面粗糙度 $Ra$ 值可达 1.6～0.8 μm。

**1. 铰刀的种类**

铰刀有手铰刀和机铰刀两种。手铰刀用于手工铰孔，柄部为直柄；机铰刀多为锥柄，装在钻床或车床上进行铰孔，铰刀及铰孔分别如图 2-98 和图 2-99 所示。

**2. 铰孔方法**

（1）在手铰铰孔时，用手扳动铰杠，如图 2-100 所示，铰杠带动铰刀对孔进行精加工，可用右手通过铰孔轴线施加进刀压力，左手转动。正常铰削时，两手用力要均匀、平稳地旋转，不得有侧向压力，同时适当加压，使铰刀均匀地进给，以保证铰刀正确引进和获得较小的加工表面粗糙度，并避免孔口成喇叭形或将孔径扩大。

铰刀铰孔或退出铰刀时，铰刀均不能反转，以防止刃口磨钝以及切屑嵌入刀具后面与孔壁间，将孔壁划伤。

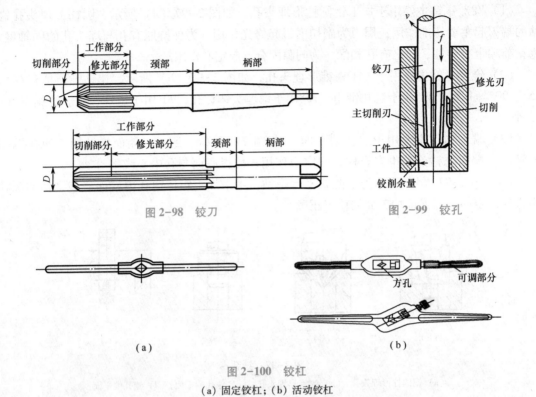

图 2-98　铰刀

图 2-99　铰孔

（a）

（b）

方孔

可调部分

图 2-100　铰杠

（a）固定铰杠；（b）活动铰杠

（2）机铰时，应使工件一次装夹进行钻、铰工作，以保证铰刀中心线与钻孔中心线一致。铰毕后，将铰刀退出后再停车，以防孔壁拉出痕迹。铰通孔时，铰刀校准部分不得全部伸出孔外，否则孔的出口处会被刮坏。

（3）铰尺寸较小的圆锥孔，可先留取圆柱孔精铰余量，钻出圆柱孔，然后用锥铰刀铰削即可。

对尺寸和深度较大的锥孔，为减小铰削余量，铰孔前可先钻出阶梯孔，然后再用铰刀铰削。铰削过程中要经常用相配的锥销来检查铰孔的尺寸。

手铰和机铰钢件时，必须选用适当的切削液来进行冷却和润滑，防止产生积屑瘤并减少切屑细末黏附在铰刀刀刃上，以及孔壁和铰刀的韧带之间，从而减少加工表面的粗糙度与孔的扩大量。铰孔的加工余量一般为 0.05~0.5 mm。

# 2.7　攻螺纹和套螺纹实训

## 2.7.1　攻螺纹

在机械制造业中，带螺纹的零件应用很广泛。

根据用途不同，螺纹分为紧固螺纹和传动螺纹。前者用于机器零件的固定连接，其截面形状多为三角形，后者用来传递运动和动力，其截面形状多为矩形和梯形。

螺纹的加工方法很多，可以采用各种不同的刀具，在车床、钻床、螺纹磨床等机床上进行加工。

螺纹加工方案的选择一般取决于工件形状、螺纹牙型、公差等级、工件材料、热处理以及生产批量等。其加工方法有攻螺纹、套螺纹、车削螺纹、搓螺纹（搓丝）、滚螺纹（滚丝）、磨削螺纹等。

用丝锥加工内螺纹的方法叫攻丝，如图 2-101 所示，适用于各种批生产中加工公称直径小于 M16 的内螺纹，常用于机器零件上各部位小螺孔的加工。

## 一、攻螺纹工具

### 1. 丝锥

丝锥是加工内螺纹的工具。丝锥的结构如图 2-102 所示，它是一段开槽的外螺纹，由切削部分、校准部分和柄部所组成。切削部分磨成圆锥形，切削负荷被分配在几个刀齿上。校准部分具有完整的齿形，用以校准和修光切出的螺纹，并引导丝锥沿轴向运动。丝锥有 3~4 条容屑槽，便于容屑和排屑。丝锥是专门用来

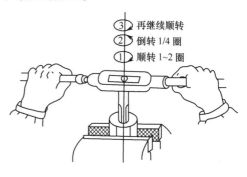

图 2-101　攻螺纹

攻丝的刀具。丝锥有机用和手用两种，机用丝锥一般为一支，手用丝锥可分为三个一组或两个一组，即头锥、二锥、三锥，两个一组的丝锥常用，使用时先用头锥，后用二锥。头锥的切削部分斜度较长，一般有 5~7 个不完整牙型；二锥较短，有 1~2 个不完整牙型。攻丝时要合理地选用攻丝扳手，太小攻丝困难，太大丝锥易折断。柄部有方头，用以传递扭矩。

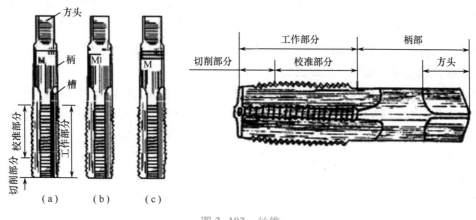

图 2-102　丝锥
（a）头锥；（b）二锥；（c）三锥

### 2. 铰杠

铰杠是用来夹持丝锥的工具，有普通铰杠和丁字铰杠两类。丁字铰杠主要用于攻工件凸台旁的螺纹或机体内部的螺纹。各类铰杠又有固定式和活动式（如图 2-100 所示）两种。固定式铰杠常用于攻 M5 以下的螺纹，活动式绞杠可以调节夹持孔尺寸。

## 二、攻丝前螺纹底孔直径和深度的确定

攻丝时，应注意的是丝锥除了切削金属以外，还有挤压作用，若攻前孔直径过小或者工件上螺纹底孔直径与螺纹内径相同，工件材料将受到挤压而被挤出，被挤出的材料将嵌到丝

锥的牙间，甚至咬住丝锥，使丝锥损坏，螺纹底孔直径（攻前孔）不宜过大，否则螺纹牙型不完整；若攻前螺纹底孔直径过小，则螺纹牙型不完整，加工塑性高的材料时，这种现象尤为严重。因此，工件上螺纹底孔直径应比螺纹内径稍大些。

确定底孔直径可用经验公式计算：

钢料及韧性金属： $\qquad D \approx d - P$ （mm）

铸铁及脆性金属： $\qquad D \approx d - (1.05 \sim 1.1)P$ （mm）

式中 $D$——底孔直径，mm；

$\qquad d$——螺纹外径，mm；

$\qquad P$——螺距，mm。

不通孔攻丝时，由于丝锥不能切到底，所以钻孔深度要稍大于螺纹长度，增加的长度约为 0.7 倍的螺纹外径。

例：分别在中碳钢和铸铁上攻 M10×1.5 螺孔，求其底孔直径。

解：中碳钢属韧性材料，底孔直径：

$$D \approx d - P \approx 10 - 1.5 \approx 8.5 \text{ （mm）}$$

铸铁属脆性材料，故底孔直径：

$$D \approx d - (1.05 \sim 1.1)P \approx 10 - (1.05 \times 1.5 \sim 1.1 \times 1.5) \approx 8.3 \sim 8.4 \text{ （mm）}$$

### 三、攻螺纹操作

攻丝前，确定螺纹底孔直径，选用合适钻头钻孔，并用较大的钻头倒角，以便丝锥切入，防止孔口产生毛边或崩裂。头攻时，将丝锥头部垂直放入孔内，右手握铰杠中间，并用食指和中指夹住丝锥，适当加些压力；左手配合沿顺时针转动，待切入工件 1~2 圈后，再用目测或直尺校准丝锥是否垂直，然后继续转动，直至切削部分全部切入后，就用两手平稳地转动铰杠，这时可不加压力而旋到底。为了避免切屑过长而缠住丝锥，每转 1~2 转后要轻轻倒转 1/4 转，以便断屑和排屑。不通孔攻丝时，可在丝锥上作好深度标记，并要经常退出丝锥，清除留在孔内的切屑，否则会因切屑堵塞而使丝锥折断或达不到深度。当工件不便倒向进行清屑时，可用弯曲的小管子吹出切屑，或用磁性针棒吸出。

在钢材上攻螺纹时，要加浓乳化液或机油。在铸铁件上攻丝时，一般不加切削液，但若螺纹表面粗糙度要求较高，则可加些煤油。

二攻和三攻时，先用手指将丝锥旋进螺纹孔，然后再用铰杠转动，旋转铰杠时不需要加压。

攻螺纹操作过程及要求：①钻底孔并倒角。②头攻：用头锥攻螺纹，将丝锥垂直放入工件孔内，用铰杠轻压旋入，当丝锥切削部分已经切入工件时，继续转动但不加压，每转一周应反转 1/4 转左右以便断屑。发觉费力或者有响声时也应该反转 1/4 左右转，以便断屑。

攻塑性材料的螺纹孔时，要加切削液和润滑油。

### 四、攻螺纹的方法及注意事项

（1）钻底孔并倒角；

（2）装夹工件的虎钳或卡盘，应尽量使孔的中心线竖直，以便判断丝锥的正确位置；

（3）开始攻丝时，使用头锥并要进行丝锥校正，然后对丝锥施加一定的压力和平衡的扭力，来转动铰杠，如图 2-103 所示；

（4）当头锥切入 1~2 圈时，要仔细观察和校正丝锥的轴心线是否与底孔中心线重合，也可以用直角尺在丝锥的两个互相垂直的平面内测量、检查，要边加工边检查校正；

（5）当旋入 3~4 圈时，丝锥的位置应正确无误，只需转动铰杠，丝锥自然会攻入工件，决不能对丝锥施加压力，否则螺纹会出现烂牙或乱扣；

图 2-103　起攻方法

（6）在加工过程中，丝锥每转 $\frac{1}{2}$~1 圈时，丝锥要反转 $\frac{1}{4}$~$\frac{1}{2}$ 圈，将切屑切断并挤出。特别是攻盲孔螺纹时，要及时退出丝锥排屑；

（7）当头锥攻完后更换二锥、三锥时，要用手旋入至不能再旋时，再改用铰杠夹持继续加工，防止施加压力不均匀或丝锥晃动损坏螺纹；

（8）攻制塑性材料的螺纹时，要注入切削液，以减小切削阻力，降低螺纹孔的粗糙度，延长丝锥使用寿命。

### 2.7.2　套螺纹

用板牙加工外螺纹的方法叫板牙。套扣又称为套丝、套扣。

#### 一、套螺纹工具：板牙和板牙架

板牙是加工外螺纹的工具，常用的圆板牙如图 2-104 所示。圆板牙螺孔的两端各有一段 40° 的锥度，是板牙的切削部分。图 2-105 所示为板牙用的板牙架，装有圆板牙。

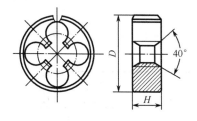

图 2-104　板牙

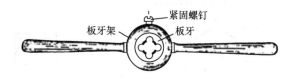

图 2-105　板牙架

#### 二、工件直径的确定

板牙前工件直径的确定。套丝和攻丝的切削过程近似，一个是得外螺纹，另一个是得内螺纹，应注意的是工件直径过大，工件材料将受到挤压而凸出，会使板牙切削刃受损；若工件直径过小，则螺纹牙型不完整。因此工件的直径应比螺纹外径小些，一般减小 0.2~0.4 mm，可由手册或者其他资料附录查表确定，也可由经验公式计算：

$$D_0 = d - 0.13 \times P$$

式中　$D_0$——工件直径，mm；

　　　$d$——螺纹大径，mm；

　　　$P$——螺距，mm。

例：加工的 M10 的外螺纹，试确定其圆杆直径？

解：　　　　　　$D_0 \approx d - 0.13P \approx 10 - 0.13 \times 1.5 \approx 9.8$（mm）

### 三、套螺纹操作

套螺纹工艺过程与攻螺纹基本近似，操作大同小异。套螺纹方法与攻螺纹方法一样，但套螺纹时工件伸出钳口不宜过长，在满足螺纹要求长度的前提下应尽量短些，且操作时用力要均匀。

首先检查要套扣的圆杆直径，尺寸太大，套扣困难，如果尺寸过大，板牙也会崩牙；尺寸太小，套出的螺纹牙齿不完整。圆杆的端面都必须倒角，一般是2×45°倒角，如图 2-106 所示，以便板牙顺利套入，然后进行套扣。套扣时板牙端面必须与圆杆严格保持垂直，开始转动板牙架时，要适当平衡加压；套入几扣后，只需转动，不必加压，而且要经常反转，以便断屑。套扣时可施加机油润滑，根据工件材料不同，选用不同的冷却润滑液，一般钢料工件用机油、铸铁工件用煤油，以提高螺纹的加工质量和板牙的使用寿命。应注意：板牙顺利切入，同时避免套螺纹后螺纹端部出现锋口，影响使用。

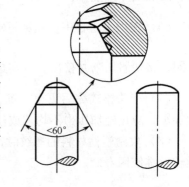

图 2-106　圆杆倒角

### 四、攻螺纹与套螺纹操作实例

#### 1. 六角螺母攻螺纹

如图 2-107 所示的六角螺母，要求在备件上完成攻螺纹加工。

操作步骤：用直径 12 mm 钻头对孔口两端倒角，用 M12 丝锥攻制螺纹，注意检查垂直，并用相应的螺栓配合检验。

#### 2. 双头螺柱套螺纹

如图 2-108 所示的双头螺柱，要求在备件上完成套螺纹加工，操作步骤如下：

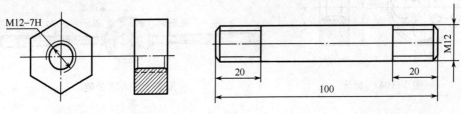

图 2-107　六角螺母　　　　　　　图 2-108　双头螺柱

（1）将直径为 12 mm 的圆钢手锯下料，并修整两端面，保证长度和端面与轴心线垂直的要求；

（2）计算套螺纹部分圆杆直径为 11.77 mm，用锉削方法修整加工圆杆，然后两端面倒角 C2 将 M12 的圆板牙装在牙架上，完成双头螺柱 M12 的套制，并用相应的螺母配合检验。

# 2.8　刮削和研磨实训

## 2.8.1　刮削

用刮刀在工件已加工表面上刮去一层很薄金属的操作叫刮削。刮削多在机械加工（车、铣或刨）之后进行，刮去表面上凸出高点，使两配合表面能均匀地接触。刮削后的表面，其粗糙度 $Ra$ 可达到 $1.6\sim0.4\ \mu m$，且精度较高，属于精密加工，并有良好的平直度。刮削每次只能刮去 $0.002\sim0.005\ mm$ 的薄层，故生产率低、劳动强度大，所以加工余量不能大，一般留 $0.05\sim0.4\ mm$，常用于零件上互相配合的滑动表面（如机床导轨面、滑动轴承）、工具量具的接触面及密封表面等。刮削常用磨削等机械加工方法代替，但在机器装配、修理和设备安装中，刮削仍占有重要地位。

刮削原理：将工件与校准工具或与其配合的工件表面之间涂上一层显示剂，经过对研，使被刮削工件的较高部位显示出来，然后用刮刀进行微量切削，刮去较高部位的金属层。这样经过反复地显示和刮削，就能使工件的加工精度达到预定的要求。

一、刮刀

刮刀如图 2-109 和图 2-110 所示，是刮削的主要工具。刮刀根据工件不同的刮削表面分为平面刮刀和曲面刮刀两大类。

**1. 平面刮刀**

用来刮削平面和外曲面，按所刮表面精度又可分粗刮刀、细刮刀和精刮刀三种。粗刮刀刮削刃的角度为 $90°\sim92.5°$，刀刃要平直；细刮刀刮削刃的角度为 $95°$ 左右，刀刃稍带圆弧形；精刮刀刮削刃的角度为 $97.5°$ 左右，刀刃带圆弧。刮刀刀头采用碳素工具钢或轴承钢制作，刀身则用中碳钢，通过焊接或机械装夹而成，如图 2-109（b）所示。

**2. 曲面刮刀**

用来刮削内曲面，如衬套、轴孔、滑动轴承等，用工具钢锻制，如图 2-110 所示。

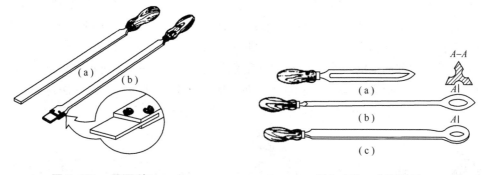

图 2-109　平面刮刀　　　　　　　　　　图 2-110　曲面刮刀

刮刀在刮削的过程中，要经常使用油石刃磨刃口，以保持刃口锋利。油石对刮刀刃口起着磨锐与磨光的作用。油石必须平直，如不平直，可将油石夹在平口钳上，用平面磨床磨平。另一种是将油石在一般砂轮上大致磨平，然后放在平板上，涂上金刚砂和水进行研磨，这种方法虽慢但经济实用。对油石的使用与保养，必须做到以下几点：

（1）刃磨刮刀时，油石表面必须保持适量的润滑油，否则磨出的刮刀刃口不光滑，油石也容易损坏。

（2）刃磨时，必须检查油石表面是否平直，否则磨出的刮刀刃口不平，影响刮削质量，应尽量利用油石的有效面，以延长其使用寿命。

（3）刮刀磨过后，应将污油擦去，以防切屑嵌入，已经嵌入的切屑，可用煤油或汽油洗去，如果无效，可用砂布擦去。油石表面的油层应保持清洁。

（4）油石用完后应放在盒内或浸入油中。新油石使用前应放在油中浸泡。

（5）刃磨刮刀时，应根据工件的精度要求，选用适当粒度的油石。

## 二、平面刮削

### 1. 刮削前的涂色显示

刮削前，需要在工件表面涂显示剂。其目的是使工件与标准工具（标准平板、校准平尺、角度直尺、检验轴等）对磨，或者相配工件对磨时，能把高起来的部分（即接触面积情况）清楚地显示出来，以便进行刮削，生产中钢和铸铁工件常用的显示剂是红丹粉油（用红丹加机油调和后使用）；精密工件和有色金属及合金工件用蓝油，其研点小而清楚。涂显示剂的作用是显示工件误差的位置和大小。

### 2. 基本操作方法

基本操作方法有手刮法和挺刮法两种。

加工余量小的工件用手刮法操作，采用手刮法时，右手握刀柄，左手四指弯曲握住刮刀离刃部约50 mm处，起引导刮削方向并施加一定压力的作用。同时，刮刀与工件表面应保持20°~30°夹角，如图2-111所示。左脚向前跨一步，上身随着向前倾斜，左手向下压，并引导刮刀前进，使刮刀刀头刮研点。当刮刀刮削到所要求的部位时，左手提起刀头，右手缩回，即完成一个手刮动作。刮削时，用力要均匀，刮刀要拿稳，以免刮刀刃口两端的棱角将工件划伤。手刮法动作灵活，适用于各种工作位置，对刮刀长度要求不太严格，但手容易疲劳，不适用于加工余量较大的场合。

挺刮法中刮刀柄装有厚的橡皮垫，顶在小腹右侧肌肉处，双手握住刀身进行刮削操作，挺刮法也是粗刮的常用方法之一，此法一般用于刮削余量大、工件较大的情况。刮削时，右手握住刮刀柄，左手在前引导刮刀选择研点和刮削部位，右手在后，右手臂紧贴在小腹部，施力是靠腰部和腿部向前的推力，推动刮刀刮削研点，如图2-112所示。当刮刀刮削到所要求的部位后，左手提起刀头，右手缩回，即完成了一个挺刮动作。挺刮法每刀切削量较大，适合大余量的刮削，但需要弯曲身体操作，腰部容易疲劳。

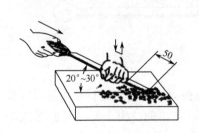

图2-111　手刮法　　　　　　　　　　图2-112　挺刮法

平面刮削分为粗刮、细刮、精刮和刮花。

（1）粗刮。粗刮是先将工件比较粗糙表面的毛刺和原机加工的痕迹或铁锈层或加工表面余量较大时（0.1~0.05 mm）刮去的工艺过程，是刮削工艺的第一道工序。粗刮是用粗刮刀在刮削面上均匀地铲去一层较厚的金属。目的是很快地去除刀痕、锈蚀和过多的余量。粗刮通常采用连续推铲的方法，刀迹要连成长片而不重复。整个刮削面上要均匀地刮削，防止出现边缘低、中间高的现象。如果刮削面有平行度要求，则粗刮时应使用长柄刮刀且施力较大，刮刀痕迹要连成片，不可重复。粗刮方向要与机加工刀痕约成 45°，各次刮削方向要交叉，如图 2-113 所示。然而涂上显示剂，开始研点。当粗刮到工件表面上贴合点增至每 25 mm×25 mm 面积内有 4~6 个点时，粗刮结束，可以转入细刮。

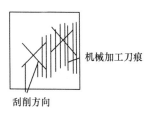

图 2-113　粗刮

（2）细刮。细刮是用细刮刀在刮削面上刮去稀疏的大块研点，就是将粗刮的高点刮去，目的是进一步改善刮削面的不平现象。细刮时采取短刮法，采用短刮刀，施加压力小，且在刮削过程中，落刀要轻，推出要稳，刀痕短而宽，刀迹长度约为刀刃宽度。随着研点的增多，刀迹要逐步缩短。刮同一遍时，要按同一方向刮削（通常是与平面边缘成一定角度），刮第二遍时要沿与第一遍成约 45°或 60°的方向交叉刮削，以消除原方向刀迹，否则刀刃容易沿上一遍刀迹滑动，出现条状研点，不能迅速达到精度要求。在刮削研点时，要把研点周围部分也刮去。这样，周围的次高点就容易显示出来，增加研点数目。显示剂要涂得薄而均匀，以便显点清楚。推研后显示出发亮的研点叫硬点（或实点），对显示出有些发亮的研点（硬点），应刮得重些；对暗淡的研点（软点），应刮得轻些，直至显示出来的研点软硬均匀，避免发生误刮。当平均研点每 25 mm×25 mm 上为 10~15 点时结束。细刮结束，可以转入精刮。

（3）精刮。精刮就是用精刮刀更仔细地刮削研点（俗称"摘点"）。目的是通过精刮增加研点数目，改善表面质量，使刮削面符合精度要求。精刮时采用点刮法。精刮刀短而窄，刀痕也短（3~5 mm）。若工件的刮削面越狭小，精度要求越高，则刮刀应越短。精刮时，落刀更要轻，提刀要快，在每个研点上只刮一刀，不可重复，并始终交叉进行刮削。当研点数接近精刮要求时，可不涂显示剂，使显示出研点的软硬更为清晰，并将研点分为三类，区别对待，将亮、大而宽的高点全部刮去，中等大小的高点在中部刮去一小块，小点则不刮（俗称刮大点，挑中点，留小点）。在刮到最后两三遍时，交叉刀迹的大小应该一致，排列应该整齐，以使刮削面美观。经反复研点与刮削，使贴合点数目逐渐增多，直到符合要求为止。如精密机床导轨面贴合点数须达 24~30 个。

（4）刮花。为了增加工件表面的美观，保证良好的润滑，在刮削好的工件表面再进行一次刮花。刮花即是用刮刀在工件表面刮削出按一定规则排列的花纹，如图 2-114 所示，刮花的目的有三个：一是使刮削平面美观；二是保证其表面有良好的润滑；三是可凭刀花在使用过程中的消失情况判断其磨损程度。

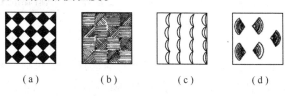

（a）　　　　　（b）　　　　　（c）　　　　　（d）

图 2-114　刮花的花纹

（a）斜纹花；（b）斜地直纹花；（c）鱼鳞纹花；（d）扇面纹花

整个操作过程为压、推、抬三个动作，工作表面的刮削方向，应与前道工序的刀痕交叉进行，每刮一遍，就须着色，涂上显示剂，用校准工具对磨，以显示加工面上高低不平处，然后刮掉高点，按此反复进行。余量大或显著不平的表面应先粗刮。刮刀刃口宽，推刮行程长；余量小或粗刮以后的表面，进行细刮。刮刀刃口狭窄，推刮行程短，一般为点刮。在不同的刮削步骤中，每刮一刀的深度，也应适当控制。因为刀迹的深度和宽度相联系，所以可以从控制刀迹宽度来控制刀迹深度。一般情况下，当左手对刮刀的压力大时，则刮削的刀迹又宽又深。粗刮时，刀迹宽度不要超过刃口宽度的2/3~3/4，否则刀刃两侧容易陷入刮削面而形成沟纹；细刮时，刀迹宽度为刃口宽度的1/3~1/2，如果刀迹过宽，则会影响到单位面积的研点数；精刮时，刀迹宽度应该更窄。

### 三、曲面刮削

较常用的曲面刮刀是三角刮刀。

#### 1. 曲面刮削的方法

内曲面刮削时，右手握住刀柄，手掌向下用四指横握刀杆，拇指抵着刀杆，如图2-115（a）所示，刮削动作为右手做半圆转动，左手辅助右手除做圆周运动外，还顺着曲面做拉动或推动，使刮刀除做圆周运动外，还做轴向移动，刀迹与曲面轴心线成45°角交叉进行。左手顺着曲面方向控制刮刀做前推或后扳的螺旋形运动，刀迹与曲面轴心线成45°角交叉进行。另一种如图2-115（b）所示，刮刀柄搁在右手臂上，右手掌心向下握在刀身前端，左手掌心向上握在刀身后端，刮削时左、右手的动作和刮刀的运动方向与一种姿势相同。外曲面刮削姿势如图2-115（c）所示，左手在前、右手在后，双手握住平面刮刀的刀身，刮刀柄夹在右腋下，用右手来掌握刮削方向，左手加压或提起刮刀。刮削时，刮刀与外曲面倾斜约30°角，也是交叉刮削。

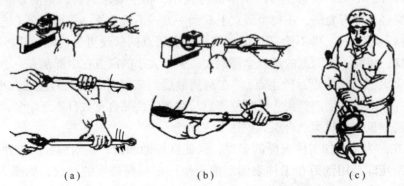

（a） （b） （c）

图2-115　曲面刮削姿势
（a）内曲面刮削姿势1；（b）内曲面刮削姿势2；（c）外曲面刮削姿势

#### 2. 曲面的显点方法

刮削曲面时，应根据不同形状和不同的刮削要求选择合适的刮刀和显点方法，一般是以标准轴（也称工艺轴）或与内曲面相配合的轴作为内曲面研点的校准工具。

根据不同材料选择不同的显示剂，刮削有色金属时，显示剂选用蓝油，精刮时可用蓝油或黑色油墨代替，使显点色泽分明。

研点时将显示剂涂在轴的圆柱面上，用轴在内曲面中旋转显示研点，同时工艺轴应沿曲面做来回转动，精刮时转动弧长应小于25 mm，切忌沿轴线方向做直线研点。

### 3. 曲面刮削

曲面刮削与平面刮削一样，也要经粗刮、细刮和精刮。粗刮时应把刮刀放在正前角位置，使得在刮削过程中前角较大，刮出的切屑较厚，刮削速度较快；细刮时刮刀的位置应具有较小的负前角，刮出的切屑较薄，通过细刮，能获得均匀分布的研点；精刮时，刮刀的位置应具有较大的负前角，刮出的切屑很薄，可获得较高的表面质量。

刮削内曲面比刮平面困难得多，应经常刃磨刮刀，使其保持锋利，避免因刮伤表面而造成返工，点要刮准，刀迹应比刮平面时短小。对内曲面的尺寸精度更应严格控制，不可因留过多的刮削余量而增加刮削工作量，也不能因余量过少造成已刮削到尺寸要求但点数太少，工件因不符合要求而报废。

曲面刮刀常用于刮削内曲面，如滑动轴承的轴瓦、衬套等。用三角形刮刀刮削轴瓦的示例如图 2-116 所示。曲面刮削后也需进行研点检查。

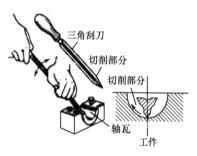

图 2-116　三角刮刀刮削曲面

粗刮时用刮刀根部的切削刃切除较多的金属，精刮时用刮刀端部的切削刃。刮削时力量的大小应根据工件材料和质量要求而定。对于较硬的金属或者粗刮时，应施加较大的压力；对于软材料及精刮时，应施加较小的力。刮削时用力不可太大，否则刀杆容易发生抖动，表面产生振痕。曲面刮削也要交叉进行，防止产生波纹。

曲面刮削方法及要求：粗刮，刮刀呈正前角，刮出切屑较厚，刮削效率高；细刮，刮刀具有较小的负前角，刮出切屑较薄，能很好地刮去研点，并能较快地将各处集中的研点改变成均匀分布的研点；精刮，刮刀具有较大的负前角，刮出切屑极薄，不会产生凹痕，能获得较好的表面。

### 4. 曲面刮削操作实例：轴瓦刮削

如图 2-117 所示滑动轴承，其轴瓦的刮削步骤如下：

（1）分别粗刮上下轴瓦，涂红丹油后用轴分别对上下轴瓦进行研点。

（2）分别精刮上下轴瓦，直至研点分布均匀后涂红丹油。

（3）将轴放入上下轴瓦中，拧紧轴承盖螺钉，并注意均匀用力。

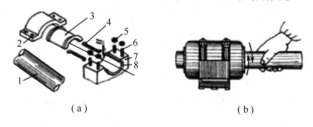

（a）　　　　　　　　　　　　（b）

图 2-117　轴瓦刮削
（a）滑动轴承装配图；（b）研点
1—轴；2—轴承盖；3—上轴瓦；4—垫片；5—螺母；6—双头螺柱；7—轴承座；8—下轴瓦

（4）转动轴进行研点，然后将螺钉均匀松开，打开轴承盖。

（5）分清两轴瓦上的研点，重刮灰亮点，轻刮黑色点，将两轴瓦上的研点刮去。

（6）重复第（4）、第（5）步骤，反复刮至符合要求为止。

### 四、刮削检验

研点是检验刮削表面精度的方法。

工件经过粗刮、细刮、精刮等工艺加工后，要进行刮削质量检验，检验的内容和方法视工件的不同而不同。检验工件刮削精度包括尺寸精度、形状和位置精度、接触精度及贴合精度、表面粗糙度、平面度和直线度等。

（1）常用的检验方法是将被刮削面与校准研具涂上显示剂后对研，研点是检验刮削表面精度的方法。研点时首先将工件表面擦净，然后均匀地涂上一层红丹油（机油与红丹粉的混合物），再将工件表面与检验平板均匀加压配研，这样工件表面的高点会因红丹油被磨掉而显露出来。刮削表面的精度就是用 25 mm ×25 mm 面积内均匀分布的贴合点数来表示的。一般说来，点数越多，点越小，刮削质量越好。

各种平面接触精度的研点数见表 2-1。

表 2-1　各种平面接触精度研点数

| 平面种类 | 每 25 mm×25 mm 内的研点数 | 应　用 |
|---|---|---|
| 一般平面 | 2～5 | 较粗糙机件的固定结合面 |
| | 5～8 | 一般结合面 |
| | 8～12 | 机械台面，一般基准面，机床导向 |
| | 12～16 | 机床导轨及导向面，工具基准面，量具基准面 |
| 精密平面 | 16～20 | 精密机床导轨，直尺 |
| | 20～25 | 一级平板 |
| 超精密平面 | >25 | 0 级平板，高精度机床导轨，精密量具精密工具的接触面 |

（2）对于有平面度或直线度要求的工件，用方框水平仪或刀口尺检验。其方法是，将方框水平仪放在工件平面任一处，如水泡都是在中间不偏斜，则为平面精度达到要求。如用刀口尺检验，则与厚薄规配合，用刀口尺测任一处，刀口尺应始终贴合在平板或直线导轨面上，如有一丝缝隙，插入厚薄规便知间隙大小和偏差数据。看偏差是否在公差范围内，如在公差范围内，则达到精度要求；如果不在公差范围内，则达不到要求，要继续刮削，直到精度达到为止。

（3）内曲面的精度检验方法

内曲面刮削后的精度要求，以单位面积内的接触点数来表示，但也应考虑到接触点的合理分布，以取得较好的工作效果。以滑动轴承为例，轴承两端的研点数应多于中间部分，使两端支承轴颈平稳旋转；中间接触点稍少些，有利于润滑和减少发热。在轴承圆周方向上，受力大的部位应刮成较密的贴合点，以减少磨损，使轴承在负荷作用下能较长时期保持其几何精度。滑动轴承接触精度的研点数见表 2-2。

表 2-2 滑动轴承接触精度的研点数

| 轴承直径/mm | 机床或精密机械主轴承 | | | 锻压设备、通用机械的轴承 | | 动力机械、冶金设备的轴承 | |
|---|---|---|---|---|---|---|---|
| | 高精度 | 精密 | 普通 | 重要 | 普通 | 重要 | 普通 |
| | 每 25 mm×25 mm 内的研点数 | | | | | | |
| ≤120 | 25 | 20 | 16 | 12 | 8 | 8 | 5 |
| >120 | | 16 | 10 | 8 | 6 | 6 | 2 |

### 2.8.2 研磨

用研具和研磨剂在工件表面上磨去一层极薄金属的操作过程叫研磨。研磨是在其他金属切削加工方法不能满足工件精度和表面粗糙度要求的情况下所采用的一种精密加工工艺，尺寸公差等级可达 IT7～IT5 以上，表面粗糙度 $Ra$ 可达 0.1～0.01 μm，还能修正工件的几何形状误差，达到精确的尺寸精度。用一般机械加工方法产生的形状误差都可以通过研磨的方法校正。经过研磨的表面，其耐磨性、耐蚀性和强度都有所提高。其在量具、仪器的生产和修复过程中应用较为广泛。研磨操作中的三个要素：研具、研磨剂和工件。

#### 一、研具和研磨剂

#### 1. 研具

生产中需要研磨的工件多种多样，不同形状的工件应用不同类型的研具。常用的研具包括研磨平板、研磨环和研磨棒等，如图 2-118 所示。研具是研磨时决定工件被研磨表面几何形状的标准工具。研具一般选用比被研磨工件软的材料，通常有灰铸铁、球墨铸铁、低碳钢、铜等。

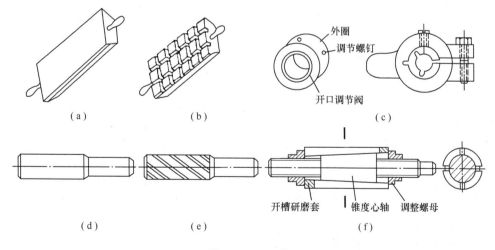

图 2-118 研具

（a）光滑研磨平板；（b）有槽研磨平板；（c）研磨环；
（d）固定式光滑研磨棒；（e）固定式带槽研磨棒；（f）可调式研磨棒

2. 研磨剂

研磨剂是由磨料（刚玉类、碳化物类、金刚石类等）、研磨液（煤油、汽油、L-AN22 与 L-AN32 全损耗系统用油、工业用甘油、透平油等）及辅助材料调和而成的混合剂，一般用成品研磨膏，使用时加入机械油稀释即可。

（1）磨料。磨料是以坚硬的材料制成的极细粉末。它包括人造和天然的，如氧化铝、碳化硅、碳化硼及金刚石粉等。常用的磨料有氧化物磨料、碳化物磨料和金刚石磨料，磨料系列与用途见表2-3。

表2-3　磨料系列与用途

| 系列 | 磨料名称 | 代号 | 特征 | 适用范围 |
|---|---|---|---|---|
| 刚玉 | 棕刚玉 | A | 棕褐色，硬度高，韧性大，价格便宜 | 粗、精研磨钢、铸铁、黄铜 |
| | 白刚玉 | WA | 白色，硬度比棕刚玉高，韧性比棕刚玉差 | 精研磨高速钢、高碳钢及薄壁零件 |
| | 铬刚玉 | PA | 玫瑰红或紫红色，韧性比白刚玉高，磨削表面质量好，表面粗糙度好 | 研磨量具、仪表零件及高精度表面 |
| | 单晶刚玉 | SA | 淡黄色或白色，硬度和韧性比白刚玉高 | 研磨不锈钢、高速钢等强度高、韧性大的材料 |
| 碳化物 | 黑碳化硅 | C | 黑色有光泽，硬度比白刚玉高，性脆而锋利，导热性和导电性良好 | 研磨铸铁、黄铜、铝、耐火材料及非金属材料 |
| | 绿碳化硅 | GC | 绿色，硬度和脆性比碳化硅高，具有良好的导热性和导电性，常用于研磨硬质合金、硬铬、宝石、陶瓷、玻璃等材料 | |
| | 碳化硼 | DC | 灰黑色，硬度仅次于金刚石，耐磨性好 | 精研磨和抛光硬质合金、人造宝石等硬质材料 |
| 系列金刚石 | 人造金刚石 | JR | 无色透明或淡黄色、黄绿色或黑色，硬度高，比天然金刚石略脆，表面粗糙 | 粗、精研磨硬质合金、人造宝石、半导体等高硬度脆性材料 |
| | 天然金刚石 | JT | 硬度最高，价格昂贵 | 粗、精研磨硬质合金、人造宝石、半导体等高硬度脆性材料 |
| 其他 | 氧化铁 | | 红色至暗红色，比氧化铬软 | 精研磨或抛光钢、铁、玻璃等材料 |
| | 氧化铬 | | 深绿色 | |

（2）润滑剂。常用的润滑剂有汽油、煤油、机油、松节油、熟猪油等。它主要起润滑、冷却以及使磨料分布均匀的作用。

## 二、研磨方法

### 1. 平面的研磨

研磨平面一般在平板上进行，粗研的平板上有槽，精研时用光滑平板。研磨时工件受力要均匀，压力大小应适中。压力过大，研磨切削量大，表面粗糙度值也大，还会使磨料压碎，划伤工件表面。粗研时宜用压力 $1 \times 10^5 \sim 2 \times 10^5$ MPa，精研时宜用压力 $1 \times 10^4 \sim 5 \times 10^4$ MPa。研磨速度不应太快，手工粗研时每分钟往复 40~60 次，精研时每分钟往复 20~40 次，否则会引起工件发热，降低研磨质量。另外对研磨件施加的压力不要过大，以防止过分发热。研磨数十次后，要用干布将研面擦干净，重新涂上研磨剂再研。研磨剂不要涂抹太多，否则将妨碍研磨表面的接触，降低工作效率。

研磨步骤为：①将工件去除毛刺并清洗；②用煤油或汽油清洗平板表面并擦干；③在平板上涂上适当字形或螺旋形的旋转和直线运动相结合的研磨剂；④将零件待研表面贴合在平板上，用 8 字形和螺旋形的旋转和直线运动相结合的方式进行研磨，不断地改变工件的运动方向，并使运动轨迹遍及平板全部表面，以保持研具的均匀磨损，如图 2-119 所示。研磨狭窄平面时，为了防止偏斜，保证精确平面度，研磨时应用金属块作"导靠"，工件平面与金属块紧靠，采用直线研磨轨迹，与"导靠"一同研磨，直至合格为止，如图 2-120 所示。

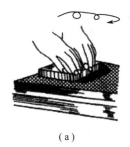

（a）　　　　　　　　（b）

图 2-119　平面研磨
（a）螺旋形运动轨迹；（b）仿 8 字形运动轨迹

图 2-120　狭窄平面研磨

### 2. 圆柱面的研磨

圆柱表面的研磨可以在钻床、车床或专用研磨机上进行，也可用手工操作。不论机械研磨还是手工研磨，都是利用旋转运动与直线往复运动进行研磨加工，所不同的是研磨外圆或内孔所使用的研具不同。

外圆柱面用可调节内径的研套（研套的内径比被研磨的外圆直径大 0.025~0.05 mm，其长度为孔径的 1~2 倍），工件装夹在机床（如车床或钻床）主轴上，用手握住研套沿轴线移动，工件由机床带动转动（一般工件直径小于 80 mm 时，转速可选 50~100 r/min；直径大于 100 mm 时，转速应选小于 50 r/min），工件上涂有研磨剂。研磨时要注意控制研套往复运动的速度，使研磨出来的工件表面网纹与轴线成 45°夹角。若小于 45°，说明速度太快；大于 45°，说明速度太慢。研套往复运动速度太快或太慢，都会影响工件的表面质量。对圆柱面研磨时，要经常将工件或研磨环（棒）掉头，且调整研磨环与工件之间的间隙做校正

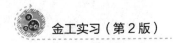

性研磨，以防止工件产生锥度。

内圆柱面的研磨是将工件套在可调节外径的研磨棒（研磨棒的外径尺寸一般比被研孔的直径小 0.01~0.025 mm）上，长度为工件孔长的 2/3~1，有时要加长一些。但孔径较大时，多取孔径的 2/3。

**3. 圆锥面的研磨**

圆锥面的研磨，常用与工件被研磨面锥度相同的研磨套（或环）或研磨棒作研具，有时也采用相配工件对研的方法，研磨方法与研磨圆柱面相似。典型的是轴端的中心孔研磨，可以用灰铸铁车成锥面的研具，将研具固定在尾架或刀架上，在锥面上均匀地涂上研磨剂，工件由机床带动，将研具与中心孔接触，并适当施压，即可进行研磨。

阀门的研磨，可以用阀芯和阀座彼此的接触表面进行研磨。

### 2.8.3 研磨质量检验

（1）光隙判别法。将工件置于标准平尺或精密平板上，并使两者接触部位对准光线，然后缓慢地转动工件，观察接触处的光隙颜色和光线粗细，即可判别出平面度或母线直线度误差的数值。

（2）涂色显示法。在标准平尺或精密平板上涂一层薄而均匀的显示剂，然后将工件放在标准平尺和精密平板上轻轻地滚动，以观察工件上黏附的显示剂均匀程度来判别工件平面度或母线直线度误差。

（3）外圆同轴度误差的检验。将工件置于 V 形架上，V 形架搁在精密平板上，使百分表的测头与工件外表面接触（百分表座底面与 V 形架底面置于精密平板同一平面上），然后转动工件即可测出同轴度。

## 2.9 装配实训

机械产品的装配就是根据装配精度和技术要求，按照一定的装配工艺，将零件组装起来，使之成为合格产品的过程。装配工作是产品制造过程中的后期工作。装配工作的好坏，对产品的质量起着决定性的作用。如果装配时零件间的配合不符合技术要求，零、部件之间的相互位置不正确，就会影响机器的工作性能，甚至无法使用；如果在装配过程中不按工艺要求装配，就不可能装配出合格的产品。装配质量差的机器精度低、性能差、耗能大、寿命短，将给社会造成很大的浪费。总之，装配工作是一项重要而细致的工作，必须按装配技术要求认真进行。

### 2.9.1 装配的组织形式

装配的组织形式主要取决于生产规模、装配过程的劳动量和产品的结构特点等因素。机器装配的组织形式有按产量和按地点两种分类方法。

按产量可分为单件生产、成批生产和大量生产三种装配。

（1）单件生产的装配组织。这种形式多为固定地点装配，由一个工人或一组工人，从开始到结束把产品的装配工作进行到底。这种组织形式装配周期长，占地由积大，需要大量的工具和装备，要求修配和调整的工作较多，互换性较少，故要求工人要有较高的技能。产品结构十分复杂的小批生产中，也采用这种组织形式。

（2）成批生产的装配组织。这种形式通常分为部装和总装，每个部件由一个或一组工人来完成，然后进行总装。如果零件经过预先选择分组，则零件可采用部分互换法装配。这种装配组织形式效率较高。

（3）大量生产的装配组织。在大量生产中，把产品的装配过程首先划分为主要部件、主要组件，并在此基础上进一步划分为部件、组件的装配，使每一个工序只由一个工人来完成。在这样的组织形式下，只有当从事装配的全体工人都按顺序完成他们所担负的装配工序后，才能装配出产品。在大量生产中广泛采用互换性原则，并且使装配工件工序化、机械化、自动化，因此装配质量好、装配效率高、占地面积小、生产周期短。

按地点可分为固定装配和移动装配两种。

（1）固定装配是产品在固定工作地点进行装配，产品的所有零、部件汇集在工作地附近。其特点是装配占地面积大，要求工人有较高的技术水平，装配周期长，装配效率低。因此，固定式装配适用于单件小批生产、产品体积质量较大的产品的装配。

固定装配又分为集中装配、分散装配和固定式流水装配：

① 集中装配。其特点：被装配产品是固定的。从零件装配成部件和产品的全部过程均由一个小组来完成，工人技术水平要求较高，辅助面积大，装配周期长，适合应用于单件和小批生产。其用于装配高精度产品时，调整时间较长。

② 分散装配。其特点是把产品装配的全部工作分散为各种部件装配。装配工人密度增加，生产效率高，装配周期短，适合应用于成批生产。

③ 固定式流水装配。装配工作分为若干独立的装配工序，分别由几组工人负责，各组工人按工序顺序依次到各装配地点对固定不动的产品进行本组所担负的装配工作。这是固定式装配的高级形式，专业化程度高，产品质量稳定，适合生产批量较大的、笨重的产品。

（2）移动装配。将产品或部件置于装配线上，从一个工作地移到另一个工作地，在每个工作地重复完成固定的工序，使用专用设备、夹具。在装配线上实现流水作业，因而效率高。移动装配分为三种：

① 被装配产品按自由节拍移动，其特点：装配工序是分散的，每一组装配工人只完成一定的装配工序，每一装配工序没有一定的节拍，装配工作技术水平要求较低，适合应用于大批生产。

② 被装配产品按一定节拍周期移动，其特点：装配分工的原则同上一种组织形式，每一装配工序是按一定的节拍进行，被装配的产品是经过传送工具按节拍周期性地送到次一工作点，工人水平较低，适合应用于大批和大量生产。

③ 被装配产品按一定速度连续移动，其特点：装配分工的原则同上，被装配产品是经传送工具按一定速度移动，每一工序的装配工作必须在一定时间内完成，适合应用于大批和大量生产。

## 2.9.2 装配的基本原则

具体的装配顺序原则如下：

（1）先里后外。先装内部零件、组件、部件等，再装外部，里外不干涉，使先装部分不

至于成为后续装配作业的障碍。

（2）先下后上。先装配机器的下部构件，再装配上部构件，以保证机器支撑位置及重心始终稳定。

（3）先重大后轻小。先安装机器的机身或机架等大基础件，再把其他部件安装在基础件上。

（4）先难后易。先安装难度大的零部件，以便于机器的调整和检测。

（5）先精密后一般。先安装精密的零部件，再安装低精度的零部件，以保证精度。

（6）其他的装配穿插其中。电器元件、线路及油路、气路器件的安装必须适当安排在装配之中，以提高效率，避免返工。

（7）装配完后，要先及时安排检测工序，保证前行工序质量，检查装配是否正确，然后才能进行试验、试机及鉴定（成批产品按一定比例抽检）。

（8）带强力、加温或补充加工的装配作业应尽量先行，做好准备集中装配，以免影响前面工序的装配质量。

（9）处于基准件同方位的装配工序或使用同一工装，或具有特殊环境要求的工序，尽可能集中连续安排，有利于提高装配生产率。

（10）易燃、易碎或有毒物质、部件的安装，应尽量放在最后。

### 2.9.3 装配的工艺过程

#### 一、装配前的准备工作

（1）研究和熟悉产品装配图纸及技术要求，了解产品的结构、零件的作用及其相互连接的关系。

（2）确定装配的方法、顺序工位和准备所需的工具、夹具、量具、设备，并对装配零部件配套的品种及其数量加以检查。

（3）对零件进行清理、清洗要彻底，去掉零件上的毛刺、油污、锈蚀、切屑及其他脏物，特别是箱体类零件不允许残留砂粒、粉末、灰尘等杂物。

（4）装配前必须仔细检查与装配有关的零件尺寸，并注意零件上的标记，防止错装。按工件的尺寸和质量分组，有些零件和外购件还要进行修配、密封性试验或平衡试验，从而消除机器在运转时离心力所引起的振动。对于外购件，还需进行检验调整、精度检验和试车、喷漆、涂油等技术处理。

#### 二、装配

机器的装配工艺过程主要有：零件检验—清洗、清理—组件装配，部件装配—整机装配—调试、试验、检验—喷漆—验收—包装。

##### 1. 装配的程序

装配一般分组件装配、部件装配和总装配三个阶段：

（1）组件装配，即将若干个零件安装在一个基础零件上成为组件，如车床主轴箱中的一根传动轴，就是由轴、键、齿轮等零件装配而成的组件。

（2）部件装配，即由若干个零件和组件装配而成，如车床的主轴箱、进给箱等。

（3）总装配，即将若干部件、组件与零件连接组合成为产品，如车床即是由床头箱、走刀箱、溜板箱、刀架、尾座、床身等零部件组合而成。

**2. 调整、试验、检验、鉴定**

（1）调整。装配完成后，按技术文件规定调整，使产品符合技术参数。

（2）试验。调整完成后，根据产品的有关参数和性能进行试验，并写出试验报告。

（3）检验。试验完成后，按技术标准检验装配质量和产品质量，写出检验报告或签证，存档。

（4）鉴定。检验工序完成后，将合格产品及有关技术资料送交有关部门鉴定认证。

**3. 产品包装**

产品经过以上各道工序最终成为合格产品后，即可投放市场。出厂前，要对产品进行喷漆、涂油、装备、包装、装箱等工作。

（1）喷漆。根据产品特征和性能需要，喷上不同颜色的油漆，既美观又防锈，还可扩大产品的知名度。

（2）涂油。对产品各零部件进行涂油润滑，起到保护作用，防止零件锈蚀。

（3）装备。凡是机械产品都配有使用说明书、合格证等文件资料以及一些备用件、连接件、工具等，这些用品要装备齐全。

（4）包装、装箱。装备齐全后进行包装，以防水、防晒、防潮、防碰，最后装箱，打上有关标签，以便于销售或运输。

### 三、装配方法

为了保证机器的工作性能和精度达到零、部件相互配合的要求，根据产品结构、生产条件和生产批量不同，常用的装配方法有完全互换法、调整装配法、选配法和修配法等。

（1）完全互换法。装配精度由零件制造精度保证，在同类零件中，任取一个，不经修配即可装入部件中，并能达到规定的装配要求。完全互换法装配的特点是装配操作简单，生产效率高，有利于组织装配流水线和专业化协作生产即装配时对零件不需要修整和选择，可直接进行，便能达到装配精度要求。但对零件加工精度要求高。

完全互换法主要应用于大批量生产的产品（如汽车、拖拉机等）。

（2）调整装配法。装配过程中调整一个或几个零件，以消除零件积累误差，达到装配要求，如用不同尺寸的可换垫片、衬套、可调节螺母或螺钉、镶条等进行调整。调整法只靠调整就能达到装配精度，并可以定期调整，容易恢复配合精度，对于容易磨损需要改变配合间隙的结构更为有利。但此法由于增设了调整用的零件，结构显得稍复杂，易使配合件刚度受到影响。这种装配方法常用于夹具和模具的制造中。

（3）选配法（不完全互换法）。在装配之前，将零件按一定的公差值分为若干组，每一组内则按完全互换法进行装配。这种装配方法的特点是：零件的尺寸公差可适当放宽，加工较容易。但装配前要进行测量分组，增加了装配时间，而且由于各组配合零件数不可能相同，故造成库存积压。

选配法装配适用于成批生产中，装配精度较高、零件数较少的某些精密配合（如滚动轴承的装配）。

（4）修配法。在装配过程中，修去某配合件上的预留量，以消除其积累误差，使配合零件达到规定的装配精度，这种装配方法称为修配法。当装配精度要求较高，采用完全互换不够经济时，常用修正某个配合零件的方法来达到规定的装配精度。图 2-121 所示为车床两顶尖中心线不等高，装配时，可以修刮尾座底板来达到精度要求，尾座底板刮取的厚度 $A_\Delta = A_3 + A_2 - A_1$。这种装配方法也是夹具和模具制造中经常使用的装配方法。修配法的特点是：零件的加工精度降低；不需要高精度的加工设备，节省了机械加工时间；装配工作复杂，装配时间增加，适用于单件和小批量生产的产品。

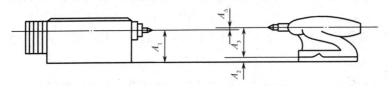

图 2-121  修刮尾座底板

### 2.9.4  常见零件的装配

常见零件的装配有螺纹连接装配、键连接装配、销连接装配以及滚动轴承装配等。

#### 一、螺纹连接装配

螺纹连接分普通螺纹连接和特殊螺纹连接两大类。普通螺纹连接的基本类型有螺栓连接、双头螺栓连接、螺母、螺钉连接等，如图 2-122 所示。

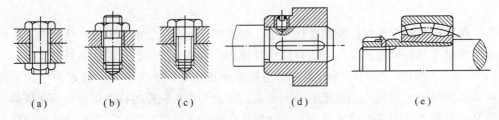

（a）　　　　（b）　　　　（c）　　　　（d）　　　　（e）

图 2-122  常见螺纹连接类型
（a）螺栓连接；（b）双头螺纹连接；（c）螺钉连接；（d）紧定螺钉固定；（e）圆螺母固定

**1. 螺纹连接装配的技术要求**

（1）保证有足够的拧紧力矩。为达到连接牢固可靠，拧紧螺纹时，必须有足够的力矩，对有预紧力要求的螺纹连接，其预紧力的大小可从工艺文件中查出。

（2）保证螺纹连接的配合精度。

（3）有可靠的防松装置。为防止在冲击负荷下螺纹出现松动现象，螺纹连接处必须有可靠的防松装置。

**2. 螺纹连接的装配要点如下**

（1）应保证螺栓与机体螺纹的配合有足够的紧固性，保证在装拆螺母的过程中，无任何松动现象。通常，螺栓的紧固端应采用具有足够过盈量的配合，也可以台阶形式紧固在机体上。

（2）螺栓的轴心线必须与机体表面垂直。

（3）拧入时，应加油润滑，以免旋入时产生咬合现象，也便于以后的拆卸。

（4）螺杆不产生弯曲变形，螺钉头部、螺母底面应与连接面接触良好。

（5）被连接件应均匀受压，相互紧密贴合，连接牢固。

（6）连接件在工作台中，有振动和冲击时，必须有可靠的防松装置。

### 3. 螺钉和螺母的装配要求

拧紧成组的螺母或螺钉时，要按一定的顺序进行，并做到分几次（一般为2~3次）逐步拧紧，否则会使被连接件产生松紧不均匀和不规则的变形。例如拧紧长方形分布的成组螺母时应从中间的螺母开始，逐渐向两边对称地扩展；在拧紧方形或圆形分布的成组螺母时，必须对称地（如有定位，应从靠近定位销的螺栓开始）进行，以防止螺栓受力不一致，甚至变形，如图2-123所示。

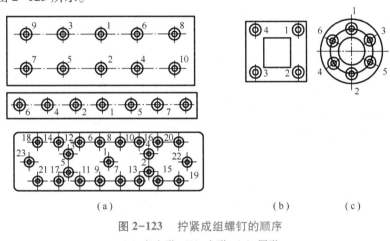

图2-123　拧紧成组螺钉的顺序

（a）长方形；（b）方形；（c）圆形

### 4. 螺纹连接的装配注意事项

常见螺纹连接装配注意事项：

（1）装配前要仔细清理工件表面，并检查锐边倒角是否与图样相符；

（2）旋紧的顺序要合理，长方形布置的应从中间逐渐向两边对称地旋紧；

（3）旋紧时应按一定的顺序分2~3次逐步进行旋紧；

（4）应用适当的方法施加拧紧力矩，保证螺纹之间具有一定的摩擦力矩；

（5）螺纹连接用于有振动可冲击场合时，应安装可靠的防松装置。

### 5. 螺纹连接的防松装置

螺纹连接常用的防松装置如图2-124所示。

## 二、键连接装配

键连接是将轴和轴上零件通过键在圆周方向上固定，以传递转矩的一种装配方法。它有结构简单、工作可靠和装拆方便等优点，在机械制造中广泛应用。

### 1. 松键连接的装配

松键连接是靠键的侧面来传递转矩的，对轴上零件做圆周方向固定，不能承受轴向力。松键连接所采用的键有普通平键、导向键、半圆键和花键等。

键装入轴的键槽时，一定要与槽底贴紧，长度方向上允许有0.1 mm的间隙，键的顶面应与轮毂键槽底部留有 0.3~0.5 mm 的间隙，如图 2-125 所示。

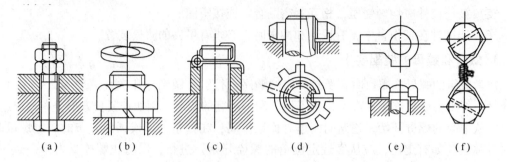

图 2-124　螺纹连接防松装置

（a）双螺母；（b）弹簧垫圈；（c）开口销；（d）止动垫圈；（e）锁片；（f）串联钢丝

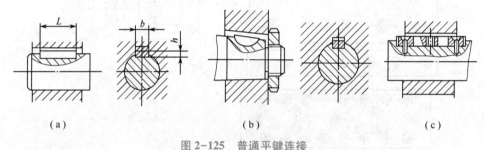

图 2-125　普通平键连接

（a）普通平键连接；（b）半圆键连接；（c）导向连接

松键连接装配的要点：

（1）键和键槽不允许有毛刺，以防配合后有较大的过盈而影响配合的正确性。

（2）只能用键的头部和键槽配试，以防键在键槽内嵌紧而不易取出。

（3）挫配较长键时，允许键与键槽在长度方向上有 0.1 mm 的间隙。

（4）键连接装配时要加润滑油，装配后的套件在轴上不允许有圆周方向上的摆动。

**2. 紧键连接的装配**

紧键连接主要指楔键连接。楔键有普通楔键和钩头楔键两种，如图 2-126 所示，楔键的上、下表面为工作面，键的上表面和孔键槽底面各有 1：100 的斜度，键的侧面和键槽配合时有一定的间隙。装配时，将键打入，靠过盈配合传递转矩。紧键连接还能轴向固定并传递单向轴向力。

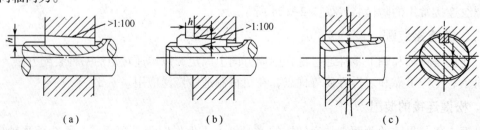

图 2-126　紧键连接

（a）普通楔键连接；（b）钩头楔键连接；（c）紧键的连接

**3. 花键连接的装配**

花键连接如图 2-127 所示，有动连接和静连接两种形式。它具有承载能力高、传递转矩大、同轴度高和导向性好等优点，适宜于大载荷和同轴度要求较高的传动机构中，但它的制造成本较高。

（1）静花键连接时套件应在花键轴上固定，当过盈量小时可用铜棒打入；若过盈量较大，可将套件（花键孔）加热到 80 ℃~120 ℃后再进行装配。

（2）动花键连接时应保证正确的配合间隙，使套件在花键轴上能自由滑动，用手感觉在圆周方向不应有间隙。

（3）对经过热处理后的花键孔，应用花键推刀修整后再进行装配。

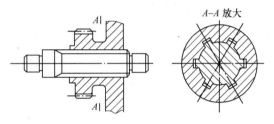

图 2-127　花键连接

（4）装配后应检查花键轴与套件的同轴度和垂直度。

**三、销连接装配**

销连接如图 2-128 所示，它可起定位、连接和保险作用，销连接定位方便、拆装容易，且销子本身制造简便，故应用广泛。

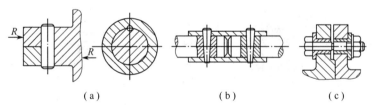

图 2-128　销连接
（a）定位作用；（b）连接作用；（c）保险作用

**1. 圆柱销装配**

圆柱销有定位、连接和传递转矩的作用。圆柱销连接属过盈配合，不宜多次装拆。圆柱销作定位时，为保证配合精度，通常需要两孔同时钻、铰，并使孔的表面粗糙度值在 $Ra1.6\ \mu m$ 以下。装配时应在销子上涂机油，用铜棒将销子打入孔中。在采用一面两孔定位时，为防止转角误差，应把一个销的两边削掉一部分，此时销子称为削角销。

**2. 圆锥销装配**

圆锥销具有 1∶50 的锥度，它定位准确，可多次拆装。圆锥销装配时，被连接的两孔也应同时钻、铰出来，然后用锤子打入即可，如图 2-129 所示。

### 3. 开口销的装配

开口销打入孔中后，将小端开口扳开，以防止振动时脱出。

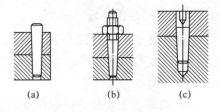

图 2-129　圆锥销的装配

### 四、滚动轴承装配

为保证轴承与轴颈和轴承座孔的正确配合，其径向和轴向间隙要符合要求，旋转要灵活，工作温度、温升值和噪声应符合要求。

装配前，先将轴承和相配合的零件用汽油或煤油清洗干净，配合表面涂上润滑油。需用润滑脂润滑的轴承，清洗后要涂上洁净的润滑脂。

滚动轴承是标准部件，因此轴承的内圈与轴配合采用基孔制，但其基本偏差为零，即公差带在零线下方；外圈与座孔配合采用基轴制，配合松紧程度由轴和座孔的尺寸公差来保证。其装配方法应根据轴承部件的配合性质进行选择。最基本的原则是要使施加的轴向压力直接作用在所装轴承套圈的端面上，而尽量不影响滚动体。轴承的装配方法有很多种，有锤击法、螺旋压力机或液压机装配法、温差法等，最常用的是锤击法。

当轴承内、外圈的配合都比较紧时，装配用的套筒应同时压紧在轴承内、外圈端面上，即使压力同时作用在内、外圈上。深沟球轴承的内、外圈是不能分离的，所以装配时应注意不能使滚动体承受装配力。当安装内圈时，装配力应直接作用在内圈上；当安装外圈时，装配力应直接作用在外圈上；当内、外圈同时装配时，装配力应同时作用在内、外圈上。装配时可采用专用套筒，如图 2-130 所示。

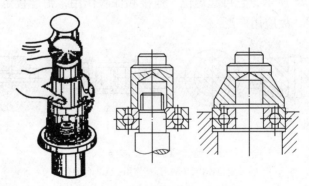

图 2-130　安装滚动轴承用的套筒

## 2.9.5　机器的拆卸

机器或机械产品在使用了一段时间后，由于零件的磨损，使原有的尺寸精度、形状精度、表面粗糙度发生变化，破坏了零件间的配合特性和合理位置，导致摩擦阻力增大，性能下降，严重的甚至无法使用，这时就需要对机器进行解体拆卸修理。拆卸时要遵循以下原则：

（1）在拆卸前必须从安全的角度考虑拆卸工艺，顾及个人、他人和设备的安全。

（2）拆卸前，要熟悉机器的装配图和电气原理图，了解它的结构、工作原理和各零件的装配位置，以免装配时错乱。螺纹零件的旋松方向（左、右螺纹）必须辨别清楚。对丝杠、长轴类零件必须用绳索将其垂直吊起，以防弯曲变形和碰伤。

（3）准备好相应的机具设备和工具，尽可能使用专用工具，以免损伤零件。

（4）切断电源，排除不安全因素。

（5）按结构的不同预先考虑操作程序。

（6）拆卸顺序：由表到里，先大后小，从重到轻，先简单后复杂。拆卸的顺序应与装配的顺序相反。

（7）正确使用机具设备和工具，并设置安全保险装置。

（8）对有特殊要求的零件要作好记号，如配对零件，或有平衡要求的高转速零件等。

（9）对复杂零件的装配关系要画图或记录下来并作记号，有条件的拍摄下来，照原样装回。

（10）将拆卸下来的零件清洁检验，并分类存放。拆下的部件和零件必须有次序、有规则地放好，按结构顺序放在一起，并对配合件作好记号，以免弄混。

（11）在整个拆卸过程中，拆卸时使用的工具必须保证对合格零件不会造成损伤，要认真仔细，不得猛敲乱打，不得盲目拆卸和野蛮拆卸。

# 2.10　钳工综合训练

## 2.10.1　钳工制作实训一：阶梯镶配件的加工

### 一、实训目的

（1）熟练掌握锉削平面技巧及锉配方法；

（2）正确掌握铰孔方法及要领；

（3）正确掌握攻螺纹的方法及要领。

### 二、工、量、刃具清单

工、量、刃具准备清单见表2-4。

表2-4　工、量、刃具准备清单

| 名称 | 规格/mm | 精度（读数值） | 数量 | 名称 | 规格/mm | 精度（读数值） | 数量 |
|---|---|---|---|---|---|---|---|
| 游标高度尺 | 0~300 | 0.02 mm | 1 | | 300（1号纹） | | 1 |
| 游标卡尺 | 0~150 | 0.02 mm | 1 | 平锉 | 200（2号纹） | | 1 |
| 千分尺 | 0~25 | 0.01 mm | 1 | | 200（3号纹） | | 1 |
| | 25~50 | 0.01 mm | 1 | 方锉 | 200（4号纹） | | 1 |
| 塞规 | φ10 | H7 | 1 | 铰杠 | | | 1 |
| 直角尺 | 100×63 | 一级 | 1 | 锯弓 | | | 1 |
| 刀口尺 | 125 | | 1 | 锯条 | | | 自定 |
| V形架 | | | 1 | 手锤 | | | 1 |
| 塞尺 | 0.02~0.5 | | 1 | 三角锉 | 150（3号纹） | | 1 |
| 手用圆柱铰刀 | φ10 | H7 | 1 | 软钳口 | | | 1副 |

续表

| 名称 | 规格/mm | 精度（读数值） | 数量 | 名称 | 规格/mm | 精度（读数值） | 数量 |
|---|---|---|---|---|---|---|---|
| 直柄麻花钻 | φ4 | | 1 | 样冲 | | | 1 |
| | φ8.5 | | 1 | 划规 | | | 1 |
| | φ9.8 | | 1 | 划针 | | | 1 |
| | φ12 | | 1 | 金属直尺 | | | 1 |
| 丝锥 | M10 | | 1 副 | 锉刀刷 | | | 1 |

### 三、钳工制作训练

阶梯镶配件备料如图 2-131 所示，材料：Q235-A，2 件。零件如图 2-132 所示。

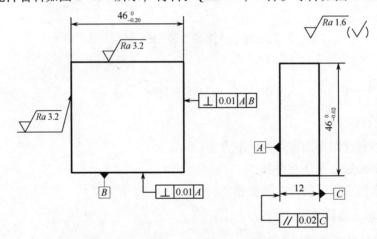

图 2-131　阶梯镶配件备料

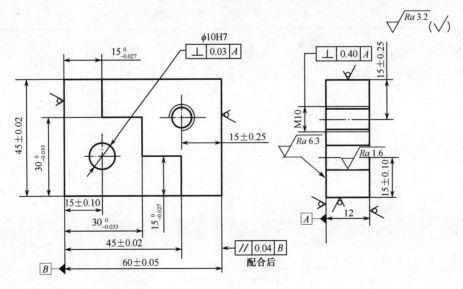

技术要求：右件按左件配作，配合间隙不大于 0.02 mm，下端错位量不大于 0.04 mm。

图 2-132　阶梯镶配件

### 四、操作步骤如下

**1. 检查备料毛坯的各项精度**

确定备料毛坯的基准 $A$（与考核图中的基准 $A$ 位置不同）以及与其垂直精度较好的一个邻面分别作为考核件中长、宽两个方向上的加工基准面。

**2. 划线**

（1）以确定好的加工基准分别划出两个阶梯件的锉削面尺寸线。

（2）划出左件铰孔中心线及其底孔钻削检查框，打出样冲点。

（3）划出右件攻螺纹底孔中心线及其底孔钻削检查框，打出样冲点。

**3. 钻孔、铰孔、攻螺纹**

（1）按所划孔中心线，用 $\phi 8.5$ mm、$\phi 9.8$ mm 钻头钻扩加工 $\phi 10$H7 底孔。注意保证孔位精度及铰孔加工余量。

（2）用手用圆柱铰刀铰削 $\phi 10$ mm 孔，达到该孔要求的各项精度。

（3）用 $\phi 8.5$ mm 钻头钻削 M10 螺纹底孔，并对孔口进行攻丝前倒角。

（4）用 M10 丝锥攻出螺纹。

**4. 加工基准件（左件）**

（1）依照所划线条锯除阶梯件各台阶处余料。

（2）锉削各台阶尺寸至加工线条，注意留出 0.3 mm 左右的精加工余量。

（3）分别细、精锉各台阶尺寸，达到 45 mm±0.02 mm、$300_{-0.033}^{0}$ mm、$150_{-0.027}^{0}$ mm 及加工面的表面粗糙度等精度要求。

**5. 加工配作件（右件）**

（1）依照所划线条锯削去除阶梯件各台阶处余料。

（2）锉削配作件各台阶尺寸至划出的加工线条，注意留出 0.3 mm 左右的配作余量。

（3）以左件为基准，换向、交替细锉，精修右件各配作面，达到配合互换间隙不大于 0.02 mm、配合后错位量不大于 0.04 mm 的要求。

**6. 检查、修整**

全部精度复检，修整、锐边倒钝后交件。

### 五、考核评分

考核分为现场考核和操作技能两部分，其中现场考核占 10 分，操作技能考核占 90 分，合计 100 分。

现场考核评分见表 2-5，操作技能考核评分见表 2-6。

表 2-5 现场考核情况评分记录

| 序号 | 考核内容 | 考核要求 | 配分 | 评分标准 | 检测结果 | 扣分 | 得分 |
|------|----------|----------|------|----------|----------|------|------|
| 1 | 安全文明生产 | 1. 正确执行安全技术操作规程；<br>2. 按企业有关文明生产的规定，做到场地整洁，工件、工具摆放整齐 | 4 | 造成重大事故，即按 0 分处理；其余违规酌情扣分 | | | |

| 序号 | 考核内容 | 考核要求 | 配分 | 评分标准 | 检测结果 | 扣分 | 得分 |
|---|---|---|---|---|---|---|---|
| 2 | 设备使用 | 各种相关与辅助设备的使用正确，符合有关规定 | 3 | 违规扣3分 | | | |
| 3 | 工、量具使用 | 各种相关与辅助设备的使用正确，符合有关规定 | 3 | 违规扣3分 | | | |
| | | 合计 | | | | | |

表 2-6　阶梯镶配件操作技能考核评分表

| 序号 | 考核内容 | 考核要求 | 配分 | 评分标准 | 实测结果 | 扣分 | 得分 |
|---|---|---|---|---|---|---|---|
| 1 | 锉配 | $15_{-0.027}^{0}$ mm（2处） | 6 | 超差不得分 | | | |
| 2 | | $30_{-0.033}^{0}$ mm（2处） | 6 | 超差不得分 | | | |
| 3 | | 45 mm±0.02 mm | 4 | 超差不得分 | | | |
| 4 | | 表面粗糙度：$Ra3.2 \mu m$（2处） | 6 | 升高一级不得分 | | | |
| 5 | | 配合间隙不大于 0.02 mm（5处） | 25 | 超差不得分 | | | |
| 6 | | 错位量不大于 0.04 mm | 4 | 超差不得分 | | | |
| 7 | | 60 mm ±0.05 mm | 4 | 超差不得分 | | | |
| 8 | | 平行度误差 0.04 mm | 5 | 超差不得分 | | | |
| 9 | 铰孔 | $\phi10H7$ | 2 | 超差不得分 | | | |
| 10 | | 15 mm±0.10 mm（2处） | 8 | 超差不得分 | | | |
| 11 | | 表面粗糙度：$Ra1.6 \mu m$ | 2 | 升高一级不得分 | | | |
| 12 | | 垂直度误差 0.03 mm | 3 | 超差不得分 | | | |
| 13 | 攻螺纹 | M10 | 2 | 不合要求不得分 | | | |
| 14 | | 15 mm±0.25 mm | 6 | 超差不得分 | | | |
| 15 | | 表面粗糙度：$Ra6.3 \mu m$ | 3 | 超差不得分 | | | |
| 16 | | 垂直度误差 0.40 mm | 4 | 超差不得分 | | | |
| 17 | 工时定额 | | | 操作时间为 4 h，每超 10 min 扣 5 分 | | | |
| 姓名 | | 学号 | | 日期 | | 教师 | 得分 |

## 2.10.2　钳工制作实训二：变角板

**1. 实训目的**

掌握要求较高的转角锉配方法，提高锉配技能。

**2. 工、量、刃具清单**

工、量、刃具清单见表 2-7。

表 2-7 工、量、刃具清单

| 名称 | 规格/mm | 精度 | 数量 | 名称 | 规格/mm | 精度 | 数量 |
|------|---------|------|------|------|---------|------|------|
| 高度游标卡尺 | 0～300 | 0.02 mm | | 锯弓 | | | 1 |
| 游标卡尺 | 0～150 | 0.02 mm | | 锯条 | | | 自定 |
| 外径千分尺 | 0～25 | 0.01 mm | 1 | 锤子 | | | 1 |
| | 25～50 | 0.01 mm | 1 | 狭錾子 | | | 1 |
| | 50～75 | 0.01 mm | 1 | 样冲 | | | 1 |
| 游标万能角度尺 | 0°～320° | 2′ | 1 | 划针 | | | 1 |
| 90°角尺 | 100×63 | 0 级 | 1 | 钢直尺 | 150 | | 1 |
| 刀口形直尺 | 100 | | 1 | 粗扁锉 | 250 | | 1 |
| 塞尺 | 0.02～1 | | 1 | 中扁锉 | 200, 150 | | 各 1 |
| 塞规 | $\phi 8$ | H7 | 1 | 细扁锉 | 150 | | 1 |
| 测量棒 | $\phi 10×15$ | | 1 | 细三角锉 | 150 | | 1 |
| 麻花钻 | $\phi 3, \phi 5,$ $\phi 7.8, \phi 12$ | | 各 1 | 软钳口 | | | 1 副 |
| 直铰刀 | $\phi 8$ | H7 | 1 | 锉刀刷 | | | 1 |
| 铰杠 | | | 1 | 毛刷 | | | 1 |
| 备注 | | | | | | | |

### 3. 钳工制作训练

变角板毛坯如图 2-133 所示，零件如图 2-134 所示。

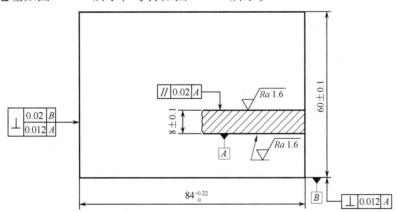

图 2-133 变角板毛坯

操作步骤如下：

（1）检查坯料情况，做必要修整。

（2）划出凸、凹件加工线，锯割分料。

（3）按划线锯割、锉削加工凸件直角，达到图样要求。两 45°斜边留修整余量。

（4）按划线锯割、锉削凹件。

（5）以凸件直角和凹件45°斜边为基准相互试配、修整，达到配合要求。

（6）划线，钻、铰孔。钻直径为5 mm的孔，扩孔到φ7.8 mm后铰孔到要求的尺寸，凸、凹件配合，保证孔的位置尺寸，锉底面达到要求的尺寸。

（7）去毛刺，按图纸全面检查尺寸公差精度。

### 4. 注意事项

（1）锉削45°斜边时，应留修整余量，以便在锉配时修整。

（2）外形基准的垂直度一定要保证，以便通过间接测量控制凸、凹件的90°角。

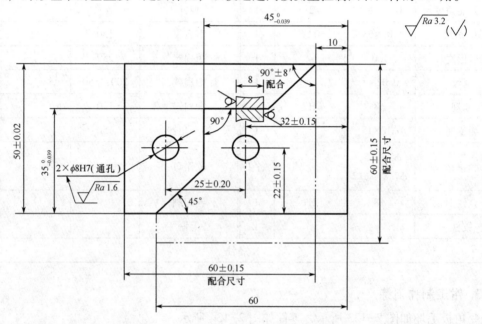

技术要求：

①以凸件为基准，凹件配作。

②在图示情况下配合两侧错位量≤0.06 mm。配合间隙（包括凸件翻转180°，图中细双点画线）检测两次，间隙≤0.04 mm，换位前后孔距尺寸一致性误差≤0.15 mm。

图2-134 变角板试件

（3）划线时注意借料。

### 5. 考核评分

变角板考分标准见表2-8。

表2-8 变角板考分标准

| 项目 | 序号 | 考核要求 | 配分 | 评分标准 |
|---|---|---|---|---|
| 凸件 | 1 | 50 mm±0.02 mm | 2 | |
| | 2 | 超差全扣 | 2 | |
| | 3 | $450_{-0.039}^{0}$ mm | 6 | 超差全扣 |
| | 4 | $350_{-0.039}^{0}$ mm | 6 | 超差全扣 |

续表

| 项目 | 序号 | 考核要求 | 配分 | 评分标准 |
|------|------|---------|------|---------|
| 凸件 | 5 | $Ra \leq 3.2\ \mu m$（7处） | 7 | 超差1处扣1分 |
| | 6 | $\phi 8H7$ | 1.5 | 超差全扣 |
| | 7 | 32±0.15 | 2 | 超差全扣 |
| | 8 | 22 mm±0.15 mm | 2 | 超差全扣 |
| | 9 | $Ra \leq 1.6\ \mu m$ | 1.5 | 超差全扣 |
| 凹件 | 10 | 50 mm±0.02 mm | 4 | 超差全扣 |
| | 11 | $Ra \leq 3.2\ \mu m$（6处） | 6 | 超差1处扣1分 |
| | 12 | $\phi 8H7$ | 1.5 | 超差全扣 |
| | 13 | $Ra \leq 1.6\ \mu m$ | 1.5 | 超差全扣 |
| 配合 | 14 | 间隙≤0.04 mm（8处） | 20 | 超差1处扣2.5分 |
| | 15 | 错位量≤0.06 mm | 5 | 超差全扣 |
| | 16 | 60 mm±0.15 mm（2处） | 16 | 超差1处扣8分 |
| | 17 | 90°±8′ | 6 | 超差全扣 |
| | 18 | 25 mm±0.20 mm | 5 | 超差全扣 |
| | 19 | 孔距一致性≤0.15 mm | 5 | 超差全扣 |
| 其他 | 20 | 安全文明生产 | 违者酌情扣分 | |
| 备注 | 操作时间为4 h，每超过10 min扣5分 | | | |
| 姓名 | 工号 | 日期 | 教师 | 总分 |

### 2.10.3 钳工制作实训三：燕尾镶配

**1. 实训目的**

巩固和提高燕尾和凸台锉配技能。

**2. 工、量、刃具清单**

工、量、刃具清单见表2-9。

表2-9 工、量、刃具清单

| 名称 | 规格/mm | 精度 | 数量 | 名称 | 规格/mm | 精度 | 数量 |
|------|---------|------|------|------|---------|------|------|
| 高度游标卡尺 | 0~300 | 0.02 mm | 1 | 锯弓 | | | 1 |
| 游标卡尺 | 0~150 | 0.02 mm | 1 | 锯条 | | | 自定 |
| 深度千分尺 | 0~25 | 0.01 mm | 1 | 锯弓 | | | 1 |
| 外径千分尺 | 0~25 | 0.01 mm | 1 | 锤子 | | | 1 |
| | 25~50 | 0.01 mm | 1 | 狭錾子 | | | 1 |
| | 50~75 | 0.01 mm | 1 | 样冲 | | | 1 |

| 名称 | 规格/mm | 精度 | 数量 | 名称 | 规格/mm | 精度 | 数量 |
|------|---------|------|------|------|---------|------|------|
| 游标万能角度尺 | 0°~320° | 2′ | 1 | 划针 | | | 1 |
| 90°角尺 | 100×63 | 0 级 | 1 | 钢直尺 | 150 | | 1 |
| 刀口形直尺 | 100 | | 1 | 粗扁锉 | 250 | | 1 |
| 塞尺 | 0.02~1 | | 1 | 中扁锉 | 200，150 | | 各1 |
| 塞规 | $\phi10$ | H7 | 1 | 细扁锉 | 150 | | 1 |
| 测量棒 | $\phi10×15$ | | 2 | 细三角锉 | 150 | | 1 |
| 麻花钻 | $\phi3$，$\phi5$，$\phi9.8$，$\phi12$ | | 各 1 | 粗三角锉 | 150 | | 1 |
| 直铰刀 | $\phi10$ | H7 | 1 | 中方锉 | 250 | | 1 |
| 杠杆百分表 | 0~0.8 | 0.01 mm | 1 | 软钳口 | | | |
| 磁性表座 | | | | 锉刀刷 | | | 1 |
| 铰杠 | | | 1 | 毛刷 | | | 1 |
| 备注 | | | | | | | |

## 3. 钳工制作训练

燕尾镶配坯料毛坯如图 2-135 所示，零件如图 2-136 所示。

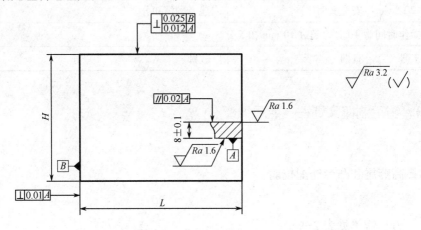

| 序号 | L | H | 数量 |
|------|---|---|------|
| 1 | 80.5±0.1 | 64.5±0.1 | 1 |
| 2 | 60.5±0.1 | 40.5±0.12 | 1 |

技术要求：

1. 以凸件为基准，凹件配作。配合互换间隙≤0.04 mm，下侧错位量≤0.05 mm。

2. 凸件上 $\phi17H7$ 孔对凹件上两孔距离，换位后孔距变化量均≤0.1 mm。

图 2-135　燕尾镶配坯料

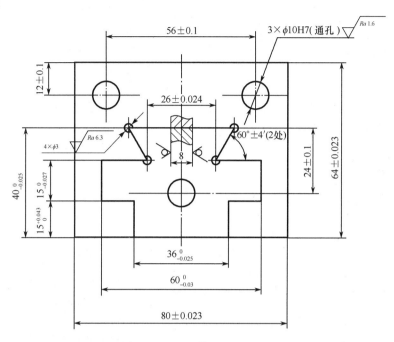

图 2-136　凸燕尾镶配试件

操作步骤如下：

（1）检查坯料情况。

（2）加工凸件外形尺寸。

（3）划线，按对称形体加工方法依次加工凸件凸台和燕尾，达到图样要求。

（4）加工凹件外形尺寸。

（5）划线，钻排孔，锯割去除余料，并粗锉接近尺寸线。

（6）按凸件配锉各面，达到配合互换间隙和错位量要求。

（7）划线，钻、铰 $\phi10H7$ 三孔。

（8）去毛刺，全面检查。

**4. 注意事项**

（1）凹件去除余料要防止变形。

（2）各尺寸及对称度要严格控制。

（3）锉配、修整应综合分析，避免盲目性。

**5. 考核评分**

燕尾镶配考分标准见表 2-10。

表 2-10　燕尾镶配的考分标准

| 项目 | 序号 | 考核要求 | 配分 | 评分标准 | 检测结果 | 得分 |
|---|---|---|---|---|---|---|
| 凸件 | 1 | $60_{-0.03}^{0}$ mm | 4 | 超差全扣 | | |
| | 2 | $40_{-0.025}^{0}$ mm | 4.5 | 超差全扣 | | |
| | 3 | $36_{-0.025}^{0}$ mm | 4 | 超差全扣 | | |
| | 4 | $15_{0}^{+0.043}$ mm | 7 | 超差 1 处扣 1 分 | | |
| | 5 | $15_{-0.027}^{0}$ mm | 4.5 | 超差全扣 | | |
| | 6 | 26 mm±0.024 mm | 2 | 超差全扣 | | |
| | 7 | 60°±4′（2 处） | 2 | 超差全扣 | | |
| | 8 | $Ra \leqslant 3.2$ μm（14 处） | 5.5 | 超差全扣 | | |
| | 9 | $\phi$10H7 | 4.5 | 超差全扣 | | |
| | 10 | 24 mm±0.1 mm | 4 | 超差全扣 | | |
| 凹件 | 11 | $Ra \leqslant 1.6$ μm | 1 | 超差全扣 | | |
| | 12 | 80 mm±0.023 mm | 2 | 超差全扣 | | |
| | 13 | 64 mm±0.023 mm | 2 | 超差全扣 | | |
| | 14 $\phi$ | $Ra \leqslant 3.2$ μm（18 处） | 4.5 | 超差 1 处扣 0.25 分 | | |
| | 15 | $\phi$10H7（2 处） | 3 | 超差 1 处扣 1.5 分 | | |
| 配合 | 16 | 56 mm±0.1 mm | 4 | 超差全扣 | | |
| | 17 | 12 mm±0.1 mm（2 处） | 3 | 超差 1 处扣 1.5 分 | | |
| | 18 | $Ra \leqslant 1.6$ μm（2 处） | 2 | 超差 1 处扣 1 分 | | |
| | 19 | 间隙≤0.04 mm（11 处） | 27.5 | 超差 1 处扣 2.5 分 | | |
| | 20 | 错位量≤0.05 mm | 5 | 超差全扣 | | |
| | 21 | 孔距变化量≤0.1 mm | 4 | 超差全扣 | | |
| 其他 | 22 | 安全文明生产 | 违者酌情扣分 | | | |
| 备注 | | 操作时间为 4 h，每超过 10 min 扣 5 分 | | | | |
| 姓名 | | 工号 | 日期 | 教师 | 总分 | |

 **本课题小结**

　　本课题主要讲述了钳工的特点及其在机械制造和维修中的作用；介绍了常用设备、工具与量具的构造和使用方法；通过学习能掌握划线、锯削、锉削、钻孔、攻丝、套扣、刮削和研磨的基本操作方法，了解机械部件装配的一般知识，具有中等钳工的操作技能。

**练习题**

一、填空题

1. 钳工主要是利用_____工具和一些_____设备完成某些零件的加工,部件、机器的装配和调试,以及各类机械设备的维护、修理等工作。

2. 游标卡尺按其测量精度,有_____ mm、_____ mm 和_____ mm 的三种,其中以_____ mm 游标卡尺应用最广。

3. 千分尺根据用途的不同分为_____千分尺、_____千分尺、_____千分尺和螺纹千分尺等。

4. 百分表可以用来检查机床_____与测量工件的_____和_____误差。

5. 用卡规测量工件时,通过轴颈的一端叫_____端,通不过轴颈的一端叫_____端。

6. 划线分_____划线和_____划线两种。

7. 划线工具可分为_____和_____两种。

8. 划线基准的选择是从_____开始。

9. _____是立体划线的主要工具。划线时,调节划针到一定高度,并在平板上移动划线盘,即可在工件上划出与平板平行的线段。

10. 一般的划线精度为_____ mm。

11. 錾削(或称凿削)是用_____敲击錾子(或称凿子)对_____进行切削加工的一种方法。

12. 錾子一般由_____、_____及_____三部分组成。

13. 錾削操作方法有_____、_____和_____三种。

14. 锯削时一般往复行程不应小于锯条全长的_____,锯削速度以每分钟往返_____次为宜。

15. 起锯的方式有_____起锯和_____起锯两种。

16. 锉刀分_____锉、_____锉和_____锉三类。

17. 通过锉削,使一个零件能放入另一个零件的孔或槽内,且松紧合乎要求,这项操作叫_____。

18. 整形锉主要用于_____加工及_____工件上难以机加工的细小部位。

19. 锉削时的速度一般为_____次/mim 左右,若速度太快,则容易疲劳和加快的磨损。

20. 常用的钻床有_____、_____和_____三种。

21. 麻花钻用钝后,刃磨其_____面,以形成_____、_____和_____角度。

22. 钻孔时,孔轴线偏斜原因是_____。为防止钻头引偏,大批量生产时可用_____为钻头导向。

23. 铰孔时应注意:_____。

24. 一套丝锥有_____个或_____个,它们之间主要的区别是_____。

25. 攻普通螺纹时，底孔直径 $D_0$ 的确定，在钻钢材时，其经验公式是_____；钻铸铁时，其经验公式是_____；攻盲孔螺纹时，钻孔深度的经验公式是_____。

26. 刮削表面的精度主要用_____面积内_____来表示的。

27. 研磨是精密加工方法之一，尺寸精度可达_____ mm，表面粗糙度 $Ra$ 值可达_____ μm。

28. 螺纹装配包括_____装配。

29. 装配方法主要有_____、_____和_____。

30. 拆卸顺序应是先_____后_____，先_____后_____依次进行。

二、选择题

1. 游标卡尺测量值的读数方法是（　　）。
A. 先读小数再读整数后求和
B. 先读整数再读小数后求和
C. 直接读出不用求和
D. 无所谓先读谁都一样

2. 划线工作（　　）。
A. 只能在毛坯上进行
B. 只能在已加工表面上进行
C. 只能在简单的工件上
D. 既可在毛坯上进行，也可在已加工表面上进行

3. 平面划线时一般要选择（　　）。
A. 一个划线基准　　B. 两个划线基准　　C. 三个划线基准　　D. 四个划线基准

4. 划线在选择尺寸基准时，应使划线的尺寸基准与图样上的（　　）一致。
A. 测量基准　　　　B. 设计基准　　　　C. 工艺基准　　　　D. 测量基准

5. 錾削平面用扁錾进行，每次錾削余量为（　　）。
A. 0.5~1.5 mm　　B. 0.3~2 mm　　C. 0.5~2 mm　　D. 0.8~2 mm

6. 一般在肘挥时约每分钟挥锤（　　）次。
A. 50　　　　　　B. 40　　　　　　C. 35　　　　　　D. 30

7. 保证錾削质量，除了敲击应该准确以外，錾子的位置必须（　　）。
A. 保持正确和稳定不变的同时切削部位可以改变
B. 只要站稳和有力就可进行錾削
C. 保持正确姿势和稳定不变动作，保证原来的切削部位
D. 保持正确姿势和稳定不变动作

8. 当錾削快到尽头时，要防止工件边缘材料的崩裂（　　）。
A. 不用掉头，然后轻轻敲打錾子
B. 必须掉头，然后轻轻敲打錾子
C. 不用掉头，然后敲打工件
D. 必须掉头，然后轻轻敲打工件

9. 锯削硬材料、管子、薄板料及角铁可选用锯条是（　　）。
A. 中齿　　　　D. 粗齿　　　　C. 细齿　　　　D. 随意

10. 锉削时，锉削速度一般为（　　）次/min。

A. 20~30　　　　　　B. 30~60　　　　　　C. 40~60　　　　　　D. 25~50

11. 推锉法一般用来锉削（　　　）。

A. 外圆弧面　　　B. 内圆弧面　　　C. 宽平面　　　D. 狭长平面

12. 钻孔时，孔径扩大的原因是（　　　）。

A. 钻削速度太快　　　　　　　　B. 钻头后角太大

C. 钻头两条主切削刃长度不等　　　　D. 进给量太大

13. 攻丝时，每正转一圈要倒退1/4圈的目的是（　　　）。

A. 减少摩擦　　　B. 提高螺纹精度　　　C. 便于断屑　　　D. 减少切削力

14. 刮削硬工件时，刮刀刀头的材料为（　　　）。

A. 高速钢　　　B. 碳素工具钢　　　C. 轴承钢　　　D. 硬质合金

15. 在钢和铸铁工件上攻相同直径的内螺纹，钢件的底孔直径应比铸铁的底孔直径（　　　）。

A. 大　　　B. 稍小　　　C. 一样　　　D. 稍大

16. 手用丝锥中，头锥和二锥的主要区别是（　　　）。

A. 头锥的锥角较小　　　　　　B. 二锥的切削部分较长

C. 头锥的不完整齿数较多　　　　D. 头锥比二锥容易折断

17. 用扩孔钻扩孔比用麻花钻扩孔精度高是因为（　　　）。

A. 没有横刃　　　B. 主切削刃短　　　C. 容屑槽小　　　D. 钻芯粗大，刚性好

18. 机铰时，要在铰刀退出孔后再停车是为了防止（　　　）。

A. 铰刀损坏　　　B. 孔壁拉毛　　　C. 铰刀脱落　　　D. 孔不圆

19. 在薄金属板上钻孔，可采用（　　　）。

A. 普通麻花钻　　　B. 中心钻　　　C. 群钻　　　D. 任意钻头

20. 用（　　　）使预紧力达到给定值的方法是控制扭矩法。

A. 套筒扳手　　　B. 测力扳手　　　C. 通用扳手　　　D. 专业扳手

21. 轴承的轴向固定，除了两端单向固定方式外，还有（　　　）固定方式。

A. 两端双向　　　B. 一端单向　　　C. 一端双向　　　D. 一端单向，一端双向

22. 当配合过盈量较小时，可采用（　　　）方式压入轴承。

A. 套筒压入　　　B. 压力机械压入　　　C. 利用温差　　　D. 直接敲入

23. 在拧紧圆形或方形布置的成组螺母时，必须（　　　）。

A. 对称地进行　　　　　　B. 从两边开始对称进行

C. 从外向里进行　　　　　　D. 无序

24. 螺纹连接安装止动垫圈是用（　　　）方法防松。

A. 附加摩擦力　　　B. 机械　　　C. 冲击　　　D. 粘接

25. 装配中的修配法适用于（　　　）。

A. 单件生产　　　B. 小批生产　　　C. 成批生产　　　D. 大批生产

26. 轴承和长轴的配合过盈较大时，应（　　　）。

A. 用大锤敲入为好　　　　　　B. 将轴承放在热油中加热后压入为好

C. 用大吨位压力机压入为好　　　　D. 将长轴放入干冰中冷却后压入为好

三、判断题

1. 钳工的主要任务是加工零件及装配、调试、维修机器等。（　　）

2. 千分尺的制造精度有0级和1级两种，0级精度最高。（　　）

3. 用卡规测量轴颈时，过端通过，止端通不过，则这个轴是合格的。（　　）

4. 用千斤顶等支撑工具来支撑工件时，其支撑点的选择可以不受任何限制。（　　）

5. 划线平板就是划线时的基准平面。（　　）

6. 箱体划线时为了减少翻转次数，第一划线位置应选择待加工孔和面最多的一个位置。（　　）

7. 毛坯件的误差都可以通过划线的借料予以补救。（　　）

8. 扁錾可用于錾大平面、较薄的板料、直径较细的棒料及清理焊件边缘和铸件与锻件上的毛刺、飞边等。（　　）

9. 锯条折断的原因之一是锯条装得过紧或过松。（　　）

10. 修磨麻花钻横刃是为了减少钻削力，提高钻头的定心和切削稳定性。（　　）

11. 麻花钻头顶角大小应随工件材料的硬度而变化，工件材料越硬，顶角也越大。（　　）

12. 钻孔时，应戴好手套清除切屑，防止手被切屑划破。（　　）

13. 钻头的旋转运动是主运动也是进给运动。（　　）

14. 攻盲孔螺纹时，由于丝锥不能攻到孔底，所以钻孔深度应大于螺纹深度。（　　）

15. 为使板牙容易对准工件中心和容易切入，排屑孔两端应有45°的锥度。（　　）

16. 刮削平面的方法有挺刮式和手刮式两种。（　　）

17. 粗刮时，刮削方向应与切削加工的刀痕方向一致，各次的刮削方向不应交叉。（　　）

18. 只要零件的加工精度高，就能保证产品的装配质量。（　　）

19. 完全互换法使装配工作简单、经济且生产率高。（　　）

20. 机器拆卸时，对丝杠、长轴零件，为防止弯曲变形，要用布包好，然后平放在木板上。（　　）

21. 在装配连接中，平键不但用于做径向固定，还用来传递扭矩。（　　）

四、简答题

1. 安全生产（实习）的重要性是什么？在钳工实习中应注意什么？

2. 划线基准的类型有哪些？

3. 简述挥锤的三种方法。

4. 锯削的步骤有哪些？其主要操作方法是什么？

5. 螺纹连接有哪些形式？在交变载荷和振动情况下使用，有哪些防松措施？

6. 台钻、立钻和摇臂钻床的结构和用途有何不同？

7. 钻孔时轴线容易偏斜的原因是什么？如果在斜面上钻孔应采取什么措施？

8. 机器拆卸时应注意什么？

# 车削加工实训

**教学目标**：掌握车床的结构、维护保养以及车削的安全技术；熟悉车削加工的工艺规范和加工特点；能独立操作普通车床，熟练加工轴类、套类、螺纹、锥面、成型面等零件，达到中级工的操作水平。

**教学重点和难点**：车削用量的选用，车刀磨制、车削加工工艺和车床操作技能。

**案例导入**：某机加工车间承接 100 件锡青铜轴套零件的来料加工业务，零件如图 3-1 所示。由于是第一次加工如此贵重的零件，车工师傅不敢怠慢，在加工过程中每个尺寸都认真测量，确认零件合格后才从车床上卸下来。第一天只加工了二十多件便下班了，到第二天上班再测量时发现，已加工的零件没有一个是合格的。这是为什么呢？经过分析发现原因有两方面：一是没有遵守粗、精加工分开的原则，原来车工师傅

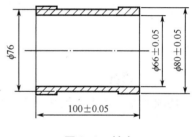

图 3-1　轴套

是在一次装夹中完成全部加工的，在车床上测量时工件温度较高，到第二天工件完全冷却至室温时，受热胀冷缩的影响，尺寸变小了；二是没有采取辅助装夹措施，由于工件较薄，直接装夹造成工件变形，使圆周上各个方向的尺寸不一致。通过本课题的学习，将会获得较全面的车削工艺知识。

## 3.1　车削加工概述

### 3.1.1　车削加工简介

#### 一、车削运动

车削加工就是在车床上利用刀具对工件做相对运动，从工件毛坯上切除多余材料的加工方法。在车削过程中，根据各个运动的作用不同，车削运动通常有主运动和进给运动两类。

**1. 主运动**

主运动是指进行车削加工时最主要的、消耗功率最多的运动。车削中主运动只有一个，即工件的旋转运动。

**2. 进给运动**

进给运动是指刀具与工件之间产生的附加相对运动，它使待加工金属材料不断投入切

削，以便切除工件表面上全部的余量的运动。进给运动可以有一个或多个，有横向和纵向之分，有连续进给和间断进给等。

车削时刀具的纵向和横向直线移动为进给运动。

## 二、切削用量

在切削加工中，通常用切削用量来衡量切削运动的大小。车削加工时切削用量包括切削速度、进给量和背吃刀量，如图3-2所示。

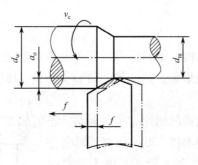

图3-2  切削用量

### 1. 切削速度

切削速度是指工件被加工表面上最大直径的线速度。车削时，切削速度的计算公式为：

$$v_c = \frac{\pi dn}{1\ 000}\ \text{m/s}$$

式中  $v_c$——切削速度，m/s；

$n$——工件的转速，r/min；

$d$——工件加工表面上的最大直径，mm。

### 2. 进给量

进给量是指工件每转一周时刀具在进给运动方向上相对于工件的位移量（mm/r）；或指每分钟刀具在进给运动方向上相对于工件的位移量（mm/min）。

### 3. 背吃刀量（也称切削深度）

背吃刀量是指工件在已加工表面与待加工表面之间的垂直距离。车削时，背吃刀量的计算公式为：

$$a_p = \frac{d_w - d_m}{2}\ \text{mm}$$

式中  $a_p$——背吃刀量，mm；

$d_w$——待加工表面直径，mm；

$d_m$——已加工表面直径，mm。

## 三、车床的工作范围

车削加工主要用于回转体零件的加工，也可以用于各种表面的加工。普通车床加工的零件精度一般可达到IT11～IT6，表面粗糙度可达到$Ra0.8～12.5\ \mu m$。普通车床的主要工作范围如图3-3所示。

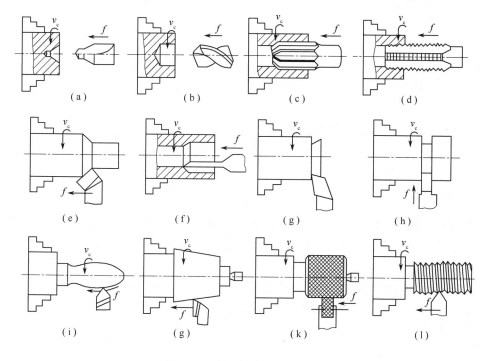

图3-3　普通车床的工作范围

（a）钻中心孔；（b）钻孔；（c）铰孔；（d）攻螺纹；（e）车外圆；（f）镗孔；（g）车端面；
（h）车槽；（i）车成型面；（j）车锥面；（k）滚花；（l）车螺纹

### 3.1.2　车削实训安全技术

在进行车床加工和车削实训时，必须遵守《车工安全操作规程》，做到安全、文明生产。车削安全技术的具体要求如下：

（1）操作前，穿好紧身的工作服，女性戴上工作帽，并将长头发压入帽子里面。禁止穿裙子、短裤和凉鞋等不符合安全要求的服装操作车床，严禁戴手套操作车床，当加工零件的切屑为崩碎状时，必须戴上防护眼镜。

（2）通常一台车床只能一人操作，非操作人员不能站在铁屑飞出的地方。

（3）开动车床前，认真检查图纸、量具、材料和成品安放是否有序合理，各手柄的位置是否正确，工件和车刀装夹要牢固，夹紧工件后，必须及时从卡盘上取下卡盘扳手；车床导轨面上不得摆放物品。

（4）不得用手触摸正在旋转的工件，特别是加工螺纹时，严禁用手抚摸螺纹面；严禁用棉纱、抹布擦抹转动的工件。

（5）机床在使用过程中出现异常响声或其他故障，应立即停机，并及时申报，由专业人员检修。

（6）凡变换主轴转速、装卸工件、更换车刀以及测量工件尺寸时，均必须先停机。

（7）停机时，不准用手去停住还在旋转的卡盘，清理铁屑应使用专用铁钩，禁止用手直接清除。

（8）装卸卡盘或较重的工件时，床面上应垫上木板，用以保护导轨和床身。

（9）不要随意拆装机床上的电器设备，以免发生触电事故。

（10）车削工作结束后，应及时关闭电源，清扫切屑，擦净车床，在相应部位加注润滑油，进行日常润滑保养，整理工作场地和清扫周围卫生，以保持良好的工作环境。

### 3.1.3　车床的润滑与保养

在车床上有许多运动副，其配合精度要求较高，在使用过程中会产生摩擦热和磨损，从而影响到车床的几何精度和使用寿命。根据车床操作规程，要求在每班开车前和停机后，都要对车床相应部位加油润滑和清洁保养。

#### 1. 车床的润滑

车床均采用机械油进行润滑。主轴箱正面有指示窗，储油箱有油面指示窗，加油量加至油箱油面指示窗的一半处即可。在开车状态下应能看到主轴箱指示窗内有油流动，否则说明加油量不足或润滑油泵出现故障。

进给箱轴承采用油绳滴油润滑。进给箱齿轮和溜板箱齿轮均采用油浴润滑，应经常注意油标的油位。光杠、丝杠、操纵杆和尾座采用油绳润滑。床身导轨、溜板导轨、丝杠开合螺母以及挂轮等采用手工浇油润滑。

#### 2. 车床的一级保养

（1）保养目的。当机床使用到一定期限后，会产生油污、锈蚀及运动件磨损、连接件和紧固件松动等问题，这将会直接影响车床的精度、加工质量和生产率等。车工除了能熟练地操作车床外，还必须学会对车床进行合理的维护和保养。车床的保养工作应以日常为主、阶段为辅。保养工作以操作工人为主，维修工人配合进行。

（2）保养内容和要求。车床在运转500 h后，需要进行一级保养。保养内容主要是清洁、润滑和进行必要的调整。

① 外表保养：保持车床外表及各罩壳清洁，擦拭导轨面、丝杠、光杠、操纵杆和操纵手柄等，做到无锈蚀、无油污、无切屑和无灰尘等杂物。

② 主轴箱：清理滤油器和油池，使其无杂物；检查主轴上的螺母有无松动以及紧固螺钉是否锁紧；调整摩擦离合片的间隙和制动带的松紧。

③ 挂轮箱：清洗齿轮、轴套，并注入新油脂；调整齿轮啮合间隙；检查轴套有无晃动现象。

④ 拖板及刀架：清理中、小拖板和丝杠上的切屑以及灰尘等杂物；调整中、小拖板燕尾导轨镶条的间隙。

⑤ 尾座：摇出尾座套筒，擦干净并涂上润滑油，保持内外清洁。

⑥ 冷却润滑系统：清洗冷却泵、滤油器、盛油盘；保证油路畅通，油孔、油绳、油毡清洁；检查油质，保持油杯齐全、油窗明亮清晰。

⑦ 电器：清扫电动机、电器箱上的尘屑；保持电器装置干净整洁，密封良好。

# 3.2　车床及刀具

## 3.2.1　卧式车床

车床是完成车削加工的机械设备，其种类较多，按结构与用途不同，通常分为卧式车床、立式车床、六角车床、转塔车床、自动和半自动车床、仪表车床、数控车床等。其中普通卧式车床是应用最广泛的机床，下面以 CA6140 普通卧式车床为例介绍车床的基本知识。

### 一、车床型号的含义

按照 GB/T 15375—2008《金属切削机床型号编制方法》规定，机床型号由汉语拼音字母及阿拉伯数字组成，主要表示车床的类别、特性、组别、型别、主要参数和重大改进的代号。

例如：

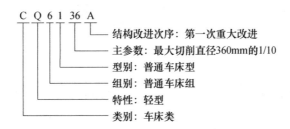

有的机床型号编制方法并不一定按上述规定排列，例如 CA6140 普通车床把"A"放在第二位并不说明机床的特性，而是指重大改进和新机型的意思。

1959 年以前公布的机床型号编制方法与上述规定有所不同。

例如：

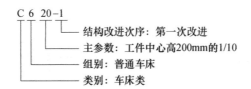

按规定，已经定型的产品，其型号不变，如 C616、C620、C630-1 等车床型号至今仍沿用。

### 二、车床的基本结构

CA6140 型车床的外形结构如图 3-4 所示。它主要由主轴箱、交换齿轮箱、进给箱、溜板箱、刀架、尾座、床身、床脚及冷却、照明装置等组成。

### 1. 主轴箱（又称床头箱）

主轴箱 1 支承主轴并带动工件做旋转主运动。主轴箱内装有齿轮、轴等零件，组成变速传动机构。通过变换箱体外部的手柄位置，可使主轴获得多种不同的转速（共 36 种转速，其中，正转 24 级，反转 12 级）。

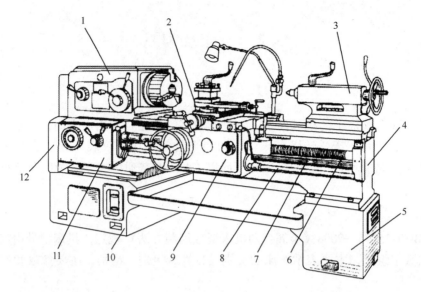

图 3-4　CA6140 型卧式车床
1—主轴箱；2—刀架；3—尾座；4—床身；5、10—床脚；6—丝杠；7—光杠；
8—操纵杆；9—溜板箱；11—进给箱；12—交换齿轮箱

**2. 交换齿轮箱（又称挂轮箱）**

交换齿轮箱 12 的作用是把主轴箱的转动传给进给箱。通过更换箱内齿轮，配合进给箱内的变速机构，可以得到车削各种螺距螺纹（或蜗杆）的进给运动，满足车削时对不同纵、横向进给量的需求。

**3. 进给箱（又称走刀箱）**

进给箱 11 内装有许多变速齿轮副，可以把主轴的旋转运动传给光杠或丝杠。通过变换箱体外的手柄或手轮的位置，可以使光杠或丝杠得到各种不同的转速。

**4. 光杠和丝杠**

光杠 7 和丝杠 6 可将进给箱的运动传给溜板箱。一般自动走刀时使用光杠传动，车削螺纹时使用丝杠传动。在停机状态拨动手柄，可使光杠传动与丝杠传动相互转换。

**5. 溜板箱**

溜板箱 9 接受光杠和丝杠传递的运动，再通过机械传动副驱动刀架做纵向或横向直线进给运动。它的上面还安装有一些手柄和按钮，用以方便地操纵刀架做机动、手动、车螺纹或快速移动等运动。

**6. 刀架**

刀架 2 由大刀架、横刀架、转盘、小刀架和方刀架等组成，如图 3-5 所示。

（1）大刀架（又称大拖板）：与溜板箱相连，可带动车刀沿床身导轨做纵向移动。

（2）横刀架（又称中拖板）：可带动车刀沿大刀架上的导轨做横向移动。

（3）转盘：转盘面上有刻度，用螺栓固定在横刀架上。松开螺母，转盘可带动小刀架和方刀架在水平面内回转任意角度，以便车削圆锥面。

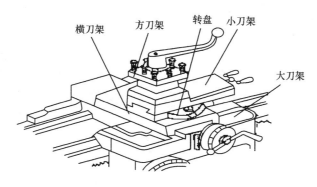

图 3-5　刀架的组成

（4）小刀架（又称小拖板）：可沿转盘上的导轨做短距离移动，将转盘扳转某一角度，小刀架即可带动车刀做相应的斜向运动，车出圆锥面来。

（5）方刀架：用来安装车刀，可同时装夹四把车刀。松开顶部的锁紧手柄即可转位，选用所需的车刀进行加工。

**7. 尾座**

尾座 3 安装在床身的导轨上，可沿导轨纵向移动，以调整其工作位置，主要用于安装顶尖，用以支承较长的工件，也可以用来安装钻头、铰刀等进行孔的加工。

**8. 床身**

床身 4 是车床上精度要求很高的带有导轨（V 形导轨和平导轨）的大型基础部件，用于支承和连接车床的各个部件，确保各个部件之间有正确的相对位置。

**9. 床脚**

床脚 10 和床脚 5 分别与床身前、后两端下部连为一体，用于支承安装在床身上的各个部件。通过地脚螺栓和调整垫块可使整台车床水平并与地基固定连接。

车床除以上主要部件外，还有电动机、三角胶带传动系统、润滑油系统、切削液系统、照明系统和操作手柄等。

### 3.2.2　车床常用附件

车床上必须备有一些常用的附件，用来安装工件，以满足各种车削加工的需要。普通车床常用的附件主要有三爪卡盘、四爪卡盘、花盘、顶尖、心轴、中心架和跟刀架等。

**一、三爪卡盘**

三爪卡盘又称三爪自定心卡盘，如图 3-6 所示。它在夹紧工件时能自动定心，而且定心、定位与夹紧能同时完成。三爪卡盘通过螺纹固定在主轴的前端，有正爪和反爪各一副，适宜夹持棒状或圆盘形状的中小型零件。当使用卡盘扳手转动小锥齿轮时，将推动大锥齿轮转动，大锥齿轮背面的平面螺纹就会使三个卡爪同时向中心或向外移动，从而将工件夹紧或松开。

当用三爪卡盘装夹工件时，通常使用正爪，如图 3-6（a）所示。工件被夹持的部位一般不短于 30 mm，以免装夹不牢；工件悬出部分的长度与直径之比应小于 4，否则会使工件

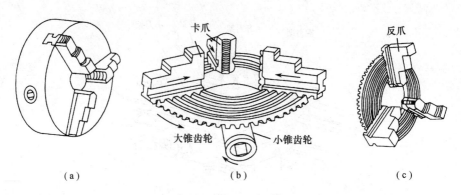

图 3-6　三爪卡盘示意图

（a）正爪外形；（b）正爪内部结构；（c）反爪内部结构

产生弹性变形而车出锥度。当工件悬出部分的长度与直径之比大于 4 时，需要增加后顶针与三爪卡盘一起装夹。对于直径较大的盘状工件，可使用反爪装夹。用已精加工过的表面作为装夹表面时，应包上一层薄铜皮，以保护表面不被夹伤。

## 二、四爪卡盘

四爪卡盘又称四爪单动卡盘，如图 3-7 所示。四爪卡盘也是通过螺纹固定在主轴的前端部，它有四个可以单独向内或向外移动的卡爪，既可以装夹圆形工件，也可以装夹外形不规则的工件，且夹紧力较三爪卡盘大。

用四爪卡盘装夹时工件不能自动定心，必须进行找正，即校正工件回转轴线与主轴轴线重合或工件端面与主轴轴线垂直。

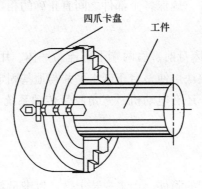

图 3-7　四爪卡盘装夹示意图

粗加工最常用的找正方法是划针盘找正法，此法可以找正端面，也可以找正外圆面。图 3-8 所示为找正端面示意图，首先使划针靠近工件端面的边缘处，用手转动卡盘，观察工件端面与划针之间的间隙大小，可用铜棒沿端面垂直方向轻轻敲击间隙小处，直至使各处的间隙均等为止。

对已经加工过的零件进行再装夹找正时，可用百分表对已加工过的外圆面进行精确找正，如图 3-9 所示。

在四爪卡盘上进行找正时应注意：

（1）工件夹持部分不宜过长，通常为 20~30 mm，以便于找正。

（2）装夹已加工表面时应包上一层薄铜皮，以防止夹伤已加工表面。

（3）找正时应在床面导轨上垫一块木板，以防止工件掉下砸伤导轨。

（4）找正时主轴应拨至空挡位置，以便用手转动卡盘。

（5）在装夹较重、较大或较长的工件时，应增加后顶尖辅助支承。

（6）找正夹紧后，四个卡爪的夹紧力要一致，以防在加工过程中工件产生移动。

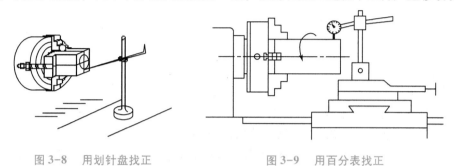

图 3-8　用划针盘找正　　　　　　　图 3-9　用百分表找正

### 三、花盘

花盘表面上有多条放射状沟槽，以便于安装工件，如图 3-10 所示。花盘适宜装夹外形不规则的工件，装夹时需使用螺栓和压板进行压紧。若某些工件采用弯板或模具配合装夹，或者工件装夹后有严重偏心，还需要配置平衡块，使工件旋转平衡。用花盘装夹工件也需要进行找正，比较费时，因此，大批量生产时应使用模具安装工件，可减少对每个工件的找正时间，以提高生产效率。

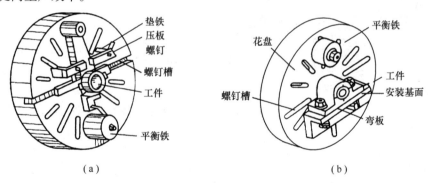

（a）　　　　　　　　　　　　　　　　　（b）

图 3-10　花盘的使用

（a）用螺钉压板在花盘上安装工件；（b）用弯板在花盘上安装工件

### 四、顶尖

顶尖有固定顶尖（也称呆顶尖）和回转顶尖（也称活顶尖）两种，如图 3-11 所示。顶尖的作用是支承工件、确定中心、承受工件的重力和切削力。固定顶尖的特点是刚度高，定心准确。但是，它与工件中心孔之间为滑动摩擦，易产生过多热量而将中心孔或顶尖"烧坏"，故它只适用于低速加工和精度要求较高的工件。回转顶尖可使顶尖与工件中心孔之间的滑动摩擦变成顶尖内部轴承的滚动摩擦，能在很高的转速下正常工作，克服了固定顶尖的缺点，故应用非常广泛。但因回转顶尖存在一定的装配积累误差，且滚动轴承磨损后会使顶尖产生径向圆跳动，从而使定心精度降低。

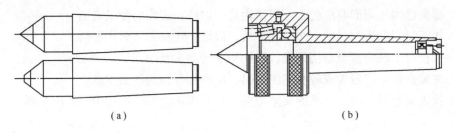

（a）　　　　　　　　　　　　　　（b）

图 3-11　顶尖

（a）固定顶尖；（b）回转顶尖

顶尖的应用如下：

（1）两顶尖配合拨盘装夹工件。对于长度较长的工件，可先车平两端面，用中心钻钻出中心孔，然后将前顶尖和拨盘安装在主轴上，后顶尖安装在尾座上，再将工件的一端装上卡箍，把工件安装于前后顶针之间，用拨盘和卡箍来带动工件旋转，如图 3-12 所示。

（2）顶尖配合三爪卡盘装夹工件（简称一顶一夹）。将工件的一端装夹在卡盘内，另一端用后顶尖顶住中心孔，注意三爪卡盘夹持部分不宜超过 20 mm。为了防止工件轴向移动，必须在卡盘内加装限位支承或利用工件的台阶作限位，如图 3-13 所示。

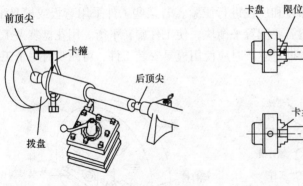

图 3-12　两顶尖配合拨盘装夹

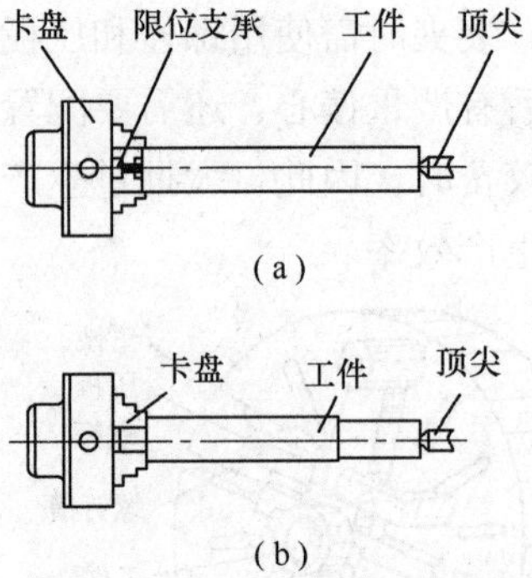

图 3-13　单顶尖配合卡盘装

（a）限位支承；（b）工件台阶限位

## 五、心轴

对于精度要求较高的盘套类零件，先将内孔精加工后，再装到心轴上进行外圆或端面的精加工，可保证外圆对内孔轴线或端面对内孔轴线的跳动公差要求。

常用的心轴有锥度心轴、圆柱心轴和可胀心轴等。

**1. 锥度心轴**

锥度心轴如图 3-14 所示，其锥度为 1∶1 000～1∶5 000。工件套入心轴后，依靠摩擦力来夹紧。锥度心轴对中准确，装卸方便，但传递力矩不是很大。锥度心轴适用于车削力不大的精加工装夹。

**2. 圆柱心轴**

圆柱心轴如图 3-15 所示，工件套入心轴后需要在两端添加垫圈，依靠螺母锁紧，可传递较大的力矩。但心轴与工件内孔的配合难免会存在间隙，所以对中性较差。圆柱心轴适合用于较大直径的盘套类零件粗加工的装夹。

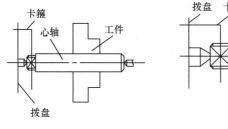
图 3-14　锥度心轴

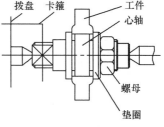
图 3-15　圆柱心轴

### 3. 可胀心轴

可胀心轴如图 3-16 所示，工件安装在可胀锥套上，旋紧右边的螺母，可胀锥套向左边移动并胀大，从而胀紧工件。可胀心轴具有装卸方便、对中性好、传递力矩大的特点，故应用广泛。

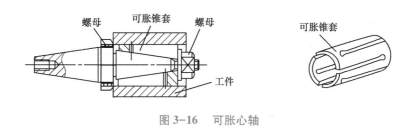
图 3-16　可胀心轴

### 六、中心架和跟刀架

车削细长轴时，为了防止工件受切削力的作用而产生弯曲变形，可使用中心架或跟刀架作为辅助支承。

#### 1. 中心架

中心架如图 3-17 所示，使用时安装在床身的导轨上，其三个爪支承于工件预先加工好的外圆表面处，三个爪可以单独向内或向外移动，以调整支承点与工件的接触程度。

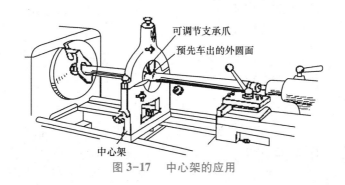
图 3-17　中心架的应用

#### 2. 跟刀架

跟刀架如图 3-18 所示，使用时安装在大拖板上，能跟随大刀架做纵向移动，其两个爪支承于已加工表面上，能抵消车刀作用在工件上的切向切削力和径向切削力，增强工件的刚性，以减轻工件的弯曲变形和振动。

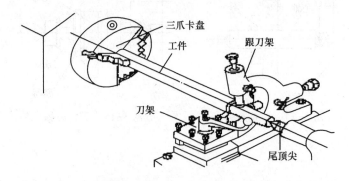

图 3-18　跟刀架的应用

### 3.2.3　车刀

#### 一、刀具的材料

刀具在切削过程中要承受很大的切削力、切削热以及振动、冲击，故对刀具切削部分的材料有很高的要求，刀具刃口部分除了要有高硬度和高耐热性（红硬性）以外，还要求有较高的耐磨性、足够的强度和韧性及较好的导热性和工艺性等。以上这些要求是相互联系、相互制约的。目前尚没有一种材料能满足所有要求，如耐热性能好的材料，往往强度和韧性较差。所以，实际应用时，应根据工件材料、工件的热处理状态和切削要求来灵活选用。常用刀具材料的种类、钢号（代号）及应用见表 3-1。

表 3-1　常用刀具材料的种类、钢号（代号）及应用

| 种类 | 常用钢号（代号） | 硬度 | 耐热性/℃ | 抗弯强度 $\sigma_b$/GPa | 切速比 | 工艺性 | 应用 |
| --- | --- | --- | --- | --- | --- | --- | --- |
| 碳素工具钢 | T10A，T12A | 60~64 HRC（713~825 HV） | 约200 | 2.5~2.8 | 0.2~0.4 | 可冷、热加工成型，磨削性好 | 手动刀具（锉刀、铰刀、丝锥、板牙等） |
| 合金工具钢 | 9SiCr，GrWMn | 60~65 HRC（713~856 HV） | 250~300 | 2.5~2.8 | 0.5~0.6 | 可冷、热加工成型，磨削性好 | 低速刀具、手动刀具等 |
| 高速钢 | W18Gr4V，W6Mo5Gr4V2 | 62~72 HRC（766~1 037 HV） | 550~650 | 2.5~4.5 | 1 | 可冷、热加工成型，磨削性好，钒类磨削性差 | 用于各种刀具，特别是复杂精密成型刀具，如钻头、铣刀、齿轮刀具等 |

续表

| 种类 | 常用钢号（代号） | 硬度 | 耐热性/℃ | 抗弯强度 $\sigma_b$/GPa | 切速比 | 工艺性 | 应用 |
|---|---|---|---|---|---|---|---|
| 硬质合金 | YG3，YG6，YG8，YT5，YT15，YT30，YW1，YW2 | 89~94 HRC（1 300~1 800 HV） | 800~900，900~1 000 | 1~1.5 0.9~1.3 | 6 6 | 压制烧结刀片，只能磨削，不能进行热处理 | 大部分车刀、刨刀和镶齿端铣刀刀具 |
| 陶瓷 | AM | 92~95 HRC（1 500~2 100 HV） | >1 200 | 0.45~1.1 | 12~14 | 压制烧结刀片，只能磨削，不能进行热处理 | 多用于车刀，适宜于连续切削 |
| 立方氮化硼 | CBN | 3 400~7 000 HV | 1 300~1 500 | 0.57~0.81 | | 高温高压烧结而成，用金刚石砂轮加工，制成刀片 | 用于高硬、高强度材料的精加工 |
| 人造金刚石 | | 6 000~8 000 HV | 700~800 | 0.4~1.0 | | 用天然金刚石砂轮磨削，刃磨困难 | 用于有色金属镜面车削及其非铁族难加工材料 |

二、车刀的种类

按用途不同，车刀可分为外圆车刀（右偏刀、左偏刀）、弯头车刀、切断车刀（切槽刀）、内孔车刀（镗孔刀）、成型车刀、螺纹车刀、圆头车刀和滚花刀等，图3-19所示为常用车刀及其应用。

车刀按其结构不同又可分为整体车刀、焊接式车刀、机夹式车刀等，如图3-20所示。通常整体式车刀用高速钢材料制成，而焊接式和机夹式车刀的刀体材料为45钢，刀片材料有硬质合金、陶瓷、立方氮化硼、金刚石等。

三、车刀的组成及几何角度

1. 车刀的组成

车刀由刀体和刀头两部分组成。刀体是夹持部分，刀头是切削部分。普通外圆车刀的刀头由"三面""两刃""一尖"组成，即前刀面、主后刀面、副后刀面、主切削刃、副切削刃、刀尖，如图3-21所示。其他车刀虽然形状各异，但也可根据其切削使用状态，判定出相应的刀面、刀刃和刀尖来。

2. 车刀的几何角度

为了保证车刀锋利、耐用，车刀的刀刃和刀面都要磨出一定的角度。

车刀的主要角度有前角、后角、主偏角、副偏角和刃倾角等，如图3-22所示。车刀几何角度的变化直接影响车削过程和结果，因此必须根据各个几何角度的作用和车削的需要，选择合适的几何角度。

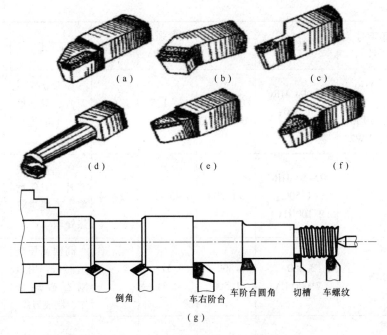

图 3-19　常用车刀及其应用

(a) 外圆车刀；(b) 弯头车刀；(c) 切断车刀；(d) 内孔车刀；

(e) 成型车刀；(f) 螺纹车刀；(g) 车刀的应用

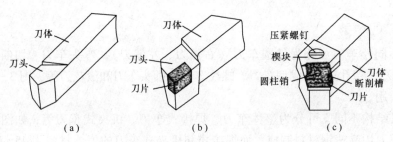

图 3-20　车刀的结构形式

(a) 整体式；(b) 焊接式；(c) 机械夹固式

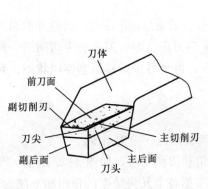

图 3-21　车刀的组成

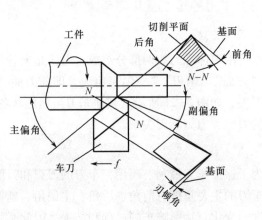

图 3-22　车刀的主要角度

（1）前角：前角的大小将影响刀刃的锋利程度及其强度。前角较大时，刀刃锋利，切屑排出流畅，切削轻快，振动小，工件表面质量高。但随着前角的增大，刀头的强度和耐用度随之降低，通常粗加工或加工硬度较高的工件时，选用较小的前角（-5°~10°）；精加工或切削塑性材料时，选用较大的前角（10°~20°）。

（2）后角：后角的大小关系到工件与后刀面之间的摩擦程度。后角增大，可减小车刀与工件之间的摩擦，但后角过大，刀刃强度和耐用度也随之降低。通常粗加工或切削较硬的材料时，后角取3°~6°；精加工或切削较软的材料时，后角取6°~12°。

（3）主偏角：主偏角的大小关系到刀刃与切屑接触的长度，如图3-23所示。主偏角较小时，刀刃与切屑接触边较长，散热条件较好，如图3-23（a）所示，而且单位刀刃的切削力较小，所以刀具的耐用度较好。但主偏角过小，工件受到较大的径向力，容易产生变形和切削振动。主偏角过大时，则刚好相反，如图3-23（b）所示。主偏角一般取45°~75°，一般粗车时取较小值，精车时取较大值。精车细长轴时取75°~90°，精车直台阶轴时取90°~93°。

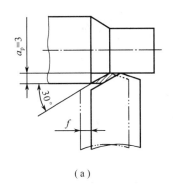 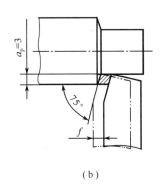

（a）　　　　　　　　　　　　　　　　　　　　（b）

图3-23　主偏角对切屑的影响

（a）30°主偏角；（b）75°主偏角

（4）副偏角：副偏角的大小将影响工件表面的表面粗糙度。副偏角较小时，已加工面上的残留面积较小，可获得较小的表面粗糙度，但副偏角过小会增加车刀与已加工表面的摩擦，反而会降低加工质量。副偏角一般取8°~18°，车削较硬材料或粗加工时取较大值，精加工时取较小值。

（5）刃倾角：刃倾角关系到刀尖的强度和切屑的排屑流向，如图3-24所示。刃倾角一般取-5°~10°，刃倾角为正时，刀尖比其他切削刃的位置都高，加工韧性工件时带状切屑流向待加工表面，不会影响工件表面的质量，但是刀尖强度低，切削力较大时容易崩刀，因此，正的刃倾角主要用于切削力较小的精加工；刃倾角为负值时，刀尖比其他切削刃的位置要低，带状切屑会流向已加工表面，刀尖能承受较大的切削力，不容易崩刀，适合于粗加工及高碳钢、铸铁等硬脆材料的加工；刃倾角为零时，刀尖与其他切削刃在同一水平面上，切屑垂直于主切削刃方向流出，其应用与负的刃倾角相似。

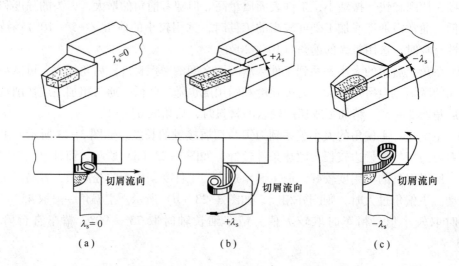

图 3-24  车刀刃倾角对切屑流向的影响

（a）刃倾角为零；（b）正的刃倾角；（c）负的刃倾角

# 3.3  车床操作实训

## 3.3.1  车削前的准备工作

### 一、熟悉图纸及工艺规程

在车削操作之前，首先要熟悉零件图及其工艺规程，具体要求如下：

（1）了解零件的用途及其所用的材料及毛坯种类。

（2）分析零件的形状及其组成零件的表面种类。

（3）分析零件的各项技术要求，了解各个尺寸的作用、需要加工哪几个表面，以及加工面要达到什么样的精度等级和表面粗糙度要求。

（4）根据零件结构和毛坯种类编制工艺规程，即用表格的形式将机械加工工艺过程的内容书写出来，形成生产加工的指导性文件，用来指导车工的具体操作。目前工艺规程卡片主要有机械加工工艺过程卡和机械加工工序卡，如表 3-2 和表 3-3 所示。

机械加工工艺过程卡是以工序为单位，简要说明产品零、部件的加工过程的一种工艺文件，它主要列出了零件加工所经过的整个工艺路线和工装设备以及工时定额等内容，适用于单件、小批生产和中批生产的零件。

表 3-2　机械加工工艺过程卡

| 机械加工工艺过程卡 | | | | 产品型号 | | 零部件图号 | | 共　页 | |
| --- | --- | --- | --- | --- | --- | --- | --- | --- | --- |
| | | | | 产品名称 | | 零部件名称 | | 第　页 | |
| 材料牌号 | | 毛坯种类 | | 毛坯外形尺寸 | | 每坯件数 | 每台件数 | 备注 | |
| 工序号 | 工序名称 | 工序内容 | | | 车间 | 工段 | 设备 | 工艺装备 | 工时 |
| | | | | | | | | | 准终 | 单件 |
| | | | | | | | | | | |
| | | | | | 编制（日期） | 审核（日期） | | 会签（日期） | |
| | | | | | | | | | |
| 标记 | 科室 | 更改文件号 | 签字 | 日期 | | | | | |

机械加工工序卡是在机械加工工艺过程卡的基础上，按每道工序、工步所编制的一种工艺文件。它详细记载了工序内容和加工所必需的工艺资料，画出工序加工简图，标明被加工表面，标出定位基准和装夹位置，列出工序尺寸及公差，写明工时定额等。它是指导车工操作的一种最具体、最详细的工艺文件，主要适用于大批和中批生产的复杂或重要零件。

表 3-3　机械加工工序卡

| 机械加工工序卡 | | 产品型号 | | 零部件图号 | | | 共　页 |
| --- | --- | --- | --- | --- | --- | --- | --- |
| | | 产品名称 | | 零部件名称 | | | 第　页 |
| | 车间 | | | 工序名称 | | 材料牌号 | |
| | | | | | | | |
| | 毛坯种类 | | 毛坯外形尺寸 | | 毛坯件数 | 每台件数 | |
| | | | | | | | |
| | 设备名称 | | 设备型号 | | 设备编号 | 同时加工件数 | |
| | | | | | | | |
| | 夹具编号 | | | 夹具名称 | | 切削液 | |
| | | | | | | 工序工时 | |
| | | | | | | 准终 | 单件 |
| | | | | | | | |
| 工步内容 | 工艺装备 | 主轴转速/ (r·min⁻¹) | 切削速度/ (m·s⁻¹) | 进给量/ (m·min⁻¹) | 工件行程次数 | 工时定额/min | |
| | | | | | | 机动 | 辅助 |
| | | | | | | | |
| | | | | | | | |
| | | | 编　制（日期） | 审　核（日期） | | 会　签（日期） | |
| | | | | | | | |
| 更改文件号 | 签字 | 日期 | | | | | |

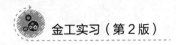

二、车刀的刃磨以及车削前的准备工作

**1. 磨刀**

用钝的、崩刃的和新买的车刀，其刃口的几何形状和角度都很难满足切削要求，必须通过刃磨才能使用。

利用砂轮机手工刃磨车刀，是车工的基本功之一。目前常用的砂轮有氧化铝砂轮（白色）和碳化硅砂轮（绿色）两种，其中氧化铝砂轮适用于刃磨高速钢车刀和硬质合金车刀的刀体部分；碳化硅砂轮适用于刃磨硬质合金车刀的刀头部分。

进行刃磨前，必须检查砂轮片是否完好，并戴好护目镜，双手拿稳车刀，站在砂轮机的侧面。刃磨时刀具的倾斜角度要合适，用力要均匀，从砂轮圆周面的中间处始磨，然后左右移动，避免砂轮圆周面出现凹凸不平现象。

在刃磨高速钢车刀时，刀头容易发热，应频繁放入水中冷却，以免刀刃因温度过高而软化。刃磨硬质合金刀时，当刀头磨热后，不能将车刀整体放入水中冷却，而是将刀体部分置于水中冷却，避免刀头直接沾水急冷而产生裂纹。

下面以 YT15 硬质合金车刀为例，简单说明在砂轮机上刃磨的一般过程：

（1）先磨出刀体部分的主后角和副后角；

（2）粗磨主后刀面，磨出主偏角和主后角；

（3）粗磨副后刀面，磨出副偏角和副后角；

（4）粗磨前刀面和断屑槽，磨出前角和刃倾角；

（5）修磨刀尖圆弧和过渡刃；

（6）完成各刀面粗磨后，再用油石精磨各个面，依次精磨前刀面、断屑槽、主后刀面、副后刀面，以提高车刀的耐用度和工件的加工质量。

选用中心钻时，如图纸没有规定，则按照轴端直径来选用（查切削手册）。

根据图纸要求将所需要的刀具磨制好后，将其分类整齐排放在工作台的指定位置。

**2. 选择量具、装夹工具和切削用量**

车两端面、钻中心孔时采用三爪卡盘装夹，车外圆台阶时采用双顶尖装夹。

根据图纸尺寸要求准备好钢直尺、游标卡尺、内径百分表、外径千分尺等，并将所选用的量具分类整齐地排放在工作台的指定位置。

根据选定的切削用量参数，调整机床主轴转速和进给速度。

### 3.3.2 车削操作要领

一、刀架极限位置的检查

检查的目的是防止车刀切至工件左端极限位置时，卡盘或卡爪碰撞刀架或车刀，其方法是：工件和车刀安装好后，手摇刀架将车刀移至工件左端应切削的极限位置，用手缓慢转动卡盘，检查卡盘或卡爪有无撞击刀架或车刀的可能；若不发生撞击，即可开始加工；否则，应对工件、小刀架或车刀位置做适当的调整。

二、刻度盘的使用

在普通卧式车床上有三个刻度盘，分别用来控制大刀架、中刀架和小刀架的进给量。每个刻度盘都有一定的刻度值，用来控制车刀的切削深度和走刀量行程。

加工外圆时，车刀向工件中心或向左切进称为进刀，车刀逐渐离开工件中心或向右空移动称为退刀。进刀量与退刀量的大小可以从中刀架的刻度盘上读出。下面以中刀架上的刻度盘为例说明刻度盘的使用方法。

图 3-25 所示为 CA6140 型车床中刀架的刻度盘，当摇动手柄带动刻度盘转过一周时，即带动丝杠转过一圈，同时，固定在中刀架上的螺母也带动中刀架及车刀横向移动一个导程。由此可知，刻度盘的刻度值计算公式如下：

$$S = \frac{P_{丝}}{n_{格}} \text{ mm}$$

式中　$S$——刻度盘每转一格，中刀架移动的距离；

　　　$P_{丝}$——手柄丝杠的导程（螺距）；

　　　$n_{格}$——刻度盘一周格数。

如中拖板手柄丝杠的导程为 $P_{丝} = 2.5$ mm，刻度盘格数 $n_{格} = 100$ 格，则刻度盘每转一格中拖板的移动量 $S = 2.5$ mm $\div 100 = 0.025$ mm。

利用刻度盘上的刻度值控制进刀或退刀时，要记住手柄的转动方向和转动圈数。进刀时如果将手柄摇过了头，需要退回来时，不能直接退到所需要的刻度位置，而是将手柄反转超过所需刻度位置大半周以上，然后再正转至所需的刻度位置，以消除手柄丝杠与螺母之间的间隙影响。

例如，要求手柄转到 30 刻度位置，但由于不小心转到 40 刻度位置，如图 3-25（a）所示，此时不能直接回转到 30 刻度位置，如图 3-25（b）所示，而是反转超过 30 刻度位置约一周后再正转到 30 刻度位置，如图 3-25（c）所示。

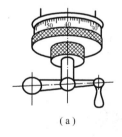  

（a）　　　　　　　　　　（b）　　　　　　　　　　（c）

图 3-25　CA6140 型车床中刀架刻度盘的应用

（a）要求正转到 30，但转过头到了 40；

（b）错误：直接退到 30；（c）正确：应反转约一周后再正转到 30

### 三、常用外圆车刀及其安装

**1. 常用外圆车刀**

常用外圆车刀如图 3-26 所示，主要有 45°弯头车刀、75°车刀、90°车刀等。

（1）45°弯头车刀。常用来粗车外圆、端面及倒角等，如图 3-26（a）所示。

（2）75°车刀。常用来粗车轴类零件的外圆和余量较大的铸件、锻件及其大端面等，如图 3-26（b）所示。

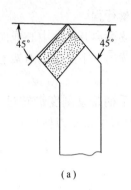
（a）

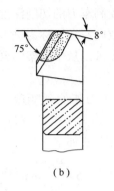
（b）

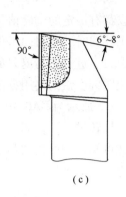
（c）

图 3-26  常用外圆车刀

（a）45°弯头车刀；（b）75°车刀；（c）90°车刀

（3）90°车刀（也称偏刀）。按进给方向不同，分为右偏刀和左偏刀两种。常用来车台阶、外圆，也可车少许端面，如图 3-26（c）所示。

**2. 外圆车刀的安装**

车刀安装正确与否，直接影响切削能否顺利进行及工件的加工质量，即使刃磨出合理的车刀角度，若安装不正确，切削时的工作角度也会发生变化。所以安装车刀时必须注意以下几点：

（1）车刀安装在刀架上不宜伸出过长，否则会使切削时刀杆刚性减弱，容易产生振动，影响工件表面粗糙度，严重时会损坏车刀。其伸出长度一般不应超过刀杆厚度的 2 倍。

（2）安装车刀时刀尖要严格对准工件中心。刀尖装得过高，会使刀具的工作后角减小，车刀的后面与工件之间的摩擦力增大，不利于切削；刀尖装得过低，会使刀具的工作前角减小，后角增大，严重时会把工件扎起。这时可用钢尺测量刀尖的高度，使其等于主轴中心高度，如图 3-27（a）所示；也可以在尾座装上后顶尖，使刀尖对准顶尖，如图 3-27（b）所示。

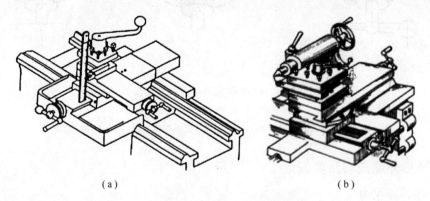
（a）                                （b）

图 3-27  测量刀尖高度

（a）用钢尺测量；（b）用后顶尖比照

调整车刀的刀尖高度时，需要通过增减垫片来进行，垫片要与刀具和刀架平齐，如图 3-28（a）所示。垫片放置不整齐或伸出太长，将会影响车刀的牢固程度，如图 3-28

（b）和图 3-28（c）所示。车刀位置调整好后，旋转刀架上的两个螺钉，交替地将车刀拧紧。

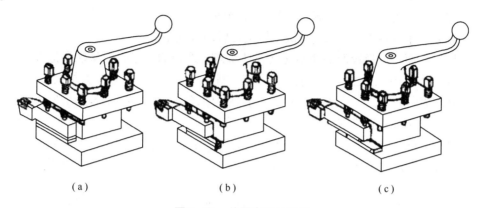

图 3-28 外圆车刀的安装

（a）正确；（b）错误：刀杆伸出太长且垫片偏后；（c）错误：垫片放置不整齐

（3）用偏刀车台阶时，必须使车刀的主切削刃与工件的中心线垂直。

## 四、切削液的使用

切削液在切削过程中主要起到冷却、润滑、清洗和防锈等作用。根据工件材料、刀具材料和工艺过程不同，对切削液的要求也不同。目前常用的切削液有乳化液和切削油两大类。

### 1. 乳化液

乳化液是用乳化油加 15~20 倍的水稀释而成，主要起冷却作用。其特点是黏度小、流动性好，比热大、冷却性能较好，能吸收大量的切削热，可有效地冷却工件和刀具，但润滑、防锈性能较差。常用于碳钢、合金钢、铜合金和铝合金的粗车、钻孔等。

若在普通乳化液中加入一定的油、极压添加剂或防锈添加剂后，配制成极压乳化液，可用于各种钢材的车削。

### 2. 切削油

切削油的主要成分是矿物油。其特点是比热小、黏度较大、散热效果较差、流动性差，主要起润滑作用。常用的切削油是黏度较低的矿物油，如 10 号、20 号机油和柴油、煤油等。因矿物油的润滑效果不太理想，故通常在其中加入一定量的添加剂和防锈剂，以提高其润滑性能和防锈性能。切削油主要用于铝合金和铜合金的铰孔、车螺纹等。

在普通切削油中加入极压添加剂或油性添加剂后，配制成极压切削油，可用于各种钢材的粗车、精车、铰孔和车螺纹等。

使用切削液时应注意：开始切削就应供给切削液，并连续使用；加注切削液的流量要充分，平均流量为 15~20 L/min；切削液应浇注在过渡表面及切屑和前刀面接触的区域。

### 五、试切操作

在正式车削前对工件进行试切，可以避免由于切削用量选择不当、刀具刃磨不良或安装不正确造成的失误。所以，不管是实训操作，还是实际生产过程，都要进行试切操作。在确认车床各部件及防护设施正常的情况下，试切操作可按下列步骤进行：

（1）主轴转速和进给量手柄变换练习，熟练变速机构换挡方法。特别强调的是，变换

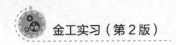

主轴转速必须在停车状态下进行。

（2）在停车状态下练习纵向和横向手动进给操作。

（3）在光杠传动情况下，空车练习纵向和横向机动进给操作。

（4）低速开车空转1~2 min，确认一切正常后即可开始试切。

（5）试切端面：选择较低的切削速度开动车床，选择端面车刀，移动大拖板靠近工件，操纵小刀架，使车刀缓慢地切进工件表层，并控制好吃刀量，然后锁紧大拖板，摇动中拖板手柄使车刀做横向进刀，车刀从工件外圆向中心切削或从工件中心向外周切削。

（6）试切外圆面：首先在停车状态下测量毛坯的直径，计算出工件的加工余量。选择主轴转速和进给量，启动车床，手动横向进刀，让刀尖轻轻接触工件外圆表面，然后纵向退刀，调整切削深度，用手动或机动向左纵向走刀1~3 mm，将刀退出并停车测量，调整吃刀量后再进行车削。

机械零件的车削过程，就是通过试切—测量—调整—切削—再试切，反复进行，直到被加工表面的尺寸达到要求为止。特别是精车的最后一次走刀，试切操作更为重要。

六、粗车和精车

不管是哪一种零件毛坯都有一定的加工余量，需要通过切削加工去除，才能获得零件所需要的尺寸精度和表面粗糙度。对于批量生产且精度要求较高的零件，为了提高生产效率，获得较高的产品质量，通常将工件的车削加工分为粗车和精车两个步骤进行，即粗加工与精加工分开原则，否则就会犯本课题案例导入例子的错误。

**1. 粗车**

粗车的目的就是选用较大的切削用量，尽快地从毛坯上切去大部分的加工余量，使工件接近零件的形状和尺寸。

粗车是为了提高工作效率，首先尽量选用大的背吃刀量，再尽量选用较大的进给量，最后按刀具耐用度的要求，选择合适的切削速度。使用硬质合金车刀粗车中碳钢工件时，可选择 $a_p = 2 \sim 4$ mm，$f = 0.15 \sim 0.4$ mm/r，$v_c = 40 \sim 60$ m/min（铸铁件取 $v_c = 30 \sim 50$ m/min）。对于功率较大的车床，背吃刀量和进给量可取较大值；车削硬钢和铸铁工件时，应选用较低的切削速度。

**2. 精车**

工件经过粗车之后，留下的加工余量较少，粗车产生的切削热也随着时间的间隔而退去，此时进行精车，可保证加工精度和表面粗糙度达到图纸要求。

精车时，一般采用较高的切削速度（$v_c \geq 100$ m/min，适用于硬质合金车刀）或很低的切削速度（$v_c \leq 6$ m/min，适用于高速钢车刀），尽量不用中速，因为中速车削容易产生积屑瘤，会划伤已加工表面。选定切削速度后，再根据加工精度的要求选择较小的背吃刀量和进给量。例如使用硬质合金车刀精车中碳钢工件时，可选用 $v_c = 100 \sim 120$ m/min（铸铁件取 $v_c = 60 \sim 80$ m/min），$a_p = 0.1 \sim 0.5$ mm，$f = 0.05 \sim 0.2$ mm/r。

使用高速工具钢车刀进行粗车或精车时，由于其耐热性和耐磨性较硬质合金车刀低，所以应选取较小的切削用量。

精车的尺寸精度为IT8~IT6，其精度主要靠试车来保证。精车时特别要注意热变形的影响，一般粗车后不能立即进行精车，应等到工件冷却后再精车。在精车过程中测量工件尺寸时，要考虑热胀变形对实际尺寸的影响，尤其是对于精度很高和尺寸较大的零件更为重要。

精车的表面粗糙度 $Ra$ 可达到 3.2~0.8 μm。为了获得较小的表面粗糙度，可以采取以下措施：

（1）适当减少副偏角，或刀尖磨出小圆弧，以减小残留面积。

（2）适当加大前角，将刀刃磨得更为锋利。

（3）用油石仔细打磨车刀的前、后面，可有效地减小工件表面粗糙度。

（4）合理选用切削用量。如选用较小的背吃刀量和进给量以减少残留面积；车削钢件时可采用较高的切削速度；对铸铁件的精车，切削速度较粗车时稍高即可，因铸铁的导热性差，切削速度过高将使车刀磨损加剧。

（5）合理使用切削液。精车钢件时一般使用机油或乳化液，起到润滑和冷却作用。精车铸铁件时，一般不使用切削液。

### 3.3.3　轴类零件的车削

#### 一、车外圆、端面和台阶

**1. 车外圆**

将工件车削成圆柱形外表面的操作称为车外圆。车外圆是最基本和最常用的车削方法，外圆车削一般可按以下步骤进行操作：

（1）将工件毛坯装夹在三爪卡盘上，将外圆车刀（如图 3-26 所示）依次装夹在方刀架上，每把车刀最少要用两颗螺钉紧固。

（2）开动车床使工件旋转，摇动大刀架和中刀架手柄，使车刀刀尖轻轻接触工件的右端外圆表面，读取中刀架刻度盘的数值。

（3）摇动大刀架手柄，使车刀刀尖向尾座方向移动，距离工件右端面3~5 mm。

（4）按选定的背吃刀量，一边摇动中刀架使车刀做横向进刀，一边关注中刀架刻度盘读数的变化。

（5）沿纵向车削工件 3~5 mm，然后向尾座方向直线退出车刀，停车测量工件外圆，与要求的尺寸相比较，计算出需要修正的背吃刀量。再通过中刀架刻度盘调整背吃刀深度，用手动或自动走刀，向机头方向纵向进给进行车削。

（6）当车削至需要的长度时，迅速停止走刀，横向往后退出车刀，停车，即完成一次外圆面的车削。

**2. 车端面**

车端面的步骤与车外圆相似，只是车刀的运动方向不同而已。适合车削端面的车刀有多种，常用的端面车刀和端面车削方法如图 3-29 所示。45°弯头车刀应用较广，它可选用较大的吃刀深度，由外向里进行切削，生产效率高，适合于批量生产。右偏刀适合于精车端面或台阶面，但车削时吃刀深度不能过大。

车削端面时应注意以下几点：

（1）车刀的刀尖应对准工件的回转中心，否则会在端面中心留下凸台。

（2）工件中心处的线速度较低，为获得整个端面上较好的表面质量，精车端面的转速应比精车外圆的转速高一些。

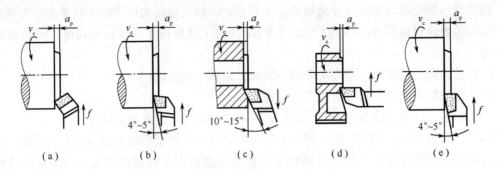

图 3-29　车端面

（a）弯头刀车端面；（b）右偏刀从外向中心车端面；
（c）右偏刀从中心向外车端面；（d）左偏刀车端面；（e）端面车刀车端面

（3）车削直径较大的端面时应将大刀架锁紧在床身上，以防大刀架让刀引起的端面形成外凸或内凹，此时可用小刀架调整背吃刀量。

（4）中、小刀架的镶条不应太松，车刀刀架应压紧，并保持车刀锋利，防止让刀而产生凸面。

（5）对精度要求高的端面，应粗、精加工分开。

**3. 车台阶**

车台阶实际上是车外圆和端面的综合，其车削方法与车外圆基本相同，所不同的是车削台阶时需要兼顾台阶的尺寸和位置要求。车台阶时除了要控制外圆尺寸外，还要控制台阶的长度尺寸。根据相邻两圆柱直径之差，有低台阶（直径差小于 10 mm）和高台阶（直径差大于 10 mm）两种类型。低台阶可使用 90°右偏刀经一至二次走刀车出；高台阶需用外圆车刀分层多次粗车，然后用 93°~95°右偏刀精车。

粗车时，常用控制台阶长度尺寸的方法有以下几种：

（1）刻线痕法。为了确定台阶的位置，先用钢尺或样板量出台阶长度尺寸，再用车刀刀尖在台阶的位置处车出线痕，如图 3-30（a）所示。

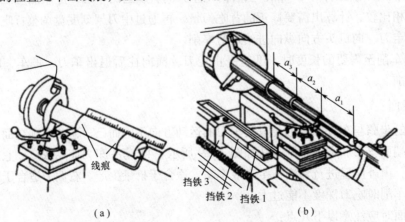

图 3-30　台阶尺寸的定位

（a）刻线痕法；（b）挡铁定位法

（2）大刀架刻度盘法。车削时，先让刀尖对准工件端面。将大刀架刻度盘的起点刻度线调零，然后用大刀架刻度盘上的刻度控制台阶长度。以上两种方法主要用于单件、小批量生产。

（3）挡铁定位法。在批量生产时，为了迅速、准确地掌握台阶长度，可采用挡铁定位法，如图 3-30（b）所示。先将挡铁 3 定位在导轨的某位置上，挡铁 1 和 2 的长度分别等于工件 $a_2$ 和 $a_3$ 的长度。当大拖板纵向进给碰到挡铁 1 时，工件台阶长度 $a_1$ 即车好。卸下挡铁 1，调整好车削深度后继续纵向进给，当大拖板碰到挡铁 2 时，工件台阶长度 $a_2$ 即车好。当大拖板纵向进给碰到挡铁 3 时，台阶长度 $a_3$ 即车好。这种车削方法可减少大量的测量时间，但其精度不是很高，误差一般在 $0.1 \sim 0.2$ mm。

### 二、偏心轴的车削

偏心零件的特点是几个外圆的轴线不重合或外圆与孔的轴线不重合，偏在一边的外圆称偏心轴，偏在一边的孔称偏心孔，两轴心线之间的距离 $e$ 称偏心距。

车偏心零件的方法主要有双顶尖法、四爪卡盘法、三爪卡盘法和双卡盘法等。

#### 1. 双顶尖法

对较长的偏心轴、曲轴等工件，只要两端面能够钻中心孔，有鸡心夹头的装夹位置，都可以装夹在两顶尖之间进行车削，如图 3-31 所示。该法的优点是不需要花很多时间去找正偏心，因为这与车一般外圆没有很大的差别，只是两端面上需要根据偏心要求分别钻基准中心孔，加工时顶尖先顶住基准中心孔车基准外圆，再顶住偏心中心孔车偏心外圆。偏心距较小时，偏心中心孔与基准中心孔可能相互干涉，这种情况下可将工件延长两个中心孔深的长度，先钻基准中心孔，用其把毛皮车成光轴，然后车去两端基准中心孔至工件所需长度，再钻偏心中心孔和车偏心圆。

对偏心轴的切削，由于偏心轴两边的切削量相差很大，所以开车前应先退出车刀，以免车刀与工件发生碰撞。此外，由于开始是断续切削，冲击力大，故切削用量不能过大，可采用负的刃倾角车刀。

#### 2. 四爪卡盘法

车削之前先在工件端面上画好偏心圆，然后装在四爪卡盘上，进行找正，如图 3-32 所示。这种方法由于存在划线误差和找正误差，而且找正费时，故只适合于小批量加工精度要求不高的短偏心轴。

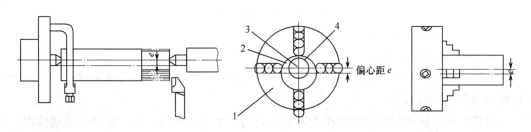

图 3-31　双顶尖法车偏心轴　　　　图 3-32　四爪卡盘法车偏心轴

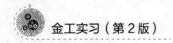 

### 3. 三爪卡盘法

在三爪卡盘的其中一个卡爪上增加一片垫片，使工件产生偏心，如图3-33所示。此法适合于长度较短且精度要求不高的偏心轴加工。

### 4. 双卡盘法

将小的三爪卡盘装在四爪卡盘中，用四爪卡盘找正偏心距后，再用三爪卡盘装夹工件，如图3-34所示。由于两只卡盘重叠装夹，其刚性较差，所以切削用量不能过大。此法可以减少找正偏心圆的时间，适合于批量较大、长度和偏心距都不大、精度要求不高的偏心轴加工。

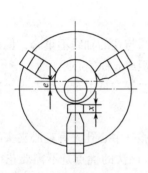 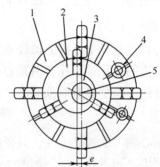

图3-33 三爪卡盘法车偏心轴　　　图3-34 双卡盘法车偏心轴

## 三、切槽和切断

### 1. 切槽刀与切断刀

切槽刀与切断刀的头部结构相似，它们的主要区别在于切断刀的刀头较窄而且较长。

常用的切槽刀和切断刀有以下几种类型：

（1）高速钢切槽刀和切断刀如图3-35所示。切中碳钢时，一般取20°~30°前角；切铸铁时，取0°~10°前角。主后角一般取6°~8°，副后角取1°~2°，主偏角取0°，副偏角取91°~91°30′。主切削刃宽度$a$通常取3~5 mm，主切削刃不能太宽，以免因切削力过大而引起振动。但是，主切削刃太窄会使刀头强度降低，容易折断。刀头长度$L$不宜太长，长度越长越容易引起振动和折断。切槽刀和切断刀的刀头长度可按下式计算：

$$L=h+（2~3）\text{ mm}$$

式中　$L$——刀头长度，mm；

　　　$h$——切入深度，mm。

（2）硬质合金切槽刀和切断刀。目前，硬质合金刀在生产中的应用越来越广泛。硬质合金切断刀如图3-36所示。

一般切断时，由于切削和槽宽相等容易造成切屑堵塞在槽内，为了使切屑顺利排出，可将两刀尖倒棱。高速切断时会产生很大的热量，所以必须使用切削液。当刀刃磨损后，切削力增大，发热严重，要注意及时修磨。为了增加刀头的支承强度，可把切断刀的刀头下部做成鱼肚形。

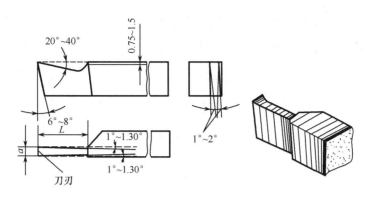

图 3-35 高速钢切槽刀

此外还有机械夹固式切断刀和弹性切断刀等。

**2. 切槽刀和切断刀的刃磨以及安装**

刃磨切槽刀时，首先磨两个副后刀面，以获得两侧副偏角和两侧副后角，必须保证两副后面对称，并得到需要的主切削刃宽度；其次磨主后刀面，保证主切削刃平直；最后磨卷屑槽，形成一定的正前角，注意卷屑槽过深会削弱刀头强度，通常工件直径较大或材料较硬时，卷屑槽要浅一些。

安装切槽刀时，车刀伸出不宜过长，车刀中心线必须与工件轴线垂直，以保证两副偏角对称。切断刀主切削刃与工件中心等高，否则不能切到工件中心，而且容易崩刀甚至折断车刀。

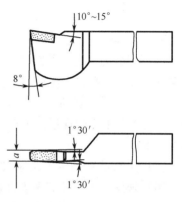

图 3-36 硬质合金切断刀

**3. 切槽的操作方法**

切槽是在工件外圆、内孔或端面上切出各种形式的沟槽，如图 3-37 所示。对于宽度在 5 mm 以下的窄槽，可用主切削刃与槽宽相等的切槽刀在一次横向进给中切出。对于宽槽，可按图 3-38 所示的方法切削，分几次吃刀来完成，最后一次横向进给后纵向精车槽底。

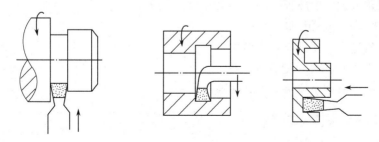

图 3-37 切槽及切槽刀

切断是在车削加工中将较长的毛坯棒料切成几段，或者是在工件车削完成后把工件从原材料上切下来。

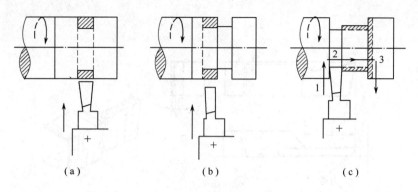

图 3-38　切宽槽的方法

（a）第一次横向进给；（b）第二次横向进给；（c）最后一次横向进给后纵向精车槽底

**4. 切断的方法**

（1）切削前，先用外圆车刀把工件车圆，或刚开始切削时尽量减小进给量，以防止工件撞击车刀或者吃刀太深造成"扎刀"现象，损坏车刀。

（2）手动进刀切断时，摇动手柄应连续、均匀，以免由于切断刀与工件表面摩擦，而使工件表面产生冷硬现象而迅速磨损车刀。如果一定要中途停车，则应先把切断刀退出，然后再停车。

（3）切断位置应尽可能靠近卡盘，否则容易引起振动，或使工件抬起压断刀具。

（4）采用一夹一顶装夹工件切断时，不要完全切断，待卸下工件后再敲断。

（5）切断时不能用双顶尖装夹工件。

**5. 切断和切槽时常见的问题**

（1）刀头折断其原因如下：

① 刀具的角度刃磨不正确，尤其是副偏角和副后角磨得太大或卷屑槽磨得过深，都会削弱刀头的强度，容易使刀具折断；其次刀头磨得歪斜，也会使切断刀折断。

② 安装时刀具与工件轴线不垂直，并且没有对准工件旋转中心。

③ 进给量太大。

④ 刀具前角太大，中拖板松动，容易扎刀。

（2）刀头振动，其原因如下：

① 刀具前角过小，使排屑阻力增大。

② 主切削刃宽度过大，使切削力增大。

③ 主轴、中拖板和小拖板的运动间隙过大。

### 3.3.4　盘套类零件的车削

盘套类零件的结构一般由内孔、外圆和平面组成，其工艺特点是：孔的尺寸精度高，内外圆的同轴度、端面或台阶与内孔轴线的垂直度及两端平面的平行度等也有较高的要求。因此，在盘套类零件中，孔的加工是关键。

#### 一、车床上钻孔

在车床上钻孔时，工件随车床上的主轴旋转是主运动，钻头安装在尾座套筒中，手工转动尾座手柄，钻头的纵向移动是进给运动，如图3-39所示，钻孔的尺寸公差等级为IT13~IT11，表面粗糙度值为$Ra$12.5~6.3 μm，对于精度要求不高的孔，可用钻头直接钻出来，不再做其他加工。

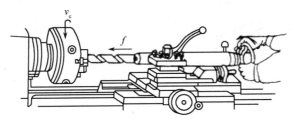

图3-39　在车床上钻孔

钻孔的方法如下：

（1）为了便于钻头定中心，防止钻偏，先将工件端面车平，再用中心钻钻出中心孔作为钻头的定位孔。

（2）将锥柄钻头直接装在尾座的锥套中。如钻头的锥柄太小，可用过渡锥套加套；如果是直柄钻头，可用钻夹头夹持，再把钻夹头的锥柄装进尾座中；如用较长钻头钻孔，为了防止钻头跳动，可以在刀架上夹一根铜棒或垫铁来辅助支承钻头头部，使钻头对准工件回转中心，然后缓慢摇进钻头，当钻头在工件上已定心后即推出辅助支承。

（3）开始钻削时宜缓慢进给，以便使钻头准确地钻入工件，然后加大进给，当孔即将钻通时，要减小进给量，慢慢钻通，以防钻头折断。孔钻通后，先拉出钻头再停车。

（4）钻削速度不应过大（通常取15~35 m/min），以免钻头剧烈磨损。

（5）钻较深的孔时，切屑不易排出，应经常退出钻头，清除切屑后再入钻。

（6）钻削钢、铜件的孔时，必须打开冷却液，以防止钻头升温软化。

## 二、车床上扩孔

尺寸较大的孔（直径大于30 mm）通常先钻孔后再扩孔。此外，由于钻孔精度低，表面粗糙度高，而扩孔是一种半精加工（可达到IT10~IT9和$Ra$6.3~3.2 μm），故常用来提高钻削孔的精度和减小表面粗糙度。

扩孔可用麻花钻和扩孔钻进行。用麻花钻扩孔时，由于横刃不参与切削，故横向的切削力小，进给省力，切削比较轻松。由于麻花钻的两条排屑槽较大，钻心小且刚度低，容易引偏而影响加工质量。

对于质量要求较高或批量较大的扩孔，可用扩孔钻进行扩孔，如图3-40所示。与麻花钻不同的是，扩孔钻的刀刃不必自外缘一直到中心，这样避免了横刃所引起的不良影响；扩孔钻的钻心大、刚性高，所以可以提高切削用量和生产率。由于切屑少，容屑槽可以做得比较小，所以扩孔钻的刀齿多于麻花钻（一般有3~4齿），其导向性比麻花钻好。

## 三、车床上镗孔

镗孔（即车内孔）是用镗孔刀把已铸出、锻出或钻（扩）出的孔做进一步加工，目的是扩大孔径，提高尺寸精度和表面粗糙度，镗孔的精度可达IT8~IT7，表面粗糙度为$Ra$3.2~1.6 μm。

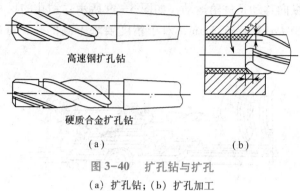

高速钢扩孔钻

硬质合金扩孔钻

（a） （b）

图 3-40　扩孔钻与扩孔
（a）扩孔钻；（b）扩孔加工

### 1. 镗孔刀

镗孔刀分为通孔车刀和盲孔车刀两种。

（1）通孔车刀。用于镗通孔，其切削部分的几何形状基本上与弯头外圆车刀类似。为减小径向切削分力，防止振动，主偏角 $\kappa_r$ 应取 $60° \sim 75°$。后角可磨成双后角，以避免车刀的后刀面与孔壁摩擦，又不至于使后角磨得太大，造成刀头强度降低，如图 3-41（a）和图 3-41（c）所示。

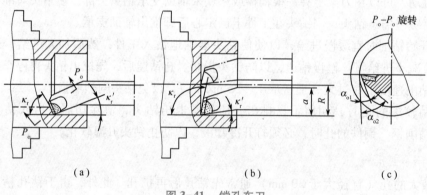

（a） （b） （c）

图 3-41　镗孔车刀
（a）通孔车刀；（b）盲孔车刀；（c）双后角

（2）盲孔车刀。主要用于车削盲孔和台阶孔，其主偏角取大于 $90°$（一般为 $92° \sim 95°$），如图 3-41（b）所示。

镗孔刀的刚性和排屑是镗孔的两个主要问题。为了增加刚性，镗孔车刀刀体的截面积应尽可能大些，而安装后的伸出长度尽可能短些。车削时车刀刀尖应略高于工件旋转中心（偏高约 1/50 孔径较适宜），这样可以减少振动及防止刀体下弯而碰伤孔壁。刀体中心线应大致平行于纵向进给方向。为了排屑顺畅，需要控制切屑的流动方向，通常（尤其精车时）使用正的刃倾角车刀，使切屑流向待加工表面，同时在前刀面上磨出断屑槽或卷屑槽，以利于排屑。因镗孔刀刚性差、散热体积小，所以镗孔时切削用量应比车外圆时小。精镗内孔接近最后尺寸时，应以很小的背吃刀量重复车削几次，以消除镗刀让刀造成的孔的锥度。

### 2. 镗孔

镗孔的方法基本上跟车外圆一样，应先用试切法控制尺寸。因吃刀方向与车外圆相反，所以留镗孔余量时,应注意内孔尺寸的缩小量。

镗削台阶孔或不通孔时,控制台阶深度和孔深度的方法有:

(1)在刀杆上作一记号,应用于粗加工;

(2)用大刀架刻度盘控制纵向走刀,应用于半精加工;

(3)应用挡铁控制纵向进给量,应用于批量生产的半精加工。

### 四、薄壁工件的车削

车削薄壁工件内孔时,往往由于装夹力而引起工件变形,应在精车以前把卡爪放松一下,使工件恢复原状,然后再轻轻夹紧。另外,还可以采用开缝套筒或用软卡爪装夹,以增大卡爪与工件的接触面积。开缝套筒装夹时,把开缝套筒套在工件外圆上,然后一起装夹在三爪卡盘内,如图3-42所示。

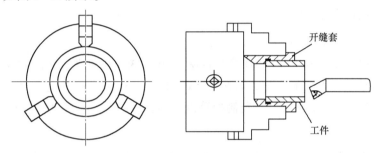

图3-42 开缝套筒装夹薄壁工件

### 五、车床上铰孔

铰孔就是用铰刀从孔壁上切除微量金属层的精加工方法。铰孔后尺寸精度可达到IT7~IT6,表面粗糙度可达到$Ra1.6~0.8~\mu m$。

车床上铰孔通常使用机用铰刀,其结构由工作部分、颈部和柄部组成,如图3-43所示。

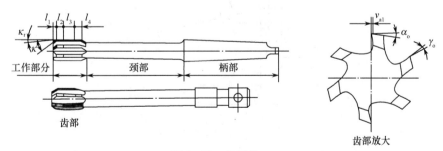

图3-43 机用铰刀

(1)工作部分:分为切削和修光两部分,前面锥形为切削部分,担负着主要的切削工作,后面圆柱为修光部分,起导向、校正孔径和修光孔壁的作用。

(2)颈部:用来连接柄部和工作部分。

(3)柄部:用来安装和传递扭矩,有圆锥形、圆柱形和方榫形三种。

铰刀是一种尺寸精确的多刃刀具,由专业厂家生产。铰刀材料有高速钢和硬质合金两种,高速钢铰刀的铰削余量一般为0.08~0.12 mm,硬质合金铰刀的铰削余量一般为0.08~

0. 12 mm。

### 3.3.5 圆锥面的车削

在机床与刀具的结合中，圆锥面结合应用得很广泛。例如：车床主轴孔与顶针的结合、车床尾座锥孔与麻花钻锥柄的结合、磨床主轴与砂轮法兰的结合、铣床主轴孔与刀杆锥体的结合等。

#### 一、常用的标准圆锥

为了使用方便和降低生产成本，常用的工具、刀具和锥套零件的圆锥都已标准化。也就是说，圆锥的各部分尺寸，按照规定的几个号码来制造，使用时只要号码相同，就能紧密配合和互换。

常用的标准圆锥有以下两种：

#### 1. 莫氏圆锥

莫氏圆锥是机器制造业中应用最广泛的一种，如车床主轴锥孔、尾座锥孔、顶尖、钻头柄、铰刀柄等都采用莫氏圆锥。莫氏圆锥分为 0、1、2、3、4、5、6 七个码，锥度最小的是 0 号，最大的是 6 号。莫氏圆锥是从英制换算而来的，号码不同，其圆锥角和尺寸也不同。

#### 2. 公制圆锥

公制圆锥分为 4 号、6 号、80 号、100 号、120 号、140 号、160 号和 200 号八个号码。其号码是指圆锥的大端直径，锥度固定不变，即

$$C = 1 : 20$$

#### 二、圆锥各部分名称及计算

#### 1. 圆锥各部分名称如图 3-44 所示

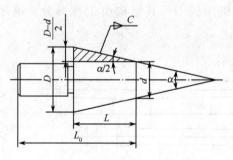

图 3-44　圆锥各部分名称

在图 3-44 中：

$D$——大端直径，mm；

$d$——小端直径，mm；

$\alpha/2$——圆锥斜角，(°)；

$\alpha$——圆锥角，(°)；

$L_0$——圆锥全长，mm；

$C$——锥度，(°)；

$L$——圆锥的锥形部分长度，mm。

圆锥有四个基本参数：

（1）圆锥斜角（$\alpha/2$）或锥度（$C$）；

（2）圆锥的大端直径（$D$）；

（3）圆锥的小端直径（$d$）；

（4）圆锥的锥形部分长度（$L$）。

以上四个量中，只要知道任意三个量，其他一个未知量就可以求出。

## 2. 圆锥各部分尺寸的计算

圆锥尺寸的计算见表3-4。

表3-4　圆锥尺寸的计算

| 名　　称 | 计 算 公 式 |
| --- | --- |
| 圆锥斜角（$\alpha/2$）<br>近似公式（$\alpha/2<6°$时） | $\tan\alpha = (D-d)/2L = C/2$<br>$\alpha \approx 28.7° \times (D-d)/L \approx 28.7° \times C$ |
| 锥度（$C$） | $C = (D-d)/L$ |
| 大端直径（$D$） | $D = d + 2L\tan(\alpha/2) = d + CL$ |
| 小端直径（$d$） | $d = D - 2L\tan(\alpha/2) = D - CL$ |
| 圆锥长度（$L$） | $L = (D-d)/2\tan(\alpha/2) = (D-d)/C$ |

### 三、圆锥的车削

车削圆锥面主要有转动小刀架、偏移尾座、宽刃车削和靠模等方法。

## 1. 转动小刀架法

车削时，把小刀架按工件圆锥半角的要求转动相应的角度，使车刀的运动轨迹与所需要车削的圆锥素线平行即可，如图3-45所示。这种方法操作简单，调整范围大；转动小刀架法可车各种角度的圆锥体或圆锥孔，适用范围广。但此法只能手动进刀，劳动强度较大，表面粗糙度较难控制。另外，因受小刀架的行程限制，只能车削长度较短的圆锥。

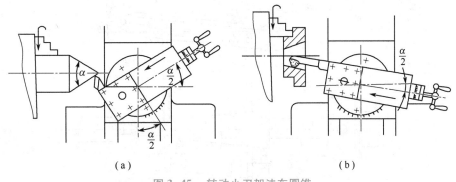

图3-45　转动小刀架法车圆锥

（a）车外锥面；（b）车内锥面

**2. 偏移尾座法**

将工件装在两顶尖之间，把尾座横向移动一小段距离 $S$，使工件回转轴线与车床主轴轴线相交成一个角度，其大小等于锥体的圆锥斜角 $\alpha/2$，如图 3-46 所示。它适用于锥体较长、锥度较小，且精度要求不高的圆锥体。

尾座偏移量 $S$ 的近似计算公式：

$$S = \frac{(D-d)}{2L_0}L \ 或 \ S = \frac{DL}{2}$$

**3. 宽刃车削法**

在车削较短的圆锥时，可以用宽刃车刀直接车出，如图 3-47 所示。宽刃车削法实质上是成型法。因此，用宽刃车刀车圆锥时，刀刃必须平直，刀刃与主轴轴线的夹角应等于工件的圆锥斜角，而且要求车床具有很好的刚性，否则容易引起振动。

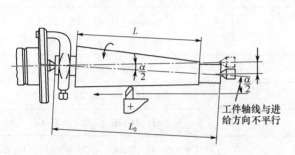

图 3-46　偏移尾座法车圆锥

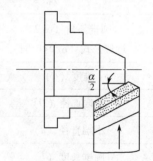

图 3-47　宽刃刀车削法车圆锥

**4. 靠模法**

靠模法的基本原理如图 3-48 所示，在车床床身后面安装一块固定靠模板，其斜角可根据工件的圆锥斜角进行调整。刀架通过中刀架与滑块刚性连接。当大刀架带动刀具纵向进给时，滑块沿着固定靠模板中的斜面移动，并带动车刀做平行于靠模的斜面移动，即 $BC \parallel AD$。用靠模法车圆锥的优点是调整锥度既方便，又准确，且可自动进刀，所以锥面质量高，可机动进给车削内、外圆锥。但是靠模装置的角度调节范围一般在 12° 以下。此法需要预先制造靠模装置，适用于圆锥零件的大批量生产。

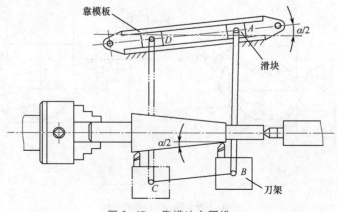

图 3-48　靠模法车圆锥

### 3.3.6 螺纹的车削

**一、螺纹的种类和各部分名称**

**1. 螺纹的种类**

螺纹是最常用的连接件和传动件，常用螺纹都有国家标准。螺纹的种类很多，按用途可分为连接螺纹和传动螺纹；按牙型可分为三角形、梯形、锯齿形、方牙和圆形等；按螺旋线方向可分为右旋和左旋；按螺纹线头数可分为单头和多头螺纹；按母体形状可分为圆柱螺纹和圆锥螺纹等。

**2. 螺纹各部分名称及代号**

三角形螺纹应用最广，其牙型为三角形，牙型角 $\alpha = 60°$。三角形螺纹各部分名称如图 3-49 所示。

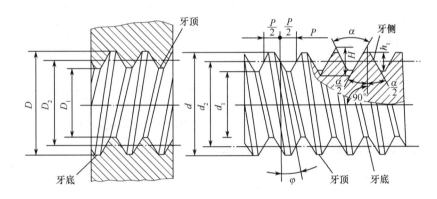

图 3-49 三角形螺纹各部分名称

（1）螺纹牙型：在通过螺纹轴线的剖面上，螺纹的轮廓形状。

（2）牙型角（$\alpha$）：螺纹在轴线剖面内螺纹牙型两侧的夹角。

（3）螺距（$P$）：相邻两牙在中径线上对应两点间的轴向距离。

（4）导程（$L$）：在同一条螺旋线上，相邻两牙在中径线上对应两点间的轴向距离。导程等于螺纹线数（$n$）乘以螺距，即 $L = nP$。

（5）大径（$d$、$D$）：与外螺纹牙顶或内螺纹牙底相重合的假想圆柱面的直径。

（6）中径（$d_2$、$D_2$）：通过牙型上沟槽和凸起宽度相等处的一个假想圆柱的直径。

（7）小径（$d_1$、$D_1$）：与外螺纹牙底或内螺纹牙顶相重合的假想圆柱面的直径。

（8）螺纹的理论高度（$H$）：将牙型两侧延长相交，牙顶和牙底交点间垂直于螺纹轴线的距离。

（9）牙型高度（$h_1$）：在螺纹牙型上，牙顶到牙底之间垂直于螺纹轴线的距离。

（10）螺旋升角（$\varphi$）：在中径圆柱上，螺旋线的切线与垂直于螺纹轴线的平面之间的夹角。

**3. 螺纹的尺寸计算**

以三角螺纹为例，螺纹的尺寸计算见表 3-5。

## 二、螺纹车刀

### 1. 螺纹车刀的种类

主要有高速钢螺纹车刀和硬质合金螺纹车刀。高速钢螺纹车刀刃磨方便，容易获得锋利的切削刃，且韧性好，刀尖不易崩裂，但耐热性差，只适用于低速车削或精车螺纹。硬质合金螺纹车刀的耐热性及耐磨性好，但韧性较差，适用于高速车削螺纹。

表 3-5　三角螺纹的牙型及尺寸计算

| 基 本 牙 型 | 尺 寸 计 算 |
|---|---|
| 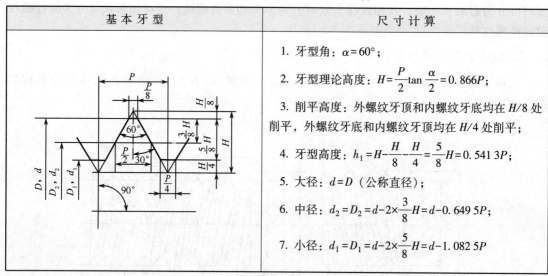 | 1. 牙型角：$\alpha = 60°$；<br><br>2. 牙型理论高度：$H = \dfrac{P}{2}\tan\dfrac{\alpha}{2} = 0.866P$；<br><br>3. 削平高度：外螺纹牙顶和内螺纹牙底均在 $H/8$ 处削平，外螺纹牙底和内螺纹牙顶均在 $H/4$ 处削平；<br><br>4. 牙型高度：$h_1 = H - \dfrac{H}{8} - \dfrac{H}{4} = \dfrac{5}{8}H = 0.5413P$<br><br>5. 大径：$d = D$（公称直径）；<br><br>6. 中径：$d_2 = D_2 = d - 2 \times \dfrac{3}{8}H = d - 0.6495P$；<br><br>7. 小径：$d_1 = D_1 = d - 2 \times \dfrac{5}{8}H = d - 1.0825P$ |

### 2. 三角形螺纹车刀的几何角度

要车好螺纹必须正确刃磨出螺纹车刀的角度。以高速钢外三角螺纹车刀为例，其几何角度如图 3-50 所示。

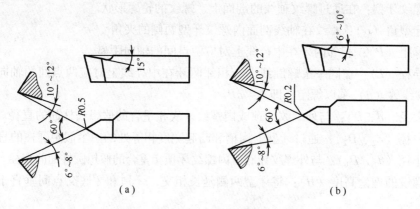

图 3-50　高速钢螺纹车刀的几何角度
（a）三角螺纹粗车刀；（b）三角螺纹精车刀

（1）刀尖角应等于牙型角。普通三角螺纹为 60°；英制三角螺纹为 55°；公制梯形螺纹刀尖角应等于 30°，英制梯形螺纹刀尖角应等于 29°。

（2）前角一般为 0°~15°。粗车时选径向前角大一些，精车精度要求高的螺纹时选径向前角小一些（0°~5°）。

（3）后角一般为 5°~10°，因受螺旋升角的影响，进给方向一面的后角应磨得大些。$\alpha_{左} = （3°~5°）+\varphi$，$\alpha_{右} = （3°~5°）-\varphi$。

（4）车刀的左右切削刃必须是直线。

### 3. 三角形螺纹车刀的刃磨要求

（1）粗车刀前角取大一些、后角小一些，精车刀则相反。

（2）车刀的左右刀刃必须是直线，无崩刃。

（3）刀头不歪斜，牙型半角相等。

（4）刃磨高速钢螺纹车刀时，若感到发热，应及时用水冷却，否则易引起刀尖退火。

（5）刃磨出准确的刀尖角，在刃磨时可用螺纹角度样板测量，如图 3-51 所示。

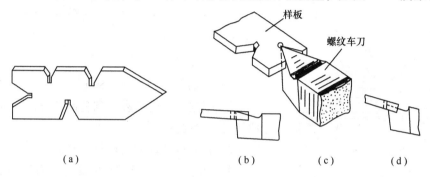

图 3-51　用螺纹样板测量刀尖角

（a）螺纹对刀样板；（b）正确；（c）测量示意图；（d）错误

### 4. 三角形螺纹车刀刃磨操作步骤

（1）粗磨主、副后面（刀尖角初步形成）。

（2）粗、精磨前面或前角。

（3）精磨主、副后面，刀尖角用样板检查修正。

车刀刀尖倒棱宽度一般为 0.5 mm 左右。

### 三、车削外三角螺纹

### 1. 调整机床

在车床上车削单头螺纹的实质就是使车刀的进给量等于工件的螺距，即工件转一转，车刀准确地移动一个工件的螺距（多头螺纹为一个导程）。这种关系是靠调整车床的传动关系来实现的。如图 3-52 所示，调整时，首先通过手柄将丝杠接通，再根据工件的螺距或导程，按车床铭牌上所示的手柄位置变换挂轮箱中的挂轮（a、b、c、d）的齿数及进给箱的各手柄的位置。调整三星齿轮（$Z_1$、$Z_2$、$Z_3$）的啮合位置，可车削右旋或左旋螺纹。

### 2. 螺纹车刀的安装

（1）装夹车刀时，刀尖应对准工件中心。

（2）刀尖角的对称中心线必须与工件轴线垂直，装刀时可用对刀样板来对刀，如图 3-53 所示。

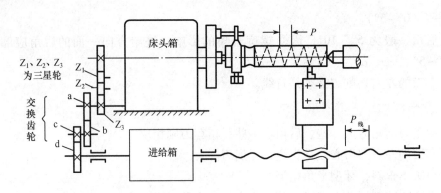

图 3-52　车螺纹的传动关系

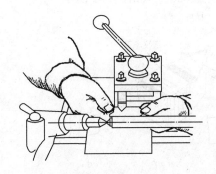

图 3-53　螺纹车刀的安装

（3）刀头伸出不要过长，一般为 20~25 mm（约为刀杆厚度的 1.5 倍）。

**3. 车削螺纹时车床的调整。**

（1）主轴转速调到 30~80 r/min。

（2）根据车床进给表找到公制螺纹栏，按螺距确定并调整各手柄的挡位。

（3）将光杠传动变为丝杠传动。

（4）调整中、小刀架间隙，使刀架的运动松紧合适。

**4. 车削螺纹前工件的工艺要求和螺纹检查**

（1）在车外螺纹时，由于受到挤压应力的作用，螺纹外径会胀大少许，所以车螺纹前的工件直径要比公称直径要小（约小 $0.13P$）。

（2）在工件端面用车刀倒角 30°~45°，其端面处的直径应小于螺纹小径。

（3）开车使车刀与工件轻微接触，合上开合螺母，在工件上车出一条螺旋线，用钢尺或螺距规检查螺距是否正确，如图 3-54 所示。

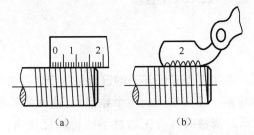

（a）　　　　　　　　（b）

图 3-54　螺距的检查
（a）用钢尺检查螺距；（b）用螺距规检查螺距

（4）退刀方法常有开倒顺车法，即当顺车到达规定长度时，右手迅速将车刀横向退出，左手同时开倒车使车刀纵向退回到工件左侧第一刀进刀的位置，再横向进刀进行第二次切削。

**5. 低速车削螺纹的进刀方法**

低速车削螺纹精度高，表面粗糙度小，但是生产效率低。低速车削螺纹的进刀方法主要有直进法、左右切削法和斜进法等，如图 3-55 所示。

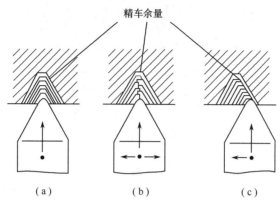

图 3-55　低速车削螺纹的进刀方法
（a）直进法；（b）左右切削法；（c）斜进法

（1）直进法。车螺纹时，螺纹车刀刀尖及左右两侧刀刃都参加切削工作。每次切削中刀架做径向进给，随着螺纹深度的加深，切削深度相应减小。这种切削方法操作简单，可得到较正确的牙型，适于螺距小于或等于 2 mm 和脆性材料的螺纹车削。

（2）左右切削法。车削时，除了用中刀架刻度盘控制车刀的径向进给外，同时使用小刀架的刻度盘控制车刀左、右微量进给。采用左右切削法时，要合理分配切削余量，也就是径向进给与左右微量进给的比例要合理。

（3）斜进法。粗车时一般采用斜进法，即顺走刀方向或背走刀方向偏移切削。一般每边留精车余量 0.2~0.3 mm。精车时，当一侧面车光后，将车刀移到中间，用直进法把牙底部车光，以保证牙底清晰。这种切削法操作较复杂，要控制好偏移的进给量，否则会将螺纹车乱或把牙身车瘦。它适用于切削螺距大于 2 mm 的螺纹，由于车刀只有刀尖和单刃切削，所以不容易产生扎刀现象，可选用较大的切削用量。

**6. 高速车削螺纹的进刀方法**

高速车削螺纹时，一般使用硬质合金螺纹车刀，使用直进法进刀。由于切削力较大，为了防止振动和扎刀，最好使用弹性刀杆螺纹车刀。

**7. 换刀后的对刀**

在车螺纹时，中间换刀或车刀拆下刃磨后须重新对刀。对刀时，将车刀移到螺纹右端 2~3 牙表面处，拆下开合螺母，摇动小刀架，使车刀刀尖对准螺旋槽，然后低速开车，观察车刀刀尖是否在槽内，直到对准再开始正常车削。

**四、车梯形螺纹**

梯形螺纹切削方法与切削三角螺纹基本相同。由于梯形螺纹一般用于传递动力，所以其精度要求更高。又由于梯形螺纹的螺距、槽宽和牙型高都比三角形螺纹要大，因此切削过程难度更大。

### 1. 梯形螺纹的主要参数及其计算

梯形螺纹的牙型如图 3-56 所示，其主要参数及计算见表 3-6。

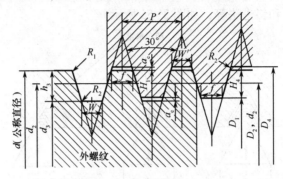

图 3-56　梯形螺纹牙型

表 3-6　梯形螺纹主要参数的名称、代号及计算公式

| 名　称 | | 代　号 | 计　算　公　式 | | |
|---|---|---|---|---|---|
| 牙型角 | | $\alpha$ | $\alpha = 30°$ | | |
| 螺距 | | $P$ | 由螺纹标准确定 | | |
| 牙顶间隙 | | $a_c$ | $P/mm$ | 1.5~5 | 6~12 | 14~44 |
| | | | $a_c/mm$ | 0.25 | 0.5 | 1 |
| 外螺纹 | 大径 | $d$ | 公称直径 | | |
| | 中径 | $d_2$ | $d_2 = d - 0.5P$ | | |
| | 小径 | $d_3 = d - 2h_3$ | | | |
| | 牙高 | $h_3 = 0.5P + a_c$ | | | |
| 内螺纹 | 大径 | $D_4$ | $D_4 = d + 2a_c$ | | |
| | 中径 | $D_2 = d_2$ | | | |
| | 小径 | $D_1 = d - P$ | | | |
| | 牙高 | $H_4 = h_3$ | | | |
| 牙顶宽 | | $f, f'$ | $f = f' = 0.366P$ | | |
| 牙槽底宽 | | $W, W'$ | $W = W' = 0.366P - 0.536a_c$ | | |

### 2. 梯形螺纹车刀的几何形状

高速钢梯形螺纹车刀如图 3-57 所示，其几何形状有以下要求：

（1）粗车车刀的刀尖角要略小于螺纹牙型角；精车车刀的刀尖角要等于螺纹牙型角，表面粗糙度要小一些。

（2）粗车刀头宽度小于牙槽底宽，刀尖适当倒圆；精车刀头宽度比牙槽底宽小 0.05 mm。

（3）精车径向前角 $\gamma = 10° \sim 15°$，径向后角 $\alpha_P = 6° \sim 8°$。

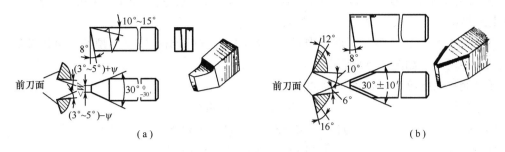

图 3-57  高速钢梯形螺纹车刀

(a) 粗车刀；(b) 精车刀

（4）两侧后角（车右旋螺纹）$\alpha_{OL} = (3° \sim 5°) + \varphi$，$\alpha_{OR} = (3° \sim 5°) - \varphi$，精车两侧的后角磨得较大一些。

**3. 梯形螺纹的车削**

梯形螺纹也有低速车削和高速车削两种方法，通常采用低速车削法。对于螺距小于 4 mm 和精度要求不高的梯形螺纹，可只用一把车刀采用左右进给车削成型。对于螺距大于 4 mm 的梯形螺纹，可使用多把车刀切削，具体车削方法和步骤为：

（1）粗车工件，外径留 0.3 mm 左右的精加工余量，倒角与端面成 15°。

（2）用刀头宽度小于槽底宽度的切槽刀粗车螺纹，如图 3-58（a）所示。小径留 0.2 mm 左右的余量。

（3）用梯形螺纹粗车刀采用左右进给法车削梯形螺纹两侧面，每边留 0.1 ~ 0.2 mm 的精车余量，并车准螺纹小径尺寸，如图 3-58（b）和图 3-58（c）所示。

（4）用外圆车刀精车螺纹大径至要求尺寸。

（5）用精车梯形螺纹刀（磨有卷屑槽），采用左右进给法精车螺纹，如图 3-58（d）所示。

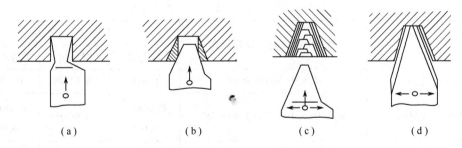

图 3-58  梯形螺纹的车削方法

(a) 切槽刀粗车；(b)，(c) 粗车两侧面并车准螺纹小径；(d) 精车两侧面

**4. 螺纹的测量**

螺纹的测量分为单项测量和综合测量两项。

（1）单项测量项目有：

① 大径的测量：螺纹大径的公差较大，一般可用游标卡尺或千分尺测量。

② 螺距的测量：螺距一般可用钢直尺或游标卡尺测量，通常测量5~10个螺距的长度，然后把长度除以螺距数，得出一个螺距的尺寸。

③ 中径的测量：一般常用螺纹中径千分尺测量；对于精度较高的螺纹，可用单针或三针测量中径尺寸，如图3-59所示。

单针测量时螺纹中径$d_2$的计算公式：

普通螺纹：$\qquad\qquad d_2 = 2A - d_0 - 3D + 0.866P$

英制螺纹：$\qquad\qquad d_2 = 2A - d_0 - 3.165\ 7D + 0.960\ 5P$

梯形螺纹：$\qquad\qquad d_2 = 2A - d_0 - 4.863\ 7D + 1.866P$

式中　$A$——用单针测量时，千分尺的读数值；

$\qquad d_0$——螺纹大径的实际尺寸；

$\qquad D$——量针直径；

$\qquad P$——螺距。

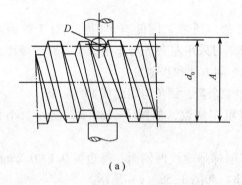
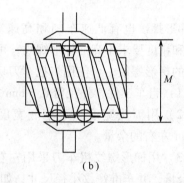

图3-59　螺纹中径的测量

（a）单针测量；（b）三针测量

三针测量螺纹中径时的计算公式见表3-7。

表3-7　三针测量螺纹中径时的计算公式

| 螺纹牙型角（$\alpha$） | 螺纹中径（$d_2$）计算公式 | 量针直径（$D$） | | |
|---|---|---|---|---|
| | | 最大值 | 最佳值 | 最小值 |
| 普通螺纹（60°） | $d_2 = M - 3D + 0.866P$ | 1.01$P$ | 0.577$P$ | 0.505$P$ |
| 英制螺纹（55°） | $d_2 = M - 3.165\ 7D + 0.960\ 5P$ | 0.894$P$-0.029 | 0.564$P$ | 0.481$P$-0.016 |
| 梯形螺纹（30°） | $d_2 = M - 4.863\ 7D + 1.866P$ | 0.656$P$ | 0.518$P$ | 0.486$P$ |
| 注：$M$为用三针测量时，千分尺的读数值；$P$为螺距。 | | | | |

（2）综合测量法是用螺纹量规对螺纹各主要参数进行综合性测量。螺纹量规包括螺纹塞规和螺纹环规两种，它们都有通规和止规，如图3-60所示。当通规能顺利通过而止规不能通过时，可判断螺纹合格，否则不合格。综合测量效率高，适用于大批量检测。

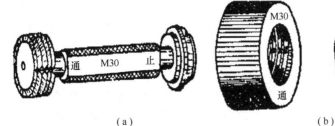

（a）　　　　　　　　　　　　　　　　　　（b）

图 3-60　螺纹量规

（a）螺纹塞规；（b）螺纹环规

### 3.3.7　成型面的车削和滚花

**一、车成型面**

某些零件的表面素线为曲线，例如：机床手柄、圆球等，这些带有曲线的表面叫作成型面。车成型面主要有双手控制、成型刀、靠模（或称仿形）、专用工具等加工方法。

**1. 双手控制法车成型面**

双手控制法就是用右手握住小刀架手柄，左手握住中刀架手柄，两手同时转动手柄，通过纵、横双向的进给合成，使车刀的进给轨迹与成型面轮廓相同，从而车出成型面。

双手转动手柄的速度配合适当与否是最关键的因素，例如车削如图 3-61 所示的球头零件，现精车 $a \sim c$ 点 90° 区域，其走刀速度分析如下：从 $a$ 点进刀到 $c$ 点结束，走刀速度发生变化，即横向进刀由慢速逐渐到快速，纵向向右退刀由快速逐渐到慢速。在 $a$ 点，横向进刀最慢，纵向退刀最快，到达 $b$ 点时

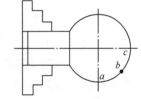

图 3-61　车球面的速度分析

两个方向的走刀速度相等，继续走刀接近 $c$ 点时，横向进刀速度达到最快，纵向向右退刀的速度变为最慢。

球头工件的车削步骤如下：

（1）车削时，先计算球体部分长度。

$$L = \frac{1}{2} \left( D + \sqrt{D^2 - d^2} \right)$$

式中　$L$——圆球部分长度，mm；

　　　$D$——圆球直径，mm；

　　　$d$——柄部直径，mm。

（2）先粗、精车柄部尺寸，然后夹紧柄部将球体部分粗车成圆柱体（留精车余量 0.2~0.3 mm），如图 3-62 所示。

（3）用双手控制法粗车成型面，然后根据以上精车的速度分析，严格控制车刀两个方向的运动速度进行精车，并不断用车成样板检验，最后用锉刀、砂布抛光达到图纸要求。

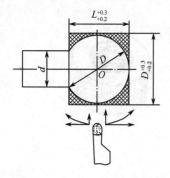

图 3-62　球头工件的车削过程

双手控制法车削成型面的优点是：不需要其他特殊工具就能车出一般精度的成型面；缺点是：加工零件精度不高，操作者必须有熟练的操作技巧，且生产效率低。

**2. 成型刀法车成型面**

把车刀刃磨成与工件成型面轮廓相同，即得到成型车刀或称样板刀，用成型车刀只需一次横向进给即可车出成型面，如图 3-63 所示。

成型刀法用于车削批量较大、成型面较小而且刚性较好的工件。由于成型刀的主切削刃要与工件表面形状相同，所以对车刀刃磨的技术要求较高。

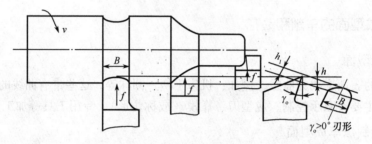

图 3-63　成型刀法车成型面

使用成型刀车削时，因刀刃与工件接触面积大，容易引起振动，因此要注意以下几点：

（1）车床必须有足够的刚性，要把机床各部分间隙调整得较小。

（2）刀刃必须对准工件中心，必要时，可采用反装车刀，并使主轴反转，使切削力与主轴及工件运动方向相同。

（3）采用小的进给量和切削速度，并开启切削液进行冷却。

**3. 靠模法车成型面**

靠模法是利用刀尖运动轨迹与靠模形状完全相同的方法车出成型面，如图 3-64 所示。靠模法操作方便，生产率高，成型准确，质量稳定，但需要制造专用靠模，而且只能加工成型表面不太大的工件，故多用于车削长度较大、形状较简单的大批量成型面。

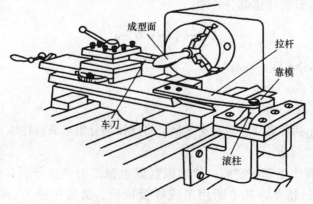

图 3-64　靠模法车成型面

**4. 成型面的检验**

成型面零件在车削过程中和完工以后，一般都要采用样板来检验。检验时，必须使样板的方向与工件轴线一致。成型面是否正确，可以由样板与工件之间的缝隙大小来判断。

车削和检验圆球时，可使用千分尺从几个方向来测量圆球的圆度误差。

## 二、滚花

滚花是指在车床上用滚花刀滚压工件，使其表面产生塑性变形而形成花纹的工艺过程。通过在零件表面上滚出不同的花纹，使零件表面增加摩擦力或更加美观。

**1. 花纹的种类**

花纹一般有直纹和网纹两种，并有粗、细之分，如图 3-65 所示。其花纹的粗细由节距来决定，节距=1.2 或 1.6 mm 时为粗纹，节距=0.8 mm 为中纹，节距=0.6 mm 为细纹。滚花的标记示例如下：

（1）直纹 0.8JB2-59：表示节距=0.8 mm 的直纹滚花，如图 3-65（a）所示。

（2）网纹 0.8JB2-59：表示节距=0.8 mm 的网纹滚花，如图 3-65（b）所示。

滚花的花纹粗细根据工件直径和滚花尺寸宽度来选择。工件的直径和滚花尺寸宽度大，花纹要选择粗一点；反之，则应选择细的花纹。

**2. 滚花刀的种类**

滚花刀由滚轮和刀杆组成，如图 3-66 所示。常用的滚花刀有以下三种：

1）单轮滚花刀

如图 3-66（a）所示，适用于滚直纹。

2）双轮滚花刀

如图 3-66（b）所示，适用于滚网纹，两轮分别为左旋斜纹与右旋斜纹。

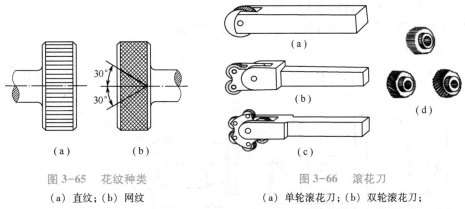

图 3-65　花纹种类　　　　　　　　图 3-66　滚花刀
（a）直纹；（b）网纹　　　　（a）单轮滚花刀；（b）双轮滚花刀；
　　　　　　　　　　　　　　　　（c）六轮滚花刀；（d）滚轮

3）六轮滚花刀

如图 3-66（c）所示，三对粗细不等的斜纹轮装在同一特制的刀杆上组成，使用时可很方便地根据需要选用粗、中、细不同的节距。滚轮的直径一般为 20~25 mm。

**3. 滚花的方法**

（1）根据花纹的粗细把滚花部分的直径车小 0.25~0.5 mm。

（2）选择较低的切削速度。

（3）花刀径向挤压使工件刻出花纹后再做纵向自动进给。

（4）充分冷却润滑，主要是避免铁屑研坏滚花刀及防止铁屑滞塞而影响花纹的清晰度。

**4. 滚花时产生乱纹的原因及预防方法**

滚花操作不当时，很容易产生乱纹，原因及预防方法见表3-8。

表3-8　乱纹的原因及预防方法

| 产 生 原 因 | 预 防 方 法 |
|---|---|
| 工件外径周长不能被滚花刀节距除尽 | 可把外圆略车小一些 |
| 滚花开始时，吃刀压力太小或滚花刀与工件表面接触面过大 | 开始滚花时就要使用较大的压力，把滚花刀偏一个很小的角度 |
| 滚花刀转动不灵，或滚花刀跟刀杆小轴配合间隙太大 | 检查原因或调换刀杆小轴 |
| 工件转速太高，滚花刀与工件表面产生滑动 | 适当降低工件转速 |

# 3.4　车削综合实训

## 3.4.1　综合训练一：传动小轴的车削

**一、教学目的**

（1）掌握使用一夹一顶装夹工件的加工方法。

（2）掌握外圆、台阶、沟槽和三角形螺纹的车削方法。

**二、操作前的准备**

（1）首先熟悉传动小轴的零件图，如图3-67所示，制定机械加工工艺过程卡（省略）。

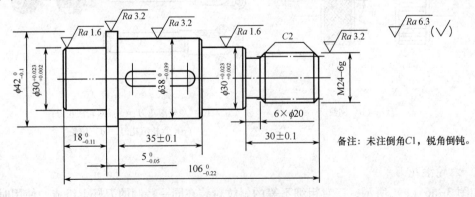

图3-67　传动小轴

（2）准备材料：45圆钢，下料尺寸为 $\phi45$ mm×110 mm。

（3）准备刀具：45°端面车刀、90°外圆车刀、A3.15/6.70中心钻、切断刀（刀头宽≤5 mm）和三角形螺纹车刀各一把。

（4）工具和量具：活动顶尖一个，0～150 mm 钢直尺、0～125 mm 游标卡尺和 25～50 mm外径千分尺各一把，表面粗糙度样板（车削）和 M24-6g 环规各一副，百分表及表座一套。

## 三、工时定额

总工时为 130 min，其中车削加工工时 100 min，辅助工时 30 min；加工工时每超 5 min 扣 2 分，合计超时 30 min 取消实训成绩。

## 四、车削操作步骤

（1）夹持坯料外圆，伸出长度 30 mm 左右，找正夹紧，用端面车刀车平端面，钻中心孔 A3.15/6.70。

（2）用外圆车刀粗车左端 $\phi30$ mm×18 mm 外圆至 $\phi31$ mm，长度为 17.5 mm。

（3）工件掉头，夹持坯料外圆，找正夹紧，用端面车刀车平端面，精车总长至 $106_{-0.22}^{\ 0}$ mm；钻中心孔 A3.15/6.70。

（4）掉头夹持左端 $\phi31$ mm 台阶，采用一夹一顶方式装夹，用外圆车刀通车外圆至 $\phi43$ mm；从右端进刀粗车 $\phi32$ mm 外圆至 $\phi39$ mm，长度为 82.5 mm；粗车 $\phi30$ 处外圆至 $\phi31$ mm，长度为 47.5 mm；粗车 M24 处外圆至 $\phi25$ mm，长度为 29.5 mm。

（5）精车外圆 $\phi42_{-0.1}^{\ 0}$ mm；精车外圆 $\phi38_{-0.039}^{\ 0}$ mm。控制左端段长度 $23_{-0.15}^{\ 0}$ mm；精车外圆 $\phi30_{+0.002}^{+0.023}$ mm，控制外圆 $\phi38_{-0.039}^{\ 0}$ mm 段长度 35 mm±0.1 mm。精车 M24 段外圆至 $\phi23.8$ mm±0.05 mm，长度为 30 mm±0.1 mm。

（6）用切槽刀切槽 6 mm×$\phi20$ mm；用 45°端面车刀倒角 C2 和 C1 各两处。

（7）用三角形螺纹车刀分别粗车和精车 M24-6g 螺纹至技术要求。

（8）掉头，采用一夹一顶方式装夹，垫上铜片夹持右侧 $\phi30_{+0.002}^{+0.023}$ mm 处，精车左端外圆至 $\phi30_{+0.002}^{+0.023}$ mm，控制 $\phi42_{-0.1}^{\ 0}$ mm 段长度为 $5_{-0.05}^{\ 0}$ mm，左端 $\phi30_{+0.002}^{+0.023}$ mm 段长度为 $18_{-0.11}^{\ 0}$ mm；倒角 C1 一处，锐角倒钝。

## 五、传动小轴考核评分标准见表 3-9

表 3-9　传动小轴考核评分标准

| 姓名 | | | 学号 | | 总得分 | | |
|---|---|---|---|---|---|---|---|
| 序号 | 考核项目与技术要求 | | 配分 | 评 分 标 准 | 实测结果 | 扣分 | 得分 |
| 1 | 外圆 | 左端 $\phi30_{+0.002}^{+0.023}$ mm/$Ra1.6$ μm | 9/3 | 每超 0.01 mm 扣 1 分，$Ra$ 大一级不得分 | | | |
| 2 | | $\phi38_{-0.039}^{\ 0}$ mm/$Ra3.2$ μm | 8/2 | 每超 0.01 mm 扣 1 分，$Ra$ 大一级不得分 | | | |
| 3 | | 右侧 $\phi30_{+0.002}^{+0.023}$ mm/$Ra1.6$ μm | 9/3 | 每超 0.01 mm 扣 1 分，$Ra$ 大一级不得分 | | | |
| 4 | | $\phi42_{-0.1}^{\ 0}$ mm/$Ra3.2$ μm | 8/2 | 每超 0.02 mm 扣 1 分，$Ra$ 大一级不得分 | | | |

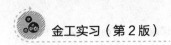

| 序号 | 考核项目与技术要求 | | 配分 | 评 分 标 准 | 实测结果 | 扣分 | 得分 |
|---|---|---|---|---|---|---|---|
| 6 | 退刀槽 | 6 mm×$\phi$20mm/$Ra$6.3 μm | 4/1 | 每超 0.2 mm 扣 1 分，$Ra$ 大一级不得分 | | | |
| 7 | 外螺纹 | M24-6g | 12 | 环规检验不合格扣 6 分，螺距错误或外径超差 0.2 mm 不得分 | | | |
| 8 | | $Ra$6.3 μm | 3 | 大一级不得分 | | | |
| 9 | | 牙型半角 30°±15′ | 3 | 每超 5′扣 1 分 | | | |
| 10 | 长度 | 106$_{-0.22}^{0}$ mm | 5 | 每超 0.05 mm 扣 1 分 | | | |
| 11 | | 18$_{-0.11}^{0}$ mm | 4 | 每超 0.02 mm 扣 1 分 | | | |
| 12 | | 5$_{-0.05}^{0}$ mm | 5 | 每超 0.01 mm 扣 1 分 | | | |
| 13 | | 35 mm±0.1 mm | 3 | 每超 0.05 mm 扣 1 分 | | | |
| 14 | | 30 mm±0.1 mm | 3 | 每超 0.05 mm 扣 1 分 | | | |
| 15 | 其他 | 倒角（共 5 处） | 5 | 每 1 处不合格扣 1 分 | | | |
| 16 | | 锐角倒钝 | 2 | 每 1 处不倒钝扣 1 分 | | | |
| 17 | | 安全文明生产 | 6 | 每违反一项扣 2 分，扣完为止 | | | |
| 18 | 工时 | 加工工时 130 min | | 每超 5 min 扣 2 分 | | | |
| 开始操作时间 | | | 结束操作时间 | | 实际工时 | | |
| 考评教师签名： | | | | | | | |

### 3.4.2　综合训练二：梯形螺杆轴的车削

**一、教学目的**

（1）掌握复合零件的加工方法及车削工艺。

（2）掌握使用双顶尖装夹工件的方法。

（3）掌握外圆、端面和梯形螺纹的车削方法。

**二、操作前的准备**

（1）认真分析梯形螺杆轴的零件图，如图 3-68 所示。

（2）备料：材料为 45 圆钢，下料尺寸为 $\phi$35 mm×95 mm。

（3）刀具：45°端面车刀、90°外圆车刀、切槽刀（刀头宽度≤3 mm）、梯形螺纹车刀及 A3.15/6.70 中心钻各一把，将车刀一一装夹在刀架上。

（4）工具和量具：0~150 mm 钢直尺、0~125 mm 游标卡尺、0~25 mm 和 25~50 mm 外径千分尺、$\phi$2.595 量针、30°螺纹对刀样板、前顶尖、活动顶尖、鸡心夹头、表面粗糙度样板（车削）各一把（支或套）。

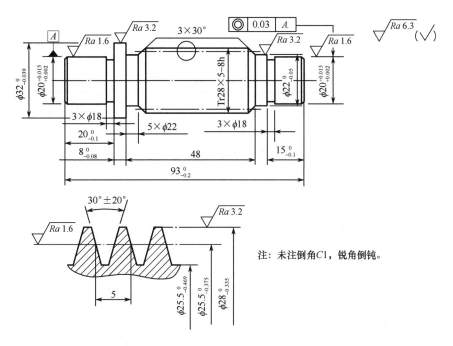

图 3-68　梯形螺杆轴

## 三、工时定额

总工时为 240 min，其中加工工时为 210 min，辅助工时为 30 min；加工工时每超过 5 min 扣 2 分，合计超时 30 min 取消成绩。

## 四、车削操作步骤

（1）夹持坯料外圆，伸出 35 mm 左右，找正夹紧，用端面车刀车平端面，钻中心孔 A3.15/6.70，用外圆车刀车削 $\phi$30 mm×18 mm 的工艺台阶。

（2）工件掉头，找正夹紧，车平端面，精车总长度至 $93_{-0.2}^{0}$ mm；钻中心孔 A3.15/6.70。

（3）夹持 $\phi$30 mm 工艺台阶，采用一夹一顶装夹方法，用外圆车刀通车毛坯至 $\phi$33 mm；继续从右端进刀粗车 Tr28 外圆至 $\phi$29 mm，长度为 67.5 mm；粗车 $\phi$22 mm 外圆至 $\phi$23 mm，长度为 19.5 mm；粗车右端 $\phi$20 mm 外圆至 $\phi$21 mm，长度为 14.5 mm。

（4）掉头夹持 $\phi$21 mm 外圆，采用一夹一顶装夹，粗车左端 $\phi$20 mm 外圆至 $\phi$21 mm，长度为 19.5 mm。

（5）重新安装工件，采用双顶尖装夹，精车左端 $\phi20_{+0.002}^{+0.015}$ mm 外圆合格，长度为 $20_{-0.1}^{0}$ mm；精车 $\phi32_{-0.039}^{0}$ mm 外圆合格；切槽 3 mm×$\phi$18 mm；倒角 $C1$。

（6）工件掉头，继续用双顶尖装夹，精车右端 $\phi20_{+0.002}^{+0.015}$ mm，长度为 $15_{-0.1}^{0}$ mm；继续精车 $\phi22_{-0.05}^{0}$ mm，长度为 5 mm；精车梯形螺纹大径 $\phi28_{-0.335}^{0}$ mm，长度为 48 mm，同时控制 $\phi32_{-0.039}^{0}$ mm 圆柱的长度为 $5_{-0.08}^{0}$ mm。

（7）用切槽刀切槽 3 mm×$\phi$18 mm 和 5 mm×$\phi$22 mm；用 45°端面车刀倒角 3×30°和 $C1$；锐角倒钝。

（8）使用梯形螺纹车刀和切槽刀，粗车和精车 Tr28×5-8h 梯形螺纹至技术要求。

## 五、考核标准

梯形螺杆轴考核标准见表 3-10。

表 3-10　梯形螺杆轴考核评分标准

| 姓名 | | | 学号 | | | 总分 | | |
|---|---|---|---|---|---|---|---|---|
| 序号 | 考核项目与技术要求 | | 配分 | 评　分　标　准 | | 实测结果 | 扣分 | 得分 |
| 1 | 外圆 | $\phi 20^{+0.015}_{+0.002}$ mm/ $Ra1.6\ \mu$m 左端 | 8/3 | 每超 0.01 mm 扣 1 分，$Ra$ 大一级不得分 | | | | |
| 2 | | $\phi 20^{+0.015}_{+0.002}$ mm/ $Ra1.6\ \mu$m 右端 | 8/3 | 每超 0.01 mm 扣 1 分，$Ra$ 大一级不得分 | | | | |
| 3 | | $\phi 22^{0}_{-0.05}$ mm/ $Ra3.2\ \mu$m | 6/2 | 每超 0.01 mm 扣 1 分，$Ra$ 大一级不得分 | | | | |
| 4 | | $\phi 32^{0}_{-0.039}$ mm/ $Ra3.2\ \mu$m | 7/2 | 每超 0.01 mm 扣 1 分，$Ra$ 大一级不得分 | | | | |
| 5 | 退刀槽 | 3 mm×$\phi 18$ mm/ $Ra6.3\ \mu$m 两处 | 6/2 | 每超 0.05 mm 扣 1 分，$Ra$ 大一级不得分 | | | | |
| 6 | | 5 mm×$\phi 22$ mm/ $Ra6.3\ \mu$m | 3/1 | 每超 0.05 mm 扣 1 分，$Ra$ 大一级不得分 | | | | |
| 7 | 螺纹 | Tr 大径 $\phi 28^{0}_{-0.335}$ mm/ $Ra3.2\ \mu$m | 5/2 | 每超 0.05 mm 扣 1 分，$Ra$ 大一级不得分 | | | | |
| 8 | | | | | | | | |
| 9 | | Tr 中径 $\phi 25.5^{0}_{-0.375}$ mm/ $Ra1.6\ \mu$m | 9/3 | 每超 0.05 mm 扣 1 分，$Ra$ 大一级不得分 | | | | |
| | | Tr 小径 $\phi 22.5^{0}_{-0.469}$ mm | 2 | 每超 0.05 mm 扣 1 分 | | | | |
| 10 | 长度 | $93^{0}_{-0.2}$ mm | 4 | 每超 0.05 mm 扣 1 分 | | | | |
| 11 | | $20^{0}_{-0.1}$ mm | 3 | 每超 0.05 mm 扣 1 分 | | | | |
| 12 | | $15^{0}_{-0.1}$ mm | 3 | 每超 0.05 mm 扣 1 分 | | | | |
| 13 | | $5^{0}_{-0.08}$ mm | 3 | 每超 0.05 mm 扣 1 分 | | | | |
| 14 | | 未注公差尺寸(2处) | 2 | 超 0.5 mm 该处不得分 | | | | |
| 15 | 其他 | 同轴度公差 | 2 | 每超差 0.01 mm 扣 1 分 | | | | |
| 16 | | 倒角（5 处） | 5 | 每一处不合格扣 1 分 | | | | |
| 17 | | 安全文明生产 | 6 | 每违反一项扣 2 分 | | | | |
| 18 | 工时 | 210 min | | 每超 5 min 扣 2 分 | | | | |
| 开始操作时间 | | | 结束操作时间 | | | 实际工时 | | |
| 考评教师签名： | | | | | | | | |

### 3.4.3 综合训练三：转向轴的车削

**一、教学目的**

（1）掌握双头梯形螺纹的车削技能。

（2）掌握球形、内孔类工件的车削方法。

（3）提高综合件的车削工艺水平。

**二、操作前的准备**

（1）认真分析转向轴的零件图，如图 3-69 所示。

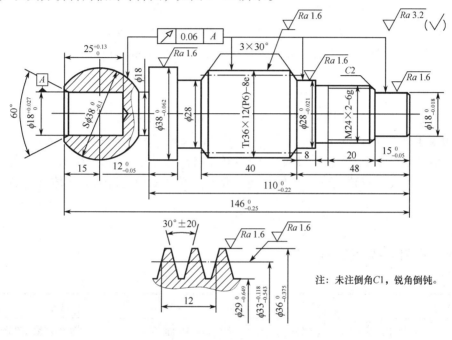

图 3-69 转向轴

（2）备料：材料为 45 圆钢，下料尺寸为 φ40 mm×150 mm。

（3）刀具：45°端面车刀、90°外圆车刀、切槽刀（刀头宽度≤3 mm）、A3.15/6.70 中心钻、φ16×25 盲孔镗刀、公制三角形螺纹车刀、φ16 钻头各一把，粗、精车左旋梯形螺纹刀各一把，常用车刀若干。

（4）工具和量具：0～150 钢直尺、0～150 mm 游标卡尺、0～25 mm 和 25～50 mm 外径千分尺、0～25 mm 内径百分表、30°螺纹对刀样板、前顶尖、活动顶尖、鸡心夹头、表面粗糙度样板（车削）各一把（支或套）；φ18H8 光滑塞规、M24×2-6g 螺纹环规、φ3.108 量针各一副。

**三、工时定额**

总工时为 300 min，其中加工工时为 270 min，辅助工时为 30 min；加工工时每超过 5 min 扣 2 分，合计超时 30 min 取消成绩。

## 四、车削操作步骤

（1）三爪卡盘夹持毛坯。

① 车平左端端面，钻 $\phi16$ mm 孔，深 24 mm。

② 粗车外圆至 $\phi39$ mm，长 35 mm。

（2）工件掉头，夹持 $\phi39$ mm 外圆，找正。车端面，保证总长 $146_{-0.25}^{0}$ mm；通长粗车外圆至 $\phi39$ mm；钻 A3.15/6.70 中心孔。

（3）重新装夹，一夹一顶。

（1）粗车右端 $110_{-0.22}^{0}$ mm 段各部分外圆，单面均留 0.5 mm 余量。

（2）精车出 $\phi28$ mm 槽，宽 10 mm，保证右侧长 88 mm。

（3）精车出 $\phi18$ mm 槽，宽 4.27 mm，控制右端长 $110_{-0.22}^{0}$ mm。

（4）工件掉头，夹持 $\phi39$ mm 外圆，精镗左端 $\phi18_{0}^{+0.027}$ mm 平底孔，深 $25_{0}^{+0.13}$ mm；孔口倒角 1.5×60°。

（5）重新装夹，双顶尖装夹工件。

① 精车各部分外圆达到图纸要求，粗、精车 M24×2-6g 螺纹。

② 粗车 Tr36×12（P6）-8e 双头梯形螺纹，大径留精车余量 0.3 mm，中径留余量 0.5 mm，小径车到尺寸。等待冷却后精车梯形螺纹合格，并按图要求倒角，且锐角倒钝。

（6）工件掉头，双顶尖装夹工件，徒手粗车、精车 S$\phi38_{-0.1}^{0}$ mm 球体（允许用锉刀、砂纸修正）。

## 五、考核标准

转向轴考核标准见表3-11。

表3-11 转向轴考核标准

| 姓名 | | 学号 | | | 总分 | | |
|---|---|---|---|---|---|---|---|
| 序号 | 检测内容 | 配分 | 评分标准 | | 实测结果 | 扣分 | 得分 |
| 1 | $\phi18_{0}^{+0.027}$ mm/<br>$Ra \leqslant 3.2$ μm | 6/2 | 每超 0.01 mm 扣 1 分，$Ra$ 大一级不得分 | | | | |
| 2 | $\phi28_{-0.021}^{0}$ mm/<br>$Ra \leqslant 1.6$ μm | 4/2 | 每超 0.01 mm 扣 1 分，$Ra$ 大一级不得分 | | | | |
| 3 | $\phi38_{-0.062}^{0}$ mm/<br>$Ra1.6$ μm | 5/2 | 每超 0.01 mm 扣 1 分，$Ra$ 大一级不得分 | | | | |
| 4 | $\phi18_{-0.018}^{0}$ mm/<br>$Ra1.6$ μm | 6/2 | 每超 0.01 mm 扣 1 分，$Ra$ 大一级不得分 | | | | |
| 5 | S$\phi38_{-0.1}^{0}$ mm/<br>$Ra3.2$ μm | 8/2 | 每超 0.05 mm 扣 1 分，$Ra$ 大一级不得分 | | | | |
| 6 | Tr 大径 $\phi36_{-0.375}^{0}$ mm/<br>$Ra1.6$ μm | 2/1 | 每超 0.05 mm 扣 1 分，$Ra$ 大一级不得分 | | | | |

续表

| 序号 | 检测内容 | 配分 | 评分标准 | 实测结果 | 扣分 | 得分 |
|---|---|---|---|---|---|---|
| 7 | Tr 中径 $\phi33^{-0.118}_{-0.543}$ mm,<br>$Ra1.6$ μm | 10/2 | 每超 0.05 mm 扣 1 分,$Ra$ 大一级<br>不得分 | | | |
| 8 | Tr 小径 $\phi29^{0}_{-0.649}$ mm/<br>$Ra3.2$ μm | 2/1 | 每超 0.05 mm 扣 1 分,$Ra$ 大一级<br>不得分 | | | |
| 9 | M24×2-6g/$Ra3.2$ μm | 8/2 | 环规不合格每项扣 4 分,$Ra$ 大一<br>级不得分 | | | |
| 10 | 槽 $\phi28$ mm×10 mm/<br>$Ra3.2$ μm | 1/1 | 每超 0.2 mm 扣 1 分 | | | |
| 11 | $25^{+0.13}_{0}$ mm | 2 | 每超 0.1 mm 扣 1 分 | | | |
| 12 | $12^{0}_{-0.05}$ mm | 2 | 每超 0.1 mm 扣 1 分 | | | |
| 13 | $15^{0}_{-0.05}$ mm | 2 | 每超 0.1 mm 扣 1 分 | | | |
| 14 | $110^{0}_{-022}$ mm | 2 | 每超 0.1 mm 扣 1 分 | | | |
| 15 | $146^{0}_{-0.25}$ mm | 2 | 每超 0.1 mm 扣 1 分 | | | |
| 16 | 径向跳动公差（4 处） | 4 | 每超差 0.01 mm 扣 1 分 | | | |
| 17 | 未注公差尺寸（6 处） | 1×6 | 每超 0.3 mm 扣 1 分 | | | |
| 18 | 倒角（5 处） | 1×5 | 每一处不合格扣 1 分 | | | |
| 19 | 安全操作,文明生产 | 6 | 每违反一项扣 2 分 | | | |
| 20 | 加工工时定额 270 min | | 每超 5 分钟扣 2 分 | | | |
| 开始操作时间 | | | 结束操作时间 | | 实际工时 | |
| 考评教师签名: | | | | | | |

## 本课题小结

本课题主要介绍了车削加工的安全生产技术和车削设备、工具、车床操作的基本知识等,详细阐述了轴类、套类、螺纹、圆锥面、成型面等零件的车削加工技术要领,最后通过三个综合车削实训,进一步提升车削加工工艺的感性认识和理解。

## 练习题

一、判断题

1. 为了增加刀尖强度,改善散热条件,刀尖处应磨有过渡刃。（　　　）

2. 车端面时，车刀刀尖应稍低于工作中心，否则会使工件端面中心处留有凸台。（　　）

3. 用中等切削速度切削塑性金属时最容易产生积屑瘤。（　　）

4. 工件材料较硬时，应修磨麻花钻外缘处的前刀面，以减小前角，增加钻头强度。（　　）

5. 切断时的切削速度是始终不变的。（　　）

6. 用90°车刀由工件外缘向中心进给车端面时，由于切削力的影响，会使车刀扎入工件面形成凹面。（　　）

7. 用两顶尖装夹工件时，若前后顶尖的连线与车床主轴轴线不同轴，则车出的工件会产生锥度。（　　）

8. 车削圆锥半角很小，圆锥长度较长的内圆锥时，可采用偏移尾座法。（　　）

9. 车外圆时，若车刀刀尖装得低于工件轴线，则会使前角增大、后角减小。（　　）

10. YT5硬质合金车刀适用于粗车钢料等塑性金属。（　　）

11. 当游标卡尺的游标零线与尺身零线对准时，游标上的其他刻线都不与尺身刻线对准。（　　）

12. 用内径百分表（或千分表）测量内孔时，必须摆动内径百分表，所得最大尺寸是孔的实际尺寸。（　　）

13. 增大切断刀的前角有利于降低切削力，能有效地防止振动。（　　）

14. 麻花钻的前角主要是随着螺旋角变化而变化的，螺旋角越大，前角也越大。（　　）

15. 沿两条或两条以上在轴向等距分布的螺旋线所形成的螺纹，叫多线螺纹。（　　）

16. 车细长轴时，为了减小径向切削力，应选用主偏角小于75°的车刀。（　　）

17. 主偏角 $\kappa_r$ 和副偏角 $\kappa'_r$ 减小能使加工残留面积高度降低，可以得到较细的表面粗糙度，其中副偏角 $\kappa'_r$ 的减小更明显。（　　）

18. 实际尺寸相同的两副过盈配合件，表面粗糙度值小的具有较大的实际过盈量，可取得较大的连接强度。（　　）

19. 切削加工时，如已加工表面上出现亮痕，则表示刀具已磨损。它是电刀具与已加工表面产生强烈的摩擦与挤压造成的。（　　）

20. 减小零件表面粗糙度值，可以提高其疲劳强度。（　　）

21. 在保证刀具寿命的前提下，假使要提高生产率，选用切削用量时应首先考虑尽量地加大切削速度。（　　）

22. 用三针法测量螺纹时，必须使量针外圆和中径牙侧相切。（　　）

23. 对精度要求较高的偏心工作，最佳的车削方法是在三爪自定心卡盘上增加垫块。（　　）

24. 在相同切削条件下，硬质合金车刀可以比高速钢车刀承受更大的切削力，所以可采用增大硬质合金车刀的前角来提高生产效率。（　　）

25. 选择平整和光滑的毛坯表面作为粗基准，其目的是可以重复装夹使用。（　　）

二、选择题

1. 车床外露的滑动表面一般采用（　　）润滑。

A. 溅油 　　　　　　B. 浇油 　　　　　　C. 油绳

2. 高速车螺纹时，硬质合金车刀刀尖角应（　　）螺纹的牙型角。

A. 小于 　　　　　　B. 等于 　　　　　　C. 大于

3. 精车时，为了减小工件表面粗糙度值，车刀的刃倾角应取（　　）值。

A. 正 　　　　　　B. 负 　　　　　　C. 零

4. 粗车时为了提高生产率，应首先取较大的（　　）。

A. 切削深度 　　　　B. 进给量 　　　　C. 切削速度

5. 对于配合精度要求较高的圆锥工件，在工厂中一般采用（　　）检验。

A. 圆锥量规涂色 　　B. 万能角度尺 　　C. 角度样板

6. 滚花时因产生很大的挤压变形，因此，必须把工作滚花部分直径车（　　）mm。

A. 小 0.08~0.17 　　B. 大 0.17~0.08 　　C. 小 0.03~0.04

7. 通过切削刃上某一选定点，切于工作加工表面的平面称为（　　）。

A. 切削平面 　　　　B. 基面 　　　　C. 主截面

8. 在花盘角铁上加工工件时，为了避免旋转偏重而影响工作精度，（　　）。

A. 必须用平衡铁平衡 　B. 转速不宜过高 　C. 切削用量应选得小些

9. 车削细长轴时，为了避免振动，车刀的主偏角应取（　　）。

A. 45° 　　　　　　B. 60°~75° 　　　　C. 80°~93°

10. 切削用量中影响切削温度最大的是（　　）。

A. 切削深度 　　　　B. 进给量 　　　　C. 切削速度

11. 高速切削塑性金属材料时，若没有采取适当的断屑措施，则易形成（　　）切屑。

A. 挤裂 　　　　　　B. 崩碎 　　　　　　C. 带状

12. 车削时切削热主要通过切屑和（　　）进行传导。

A. 工件 　　　　　　B. 刀具 　　　　　　C. 周围介质

13. 模锻毛坯料精度比较高，余量小，但设备投资大，生产准备时间长，适用于（　　）生产。

A. 单件 　　　　　　B. 中小批量 　　　　C. 大批量

14. 车削细长轴时，为了减小径向切削力，避免工件产生弯曲变形，应（　　）车刀主偏角。

A. 减小 　　　　　　B. 不要 　　　　　　C. 增大

三、计算题

1. 车削工件外圆，选用切削深度 2 mm，在圆周等分为 200 格的中滑板刻度盘上正好转过 1/4 周，求刻度盘每格为多少 mm？中滑板丝杠螺距是多少 mm？

2. 用前后顶尖支承车削一长度为 400 mm 的外圆，车削后发现外圆锥度达 1∶600，问当不考虑刀具磨损时，尾座轴线对主轴轴线的偏移量是多少？

3. 已知车床小滑板丝杠螺距为 4 mm，刻度分 100 格，车削导程为 12 mm 的三线螺纹时，如果用小滑板分线，则小滑板应转过几格？

4. 在 C620-1 型车床上车外径 $d=60$ mm，长度 $L=1\,000$ mm，工件，选切削速度 $v=60$ m/min，进给量 $f=0.3$ mm/r，切削深度 $a_p=3$ mm，求一次工作行程所需的基本时间（不

考虑车刀起刀和出刀的距离）。

四、简答题

1. 刃磨螺纹车刀时，应达到哪些要求？

2. 车刀前角应根据什么原则来选择？

3. 车削薄壁工件时，应如何减小和防止工件变形？

# 刨削、磨削与镗削实训

**教学目标：**刨削、磨削、镗削是较为常用的机械加工方法，通过本课题的学习，了解常用的刨床、磨床、镗床的型号、主要组成部分和作用。掌握刨削、磨削、镗削加工工件的装夹及刀具的安装方法、工艺特点和加工范围，熟悉常用刀具种类、结构及本课题三种切削加工的加工方法。

**教学重点：**刨削、磨削、镗削加工的工艺特点及加工范围。

**教学难点：**刨削、磨削、镗削加工工件的装夹和刀具的安装方法。

**案例导入：**加工如图 4-1 所示的槽类零件，在小批量生产中采用何种加工方法把多余的材料去掉，既能保证加工质量，又能最大限度地降低加工成本？

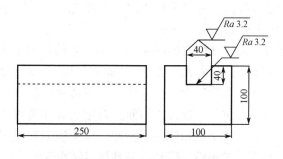

图 4-1 槽类零件

## 4.1 刨削实训

### 4.1.1 刨床

刨床主要有牛头刨床和龙门刨床。

**一、牛头刨床**

**1. 牛头刨床的组成**

图 4-2 所示为 B6065 型牛头刨床的外形。型号 B6065 中，B 为机床类别代号，表示刨床，读作"刨"；6 和 0 分别为机床组别和系别代号，表示牛头刨床；65 为主参数最大刨削长度的 1/10，即最大刨削长度为 650 mm。

B6065 型牛头刨床主要由以下几个部分组成：

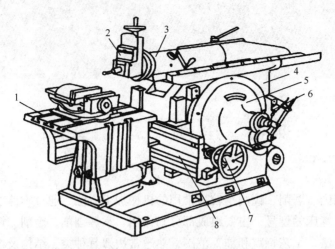

图 4-2　B6065 型牛头刨床外形

1—工作台；2—刀架；3—滑枕；4—床身；5—摆杆机构；6—变速机构；7—进给机构；8—横梁

（1）床身。用以支承和连接刨床各部件。其顶面水平导轨供滑枕带动刀架进行往复直线运动，侧面的垂直导轨供横梁带动工作台升降。床身内部有主运动的变速机构和摆杆机构。

（2）滑枕。用以带动刀架沿床身水平导轨做往复直线运动。滑枕往复直线运动的快慢、行程的长度和位置，均可根据加工需要调整。

（3）刀架。用以夹持刨刀，其结构如图 4-3 所示。当转动刀架手柄 5 时，滑板 4 带着刨刀沿刻度转盘 7 上的导轨上、下移动，以调整背吃刀量或加工垂直面时做进给运动。松开刻度转盘 7 上的螺母，将转盘扳转一定角度，可使刀架斜向进给，以加工斜面。刀座 3 装在滑板 4 上。抬刀板 2 可绕刀座上的销轴向上抬起，以使刨刀在返回行程时离开零件已加工表面，以减少刀具与零件的摩擦。

（4）工作台。用以安装零件，可随横梁做上下调整，也可沿横梁导轨做水平移动或间歇进给运动。

**2. 牛头刨床的传动系统**

B6065 型牛头刨床的传动系统主要包括摆杆机构和棘轮机构。

（1）摆杆机构。其作用是将电动机传来的旋转运动变为滑枕的往复直线运动，结构如图 4-4 所示。摆杆 7 上端与滑枕内的螺母 2 相连，下端与支架 5 相连。摆杆齿轮 3 上的偏心滑块 6 与摆杆 7 上的导槽相连。当摆杆齿轮 3 由小齿轮 4 带动旋转时，偏心滑块就在摆杆 7 的导槽内上下滑动，从而带动摆杆 7 绕支架 5 中心左右摆动，于是滑枕便做往复直线运动。摆杆齿轮转动一周，滑枕带动刨刀往复运动一次。

（2）棘轮机构。其作用是使工作台在滑枕完成回程与刨刀再次切入零件之前的瞬间，做间歇横向进给，横向进给机构如图 4-5（a）所示，棘轮机构的结构如图 4-5（b）所示。齿轮 5 与摆杆齿轮为一体，摆杆齿轮逆时针旋转时，齿轮 5 带动齿轮 6 转动，使连杆 4 带动棘

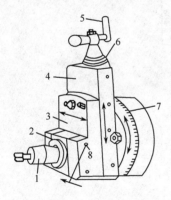

图 4-3　刀架

1—刀夹；2—抬刀板；3—刀座；
4—滑板；5—手柄；6—刻度环；
7—刻度转盘；8—销轴

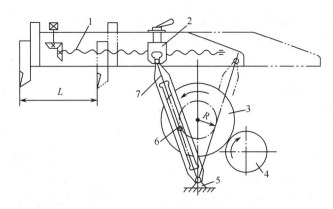

图 4-4　摆杆机构

1—丝杠；2—螺母；3—摆杆齿轮；4—小齿轮；5—支架；6—偏心滑块；7—摆杆

爪 3 逆时针摆动。棘爪 3 逆时针摆动时，其上的垂直面拨动棘轮 2 转过若干齿，使横向丝杠 8 转过相应的角度，从而实现工作台的横向进给。而当棘轮顺时针摆动时，由于棘爪后面为一斜面，只能从棘轮齿顶滑过，不能拨动棘轮，所以工作台静止不动，这样就实现了工作台的横向间歇进给。

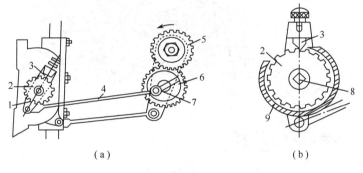

（a）　　　　　　　　　　　（b）

图 4-5　牛头刨床横向进给机构

（a）横向进给机构；（b）棘轮机构

1—棘爪架；2—棘轮；3—棘爪；4—连杆；5，6—齿轮；7—偏心销；8—横向丝杠；9—棘轮罩

### 3. 牛头刨床的调整

（1）滑枕行程长度、起始位置、速度的调整。刨削时，滑枕的行程长度一般应比零件刨削表面的长度长 30 ~40 mm，如图 4-4 所示，滑枕的行程长度调整方法是改变摆杆齿轮上偏心滑块的偏心距离，其偏心距越大，摆杆摆动的角度就越大，滑枕的行程长度也就越长；反之，则越短。松开滑枕内的锁紧手柄，转动丝杠，即可改变滑枕行程的起始点，使滑枕移到所需要的位置。调整滑枕速度时，必须在停车之后进行，否则将打坏齿轮，可以通过图 4-2 中变速机构 6 来改变变速齿轮的位置，使牛头刨床获得不同的转速。

（2）工作台横向进给量的大小、方向的调整。工作台的进给运动既要满足间歇运动的要求，又要与滑枕的工作行程协调一致，即在刨刀返回行程将结束时，工作台连同零件一起横向移动一个进给量。牛头刨床的进给运动是由棘轮机构实现的，如图 4-5（b）所示，棘爪架空套在横梁丝杠轴上，棘轮用键与丝杠轴相连。工作台横向进给量的大小，可通过改变棘轮罩的位置，从而改变棘爪每次拨过棘轮的有效齿数来调整。棘爪拨过棘轮的齿数较多时，进给量大；反之则小。此外，还可通过改变偏心销7的偏心距来调整，偏心距小，棘爪架摆动的角度就小，棘爪拨过的棘轮齿数少，进给量就小；反之，进给量则大。若将棘爪提起后转动180°，可使工作台反向进给。当把棘爪提起后转动90°时，棘轮便与棘爪脱离接触，此时可手动进给。

### 二、龙门刨床

龙门刨床因有一个"龙门"式的框架而得名。与牛头刨床不同的是，在龙门刨床上加工时，零件随工作台的往复直线运动为主运动，进给运动是垂直刀架沿横梁上的水平移动和侧刀架在立柱上的垂直移动。龙门刨床适用于刨削大型零件，零件长度可达几米、十几米，甚至几十米。也可在工作台上同时装夹几个中、小型零件，用几把刀具同时加工，故生产率较高。龙门刨床特别适于加工各种水平面、垂直面及各种平面组合的导轨面、T形槽等。B2010A型龙门刨床的外形如图4-6所示。

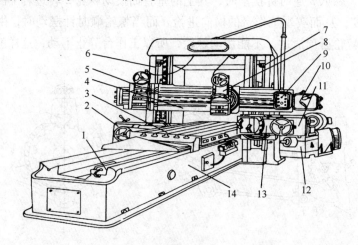

图4-6　B2010A型龙门刨床

1—液压安全器；2—左侧刀架进给箱；3—工作台；4—横梁；5—左垂直刀架；
6—左立柱；7—右立柱；8—右垂直刀架；9—悬挂按钮站；10—垂直刀架进给箱；
11—右侧刀架进给箱；12—工作台减速箱；13—右侧刀架；14—床身

龙门刨床的主要特点是：自动化程度高，各主要运动的操纵都集中在机床的悬挂按钮站和电气柜的操纵台上，操纵十分方便；工作台的工作行程和空回行程可在不停车的情况下实现无级变速；横梁可沿立柱上下移动，以适应不同高度零件的加工；所有刀架都有自动抬刀装置，并可单独或同时进行自动或手动进给，垂直刀架还可转动一定的角度，用来加工斜面。

### 4.1.2　刨刀及其安装

### 一、刨刀

**1. 刨刀的几何形状**

刨刀的几何形状与车刀相似，但刀杆的截面积比车刀大1.25～1.5倍，以承受较大的冲击力。刨刀的前角 $\gamma_0$ 比车刀稍小，刃倾角取较大的负值，以增加刀头的强度。刨刀的一个显著特点是刀头往往做成弯头，图 4-7 所示为弯、直头刨刀比较示意图。做成弯头的目的是当刀具碰到零件表面上的硬点时，刀头能绕 $O$ 点向后上方弹起，使切削刃离开零件表面，不会啃入零件已加工表面或损坏切削刃，因此，弯头刨刀比直头刨刀应用更广泛。

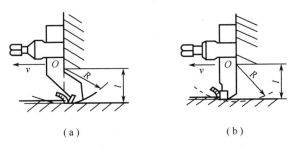

图 4-7　弯头刨刀和直头刨刀

（a）弯头刨刀；（b）直头刨刀

### 2. 刨刀的种类及其应用

刨刀的形状和种类依加工表面形状不同而有所不同。常用刨刀及其应用如图 4-8 所示。平面刨刀用以加工水平面；偏刀用于加工垂直面、台阶面和斜面；角度偏刀用以加工角度和燕尾槽；切刀用以切断或刨沟槽；内孔刀用以加工内孔表面（如内键槽）；弯切刀用以加工 T 形槽及侧面上的槽；成型刀用以加工成型面。

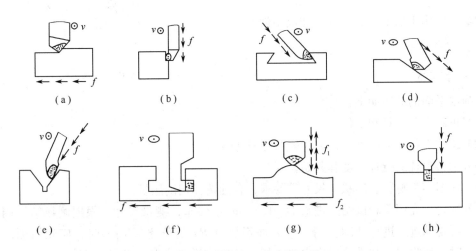

图 4-8　刨削加工的主要应用

（a）平面刨刀刨平面；（b）偏刀刨垂直面；（c）角度偏刀刨燕尾槽；（d）偏刀刨斜面；
（e）偏刀刨 V 形槽；（f）弯切刀刨 T 形槽；（g）刨成型面；（h）切刀切断

### 二、刨刀的安装

如图 4-9 所示，安装刨刀时，将转盘对准零线，以便准确控制背吃刀量，刀头不要伸出太长，以免产生振动和折断。直头刨刀伸出长度一般为刀杆厚度的 1.5~2 倍，弯头刨刀伸出长度可稍长些，以弯曲部分不碰刀座为宜。装刀或卸刀时，应使刀尖离开零件表面，以防损坏刀具或者擦伤零件表面；必须一只手扶住刨刀，另一只手使用扳手，用力方向自上而下，否则容易将抬刀板掀起，碰伤或夹伤手指。

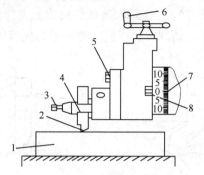

图4-9　刨刀的安装

1—零件；2—刀头；3—刀夹螺钉；4—刀夹；

5—刀座螺钉；6—刀架进给手柄；7—转盘对准零线；8—转盘螺钉

### 4.1.3　工件的安装

在刨床上零件的安装方法视零件的形状和尺寸而定，常用的有平口虎钳安装、工作台安装和专用夹具安装等。

### 4.1.4　刨削操作

刨削主要用于加工平面、沟槽和成型面。

**一、刨平面**

**1. 刨水平面**

刨削水平面的顺序如下：

（1）正确安装刀具和工件。

（2）调整工作台的高度，使刀尖轻微接触零件表面。

（3）调整滑枕的行程长度和起始位置。

（4）根据零件材料、形状、尺寸等要求，合理选择切削用量。

（5）试切，先用手动试切。进给 1 ~ 1.5 mm 后停车，测量尺寸，根据测得结果调整背吃刀量，再自动进给进行刨削。当零件表面粗糙度 $Ra$ 值低于6.3 μm时，应先粗刨，再精刨。精刨时，背吃刀量和进给量应小些，切削速度应适当高些。此外，在刨刀返回行程时，用手掀起刀座上的抬刀板，使刀具离开已加工表面，以保证零件的表面质量。

（6）检验。零件刨削完工后，停车检验，尺寸和加工精度合格后即可卸下。

**2. 刨垂直面和斜面**

刨垂直面的方法如图4-10所示，此时采用偏刀，并使刀具的伸出长度大于整个刨削面的高度。刀架转盘应对准零线，以使刨刀沿垂直方向移动。刀座必须偏转 10°~15°，以使刨刀在返回行程时离开零件表面，减少刀具的磨损，避免零件已加工表面被划伤。刨垂直面和斜面的加工方法一般在不能或不便于进行水平面刨削时才使用。

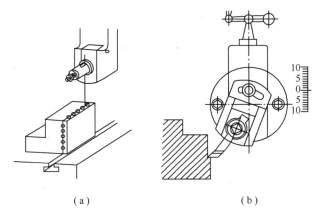

图 4-10 刨垂直面

（a）按划线找正；（b）调整刀架垂直进给

　　刨斜面与刨垂直面基本相同，只是刀架转盘必须按零件所需加工的斜面扳转一定角度，以使刨刀沿斜面方向移动。如图 4-11 所示，采用偏刀或样板刀，转动刀架手柄进行进给，可以刨削左侧或右侧斜面。

### 二、刨沟槽

　　（1）刨直槽时用切刀以垂直进给完成，如图 4-12 所示。

　　（2）刨 V 形槽的方法如图 4-13 所示，先按刨平面的方法把 V 形槽粗刨出大致形状，如图 4-13（a）所示；然后用切刀刨 V 形槽底的直角槽，如图 4-13（b）所示；再按刨斜面的方法用偏刀刨 V 形槽的两斜面，如图 4-13（c）所示；最后用样板刀精刨至图样要求的尺寸精度和表面粗糙度，如图 4-13（d）所示。

　　（3）刨 T 形槽时，先在零件端面和上平面划出加工线，如图 4-14 所示；然后按图 4-15（a）～（d）所示的步骤进行刨削。

　　（4）刨燕尾槽时，应先在零件端面和上平面划出加工线，如图 4-16 所示。但刨侧面时须用角度偏刀，如图 4-17 所示，刀架转盘要扳转一定角度。

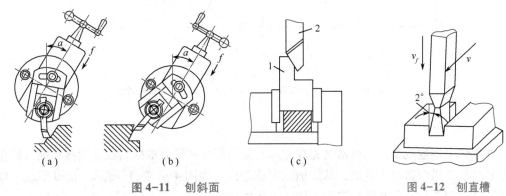

图 4-11 刨斜面

（a）用偏刀刨左侧斜面；（b）用偏刀刨右侧斜面；（c）用样板刀刨斜面

1—零件；2—样板刀

图 4-12 刨直槽

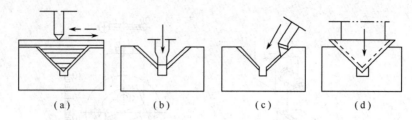

图 4-13　刨 V 形槽

（a）刨平面；（b）刨直角槽；（c）刨斜面；（d）样板刀精刨

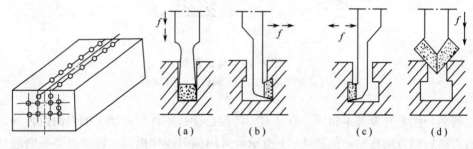

图 4-14　划 T 形槽加工线　　　图 4-15　T 形槽刨削步骤

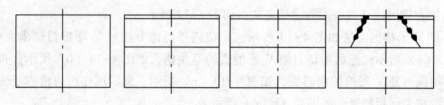

图 4-16　燕尾槽的划线

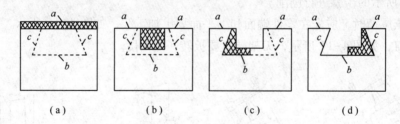

图 4-17　燕尾槽的刨削步骤

（a）刨平面；（b）刨直槽；（c）刨左燕尾槽；（d）刨右燕尾槽

## 三、刨成型面

在刨床上刨削成型面，通常是先在零件的侧面划线，然后根据划线分别移动刨刀做垂直进给和移动工做台做水平进给，从而加工出成型面，如图 4-8（g）所示。也可用成型刨刀加工，使刨刀刃口形状与零件表面一致，一次成型。

# 4.2 磨削实训

## 4.2.1 概述

在磨床上用磨具对工件进行切削加工的方法称为磨削。磨削加工是零件精加工的主要方法。磨削时可采用砂轮、砂带、油石等作为磨具，最常用的磨具是用磨料和黏结剂做成的砂轮。磨削所能达到的经济精度为 IT6～IT5，表面粗糙度 $Ra$ 值一般为 0.8～0.2 μm。根据加工零件的表面不同，可以分为外圆磨削、内圆磨削和平面磨削等。

磨削加工范围很广，不仅能加工内外圆柱面、锥面和平面，还能加工螺纹、花键轴、曲轴等特殊的成型面，常见的磨削加工方法如图 4-18 所示。与常见的切削方法（如车、铣、刨等）相比，磨削具有以下特点：

（1）磨削属于多刃、微刃切削。砂轮上每一磨粒都相当于一个切削刃，且刃口半径都很小，因此磨削属于多刃、微刃切削。

（2）加工精度高。磨削属于微刃切削，切削的厚度极小，故可以获得很高的加工精度和较小的表面粗糙度。

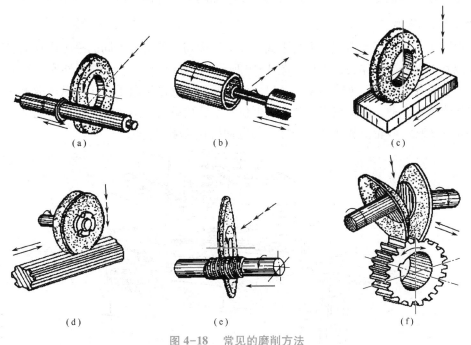

图 4-18　常见的磨削方法

（a）外圆磨削；（b）内圆磨削；（c）平面磨削；（d）花键磨削；（e）螺丝磨削；（f）齿形磨削

（3）加工材料广泛。由于磨料硬度极高，故磨削不仅可加工一般金属材料，如碳钢、铸铁等，还可加工一般刀具难以加工的高硬度材料，如淬火钢、各种切削刀具材料及硬质合金等。

（4）磨削速度高。磨削过程中，由于磨削速度高，所以磨削时的温度也很高。因此，为减少摩擦和迅速散热，降低磨削温度，及时冲走屑末，以保证零件表面质量，磨削时需使

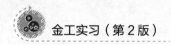 

用大量切削液。

（5）砂轮有自锐性。当作用在磨粒上的切削力超过磨粒的极限强度时，磨粒就会破碎，形成新的锋利棱角进行磨削；当此切削力超过结合剂的黏结强度时，钝化的磨粒就会自行脱落，使砂轮表面露出一层新鲜锋利的磨粒，从而使磨削加工能够继续进行。砂轮的这种保持自身锋利的性能称为自锐性。砂轮有自锐性可使砂轮连续进行加工，这是其他刀具所没有的特性。

磨削加工是机械制造中重要的加工工艺，随着机械产品对精度、可靠性及寿命的要求不断提高，高硬度、高强度、高耐磨性的新型材料不断增多，给磨削加工提出了许多新要求。当前磨削加工正朝着使用超硬磨料磨具、开发精密及超精密磨削的方向发展。此外，由于高速和强力磨削的发展，使有些零件毛坯不经粗加工而直接磨成成品。

随着20世纪90年代数控磨床进入普及实用时期后，磨削加工中心及具有砂轮与工件自动交换装置的高速和高智能的磨削技术的发展，磨削在机械加工中所占的比重日益增加。

### 4.2.2 磨床

磨床按用途不同可分为平面磨床、外圆磨床、内圆磨床、无心磨床、工具磨床、螺纹磨床、齿轮磨床及其他专用磨床等。最常用的是平面磨床和外圆磨床。

### 一、平面磨床

平面磨床主要用于磨削零件上的平面。平面磨床与其他磨床不同的是工作台上安装有电磁吸盘或其他夹具，用作装夹零件。图4-19所示为M7120A型平面磨床外形，磨头2可沿滑板3的水平导轨做横向进给运动，这可由液压驱动或横向进给手轮4操纵。滑板3可沿立柱6的导轨垂直移动，以调整磨头2的高低位置及完成垂直进给运动，该运动也可通过垂直进给手轮9实现。砂轮由装在磨头壳体内的电动机直接驱动旋转。

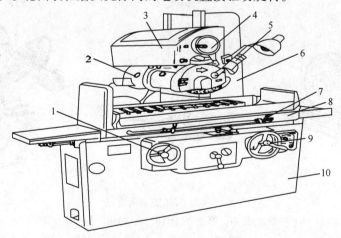

图4-19　M7120A型平面磨床外形

1—驱动工作台手轮；2—磨头；3—滑板；4—横向进给手轮；5—砂轮修整器；
6—立柱；7—行程挡块；8—工作台；9—垂直进给手轮；10—床身

### 二、外圆磨床

常用的外圆磨床分为普通外圆磨床和万能外圆磨床。在普通外圆磨床上可磨削零件的外圆柱面和外圆锥面；在万能外圆磨床上由于砂轮架、头架和工作台上都装有转盘，能回转一定的角度，且增加了内圆磨具附件，所以万能外圆磨床除可磨削外圆柱面和外圆锥面外，还可磨削内圆柱面、内圆锥面及端平面，故万能外圆磨床较普通外圆磨床应用更广。

图 4-20 所示为 M1432A 型万能外圆磨床外形。M1432A 型号中字母与数字的含义如下：M 表示磨床类机床，14 表示万能外圆磨床，32 表示工作台上最大磨削直径为 320 mm，A 表示经过一次重大改进。

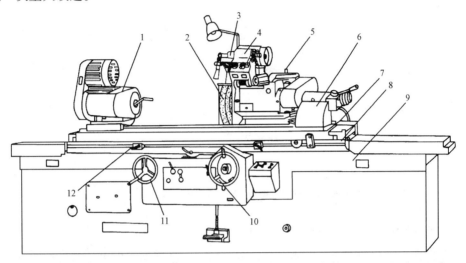

图 4-20　M1432A 型万能外圆磨床外形

1—头架；2—砂轮；3—内圆磨具；4—磨架；5—砂轮架；6—尾座；7—上工作台；8—下工作台；
9—床身；10—横向进给手轮；11—纵向进给手轮；12—换向挡块

万能外圆磨床由以下几个部分组成：

**1. 床身**

用来安装磨床的各个主要部件，上部装有工作台和砂轮架，内部装有液压传动装置及传动操纵机构。

**2. 工作台**

磨削时工作台由液压传动带动沿床身上面的纵向导轨做往复直线运动。万能外圆磨床的工作台面还能扳转一个很小的角度，以便磨削圆锥面。

**3. 砂轮架**

砂轮架主轴端部装砂轮，由单独电动机驱动，砂轮架可沿床身上部的横向导轨移动，以完成横向进给。

**4. 头架、尾座**

安装在工作台的 T 形槽上，头架主轴由单独电动机驱动，通过带传动及变速机构，使工件获得不同转速。尾座上装有顶尖，用以支承长工件。

**5. 内圆磨头**

内圆磨头的主轴可安装内圆磨削砂轮，并由单独电动机驱动，完成内圆面的磨削。

### 4.2.3　砂轮及安装、平衡、修整

砂轮是磨削的主要工具，磨粒、结合剂和空隙是构成砂轮的三要素，砂轮是由许多细小而且极硬的磨粒用结合剂黏结而成的疏松多孔物体。这些锋刺的磨粒就像铣刀的刀刃一样，在砂轮的高速旋转下切入工件表面，切下粉末状切屑，所以磨削的实质是一种多刀多刃的超高速切削过程，如图4-21所示。

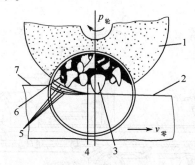

图4-21　砂轮的组成

1—砂轮；2—已加工表面；3—磨粒；4—结合剂；5—加工表面；6—空隙；7—待加工表面

### 一、砂轮的特性及其选择

砂轮的特性由下列因素决定：磨料、粒度、硬度、结合剂、组织、形状及尺寸等。

（1）磨料。磨料是制造砂轮的主要原料，直接担负着切削工作，必须硬度高、耐热性好，还必须有锋利的棱边和一定的强度。常用磨料有刚玉类、碳化硅类和超硬磨料。常用的几种刚玉类、碳化硅类磨料的代号、特点及适用范围见表4-1。

表4-1　常用磨料特点及其用途

| 磨料名称 | 代号 | 特点 | 用途 |
|---|---|---|---|
| 棕刚玉 | A | 硬度高，韧性好，价格较低 | 适合于磨削各种碳钢、合金钢和可锻铸铁等 |
| 白刚玉 | WA | 比棕刚玉硬度高，韧性低，价格较高 | 适合于加工淬火钢、高速钢和高碳钢 |
| 黑色碳化硅 | C | 硬度高，性脆而锋利，导热性好 | 用于磨削铸铁、青铜等脆性材料及硬质合金刀具 |
| 绿色碳化硅 | GC | 硬度比黑色碳化硅更高，导热性好 | 主要用于加工硬质合金、宝石、陶瓷和玻璃等 |

（2）粒度。粒度是指磨粒颗粒的大小，以刚能通过的那一号筛网的网号来表示磨料的粒度，粒度越大，颗粒越小。粗磨用粗粒度，精磨用细粒度；当工件材料软、塑性大、磨削面积大时，采用粗粒度，以免堵塞砂轮烧伤工件；磨削硬、脆材料时，用细磨粒。

（3）硬度。硬度是指砂轮上磨料在外力作用下脱落的难易程度，取决于结合剂的结合能力及所占比例，与磨料硬度无关。磨粒易脱落，表明砂轮硬度低；反之则表明砂轮硬度高。硬度分7大级（超软、软、中软、中、中硬、硬、超硬）、16小级。

砂轮硬度选择原则：

① 磨削硬材，选软砂轮；磨削软材，选硬砂轮；

② 磨导热性差的材料，不易散热，选软砂轮以免工件烧伤；

③ 砂轮与工件接触面积大时，选较软的砂轮；

④ 成型磨精磨时，选硬砂轮；粗磨时选较软的砂轮。

大体上说，磨硬金属时，用软砂轮；磨软金属时，用硬砂轮。

（4）结合剂。结合剂的作用是将磨粒黏结在一起，使之成为具有一定形状和强度的砂轮。砂轮结合剂的种类、性能及应用见表4-2。

表4-2 砂轮结合剂的种类、性能及应用

| 名称 | 代号 | 性能 | 应用范围 |
|---|---|---|---|
| 陶瓷结合剂 | V | 耐热、耐水、耐油、耐酸碱；但气孔率大、韧度弹性差 | 应用范围最广，除切断砂轮外，大多数砂轮都采用它 |
| 树脂结合剂 | B | 强度高、弹性好、耐冲击、有抛光作用；耐热性、抗腐蚀性差 | 制造高速砂轮、薄砂轮 |
| 橡胶结合剂 | R | 强度高弹性好，有极好的抛光作用，但耐热性更差，不耐酸 | 制造无心磨床导轮、薄砂轮、抛光砂轮 |

（5）组织。砂轮的组织表示砂轮结构的松紧程度。它是指磨粒、结合剂和气孔三者所占体积的比例。砂轮组织分为紧密、中等和疏松三大类，砂轮的组织号数是以磨料在磨具中所占的百分比束确定的，共16级（0~15）。常用的是5、6级，级数越大，砂轮越疏松。

（6）形状、尺寸。为了适应磨削各种形状和尺寸的工件，砂轮可以做成各种不同形状和尺寸：有平形（1）、筒形（2）、碗形（11）和薄片（41）等砂轮，如图4-22所示。

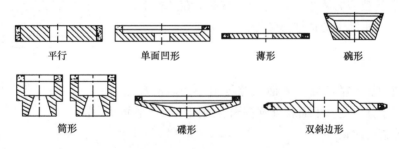

平行　　单面凹形　　薄形　　碗形

筒形　　碟形　　双斜边形

图4-22 砂轮形状

砂轮的特性代号示例：

1 — 400× 50 ×203 — wA 60 K 5 -V- 35 m/s

形状 外径 厚度 内径 磨料 粒度 硬度 组织号 结合剂 允许的切削速度

二、砂轮的安装、平衡及修整

1. 砂轮的安装

砂轮因在高速下工作，安装时应首先检查外观没有裂纹后，再用木槌轻敲，如果声音嘶哑，则禁止使用，否则砂轮破裂后会飞出伤人。砂轮的安装方法如图4-23所示。

## 2. 砂轮的平衡

为使砂轮工作平稳，一般直径大于 125 mm 的砂轮都要进行平衡试验，如图 4-24 所示。将砂轮装在心轴 2 上，再将心轴放在平衡架 6 的平衡轨道 5 的刃口上。若不平衡，较重部分总是转到下面，这可通过移动法兰盘端面环槽内的平衡铁 4 进行调整。经反复平衡试验，直到砂轮可在刃口上任意位置都能静止，即说明砂轮各部分的质量分布均匀。这种方法称为静平衡。

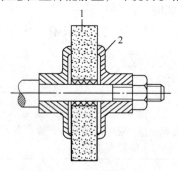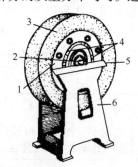

图 4-23  砂轮的安装

1—砂轮；2—弹性垫板

图 4-24  砂轮的平衡

1—砂轮套筒；2—心轴；3—砂轮；

4—平衡铁；5—平衡轨道；6—平衡架

## 3. 砂轮的修整

砂轮工作一定时间后，磨粒逐渐变钝，这时必须修整。修整时，将砂轮表面一层变钝的磨粒切去，使砂轮重新露出完整锋利的磨粒，以恢复砂轮的几何形状。砂轮常用金刚石笔进行修整，如图 4-25 所示。修整时要使用大量的冷却液，以免金刚石因温度急剧升高而破裂。砂轮修整除用于磨损砂轮外，还用于以下场合：① 砂轮被切屑堵塞；② 部分工材黏结在磨粒上；③ 砂轮廓形失真；④ 精密磨中的精细修整等。

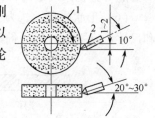

图 4-25  砂轮的修整

1—砂轮；2—金刚石笔

### 4.2.4  磨削操作

由于磨削的加工精度高，表面粗糙度值小，能磨高硬脆的材料，因此应用十分广泛。下面就外圆柱面、内圆柱面、平面及圆锥面的磨削工艺进行讨论。

### 一、外圆磨削

外圆磨削是一种基本的磨削方法，它适于轴类及外圆锥零件的外表面磨削。在外圆磨床上磨削外圆常用的方法有纵磨法、横磨法和综合磨法 3 种。

### 1. 纵磨法

如图 4-26 所示，磨削时，砂轮高速旋转起切削作用（主运动），零件转动（圆周进给）并与工作台一起做往复直线运动（纵向进给），当每一纵向行程或往复行程终了时，砂轮做周期性横向进给（被吃刀量）。每次背吃刀量很小，磨削余量是在多次往复行程中磨去的。当零件加工到接近最终尺寸时，采用无横向进给的几次光磨行程，直至火花消失为止，以提高零件的加工精度。纵向磨削的特点是具有较大的适应性，一个砂轮可磨削长度不同、直径不等的各种零件，且加工质量好，但磨削效率较低。目前生产中，特别是单件、小批生产以及精磨时广泛采用这种方法，尤其适用于细长轴的磨削。

**2. 横磨法**

如图 4-27 所示，横磨削时，采用砂轮的宽度大于零件表面的长度，零件无纵向进给运动，而砂轮以很慢的速度连续地或断续地向零件做横向进给，直至余量被全部磨掉为止。横磨的特点是生产率高，但精度及表面质量较低。该法适于磨削长度较短、刚性较好的零件。当零件磨到所需的尺寸后，如果需要靠磨台肩端面，则将砂轮退出 0.005 ~ 0.01 mm，手摇工作台纵向移动手轮，使零件的台端面贴靠砂轮，磨平即可。

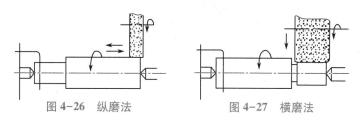

图 4-26　纵磨法　　　　　图 4-27　横磨法

**3. 综合磨法**

综合磨法是先用横磨分段粗磨，相邻两段间有 5~15 mm 重叠量（如图 4-28 所示），然后将留下的 0.01~0.03 mm 余量用纵磨法磨去。当加工表面的长度为砂轮宽度的 2~3 倍以上时，可采用综合磨法。综合磨法集纵磨、横磨法的优点于一身，既能提高生产效率，又能提高磨削质量。

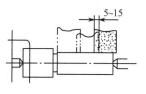

图 4-28　综合磨法

**二、内圆磨削**

内圆磨削方法与外圆磨削相似，只是砂轮的旋转方向与磨削外圆时相反（如图 4-29 所示），操作方法以纵磨法应用最广，且生产率较低，磨削质量较低。原因是受零件孔径限制使砂轮直径较小，砂轮圆周速度较低，所以生产率较低。又由于冷却排屑条件不好，砂轮轴伸出长度较长，使得表面质量不易提高。但由于磨孔具有万能性，不需要成套刀具，故在单件、小批生产中应用较多，特别是淬火零件，磨孔仍是精加工孔的主要方法。砂轮在零件孔中的接触位置有两种：一种是与零件孔的后面接触，如图 4-30（a）所示。这时冷却液和磨屑向下飞溅，不影响操作人员的视线和安全；另一种是与零件孔的前面接触，如图 4-30（b）所示，情况正好与上述相反。通常，在内圆磨床上采用后面接触，而在万能外

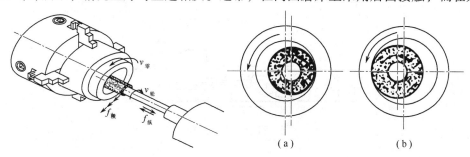

图 4-29　内圆磨削　　　　　图 4-30　砂轮在零件孔中的接触位置

圆磨床上磨孔，应采用前面接触方式，这样可采用自动横向进给。若采用后接触方式，则只能手动横向进给。

### 三、平面磨削

平面磨削常用的方法有周磨（在卧轴矩形工作台平面磨床上以砂轮圆周表面磨削零件）和端磨（在立轴圆形工作台平面磨床上以砂轮端面磨削零件）两种，见表4-3。

表4-3 周磨和端磨的比较

| 分类 | 砂轮与零件的接触面积 | 排屑及冷却条件 | 零件发热变形 | 加工质量 | 效率 | 适用场合 |
|---|---|---|---|---|---|---|
| 周磨 | 小 | 好 | 小 | 较高 | 低 | 精磨 |
| 端磨 | 大 | 差 | 大 | 低 | 高 | 粗磨 |

### 四、圆锥面磨削

圆锥面磨削通常有转动工作台法和转动头架法两种。

**1. 转动工作台法**

磨削外圆锥表面如图4-31所示，磨削内圆锥面如图4-32所示。转动工作台法大多用于锥度较小、锥面较长的零件。

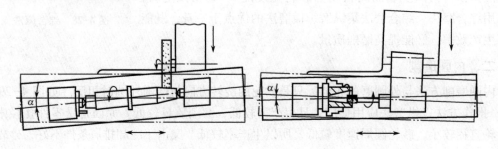

图4-31 转动工作台磨外圆锥面　　　　图4-32 转动工作台磨内圆锥面

**2. 转动零件头架法**

转动零件头架法常用于锥度较大、锥面较短的内外圆锥面，图4-33所示为磨削内圆锥面。

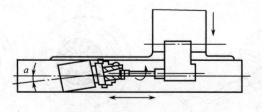

图4-33 转动头架磨内圆锥面

## 4.3　镗削实训

### 4.3.1　镗床、镗模

**1. 镗床**

镗削加工主要在镗床上进行，其中卧式镗床是应用最广泛的一种。

图 4-34 所示为 TP619 型卧式镗床的外形。床身上装有前立柱、后立柱和工作台，装有主轴和转盘的主轴箱装在前立柱上，后立柱上装有可上下移动的尾座，镗床进行切削加工时，镗刀可以安装在镗刀杆上，也可以安装在主轴箱外端的大转盘上，它们都可以旋转，以实现纵向进给。进给运动可以由工作台带动工件来完成，安放工件的工作台可做横向和纵向的进给运动，还可回转任意角度，以适应在工件不同方向的镗孔的需要。此外镗刀主轴可轴向移动，以实现纵向进给，当镗刀安装在大转盘上时，还可以实现径向的调整和进给。镗床主轴箱可沿主立柱的导轨做垂直的进给运动。

当镗深孔或离主轴端面较远的孔时，镗杆长、刚性差，可用尾座支承或镗模支承镗杆。

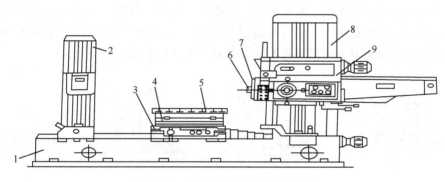

图 4-34　TP619 型卧式铣镗床外形
1—床身；2—后立柱；3—下滑座；4—上滑座；5—工作台；
6—主轴；7—转盘；8—前立柱；9—主轴变速箱

**2. 镗模**

引导镗刀杆在工件上镗孔用的机床夹具称镗模。镗模主要用于加工箱体、支座等零件上的孔或孔系。由于箱体类零件的孔系加工精度要求较高，镗模的制造精度通常比钻模高。镗模的结构类型主要决定于引导镗刀杆的方法，按照镗模架的位置可分为 4 种类型。

（1）单向前支承镗模：镗模架在工件的前方，镗刀杆与机床主轴是刚性连接，用于加工盲孔。

（2）单向后支承镗模：镗模架在工件的后方，镗刀杆与镗床主轴也是刚性连接，用于加工小箱体上的通孔。

（3）前后双向支承镗模：在工件的前、后方各有一镗模架。镗刀杆与机床主轴是浮动连接，完全由镗模支承，其回转精度与机床无关。这是使用最普遍的一种类型，用以加工箱体上孔径较大的长孔和不同箱壁上同一轴线的几个孔，如图4-35所示。

（4）单向双前支承镗模：在工件前方装有两个镗模架以支承镗刀杆，镗刀杆与机床主轴也采用浮动连接，用于无法采用前后双向支承的场合。

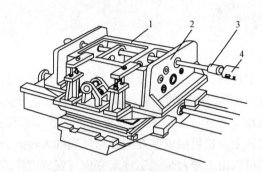

图4-35　前后双向支承镗模
1—工件；2—镗模架；3—刀杆；4—主轴

### 4.3.2　镗削操作

镗床用于对大型或形状复杂的工件进行孔加工。在镗床上除了能进行镗孔工作外，还能进行加工端面、钻孔、铣平面、铣组合面、镗螺纹等工作，如图4-36所示。由于镗刀结构简单、通用性好，既可粗加工，也可半精加工及精加工，因此特别适用于批量较小的加工。镗孔的质量（指孔的形状和位置精度）主要取决于机床的精度。

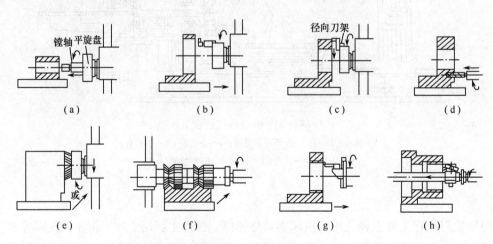

图4-36　镗削加工
（a）镗小孔；（b）镗大孔；（c）镗端面；（d）钻孔；
（e）铣平面；（f）铣组合面；（g）镗螺纹；（h）镗深孔螺纹

## 本课题小结

本课题主要介绍了常用的刨床、磨床、镗床的型号、结构、工艺特点以及加工范围，通过刨削、磨削、镗削的实训练习，可进一步提高操作技能。

**练习题**

**一、填空题**

1. 牛头刨床刨削平面时的主运动是_____的运动，而进给运动是_____的运动。

2. 平面磨削常用的方法有_____和_____两种。

3. 刨刀和车刀相比，其主要差别是_____。

4. 在外圆磨床上磨削外圆常用的方法有_____、_____和_____三种。

5. 圆锥面磨削通常有_____和_____两种。

6. B6065 型牛头刨床的最大刨削长度为_____mm。

7. 牛头刨床上的摆杆机构主要作用是将_____运动变为_____运动。

8. 牛头刨床上的棘轮机构的主要作用是_____。

9. 砂轮是磨削的主要工具，_____、_____和_____是构成砂轮的三要素。

**二、判断题**

1. 砂轮硬度是指砂轮上磨料的硬度。（　　）

2. 砂轮的粒度越大，颗粒越大，粗磨用粗粒度，精磨用细粒度。（　　）

3. 在磨床上磨削工件时，当工件材料软、塑性大、磨削面积大时，采用粗粒度，以免堵塞砂轮烧伤工件；磨削硬、脆材料时，用细磨粒。（　　）

4. 磨削硬材，选硬砂轮；磨削软材，选软砂轮。（　　）

5. 为使砂轮工作平稳，任何规格的砂轮在使用前都必须严格进行平衡试验。（　　）

6. 钻模的制造精度通常比镗模钻模的要高。（　　）

7. 在牛头刨床上进行刨削加工时，需要调节滑枕行程的长度保持与零件刨削表面的长度相等。（　　）

8. 镗削加工只能在镗床上进行。（　　）

9. 在龙门刨床上加工时，零件随工作台的往复直线运动为进给运动。（　　）

10. 由于直头刨刀比较容易加工，故工程中直头刨刀比弯头刨刀应用更为广泛。（　　）

**三、问答题**

1. 牛头刨床主要由哪几部分组成？各有何作用？刨削前需如何调整？

2. 常见的刨刀有哪几种？切削量大的刨刀为什么做成弯头的？刨削的加工范围有哪些？

3. 磨削加工的特点是什么？

4. 当镗深孔或离主轴端面较远的孔时，如果镗杆长、刚性差，可采用何种措施来解决？

# 课题五

# 铣削与齿轮加工实训

**教学目标：**了解铣削和齿轮加工的设备、刀具、附件的性能、用途和使用方法；掌握铣削加工、齿轮加工的操作技能。

**教学重点和难点：**平面和沟槽的铣削工艺、分度头的应用和铣削技能训练。

**案例导入：**某模具加工车间要加工凸模零件两件，如图 5-1 所示。此零件加工的难点是两个曲面的铣削，特别是 R5 和 R10 的两个 1/4 圆弧铣削，如何控制走刀才能加工出合格零件呢？通过本课题的学习，将能制定出具体的工艺方法。

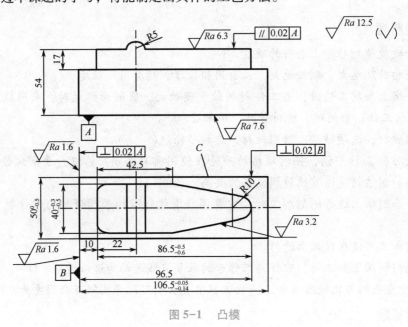

图 5-1　凸模

## 5.1　铣削实训

### 5.1.1　铣削运动和铣削应用

#### 1. 铣削运动

铣削运动分为主运动和进给运动，如图 5-2 所示。铣刀的旋转运动为主运动，工件的直线运动为进给运动。铣削用量是指铣削速度 $v_c$、进给量 $f$、背吃刀量 $a_p$ 和侧背吃刀量 $a_e$。

四要素。

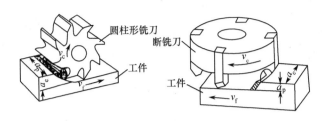

图 5-2　铣削运动和铣削要素

（1）铣削速度 $v_c$。铣削速度是指铣刀最大直径处的线速度，可用下式计算：

$$v_c = \pi dn / (60 \times 1\ 000) \quad (\text{m/s})$$

式中　　$d$——为铣刀直径，mm；

　　　　$n$——为铣刀每分钟转数，r/min。

（2）进给量 $f$。进给量是指刀具在进给方向上相对工件的位移量，它可用每分钟进给量 $v_f$（mm/min）、每转进给量 $f_n$（mm/r）或每齿进给量 $f_z$（mm/齿）表示，这三者间的关系为

$$v_f = f_n n = f_z z n$$

式中　　$z$——铣刀齿数；

　　　　$n$——铣刀每分钟转数，r/min。

（3）背吃刀量 $a_p$。背吃刀量是指沿铣刀轴线方向上测量的切削层尺寸。切削层指工件上正被刀刃切削着的那层金属。

（4）侧背吃刀量 $a_e$。侧背吃刀量是指垂直于铣刀轴线方向上测量的切削层尺寸。

### 2. 铣削加工的应用

铣削加工的范围比较广泛，使用不同类型的铣刀，可加工平面（水平面、垂直面、台阶面、斜面）、沟槽（包括键槽、直槽、角度槽、燕尾槽、T 形槽、V 形槽、圆弧槽、螺旋槽）和凸、凹圆弧面、凸轮轮廓等成型面。此外还可进行孔加工，如钻孔、扩孔、铰孔、镗孔等，也可以加工齿轮、花键等有分度要求的零件，如图 5-3 所示。铣削加工精度一般为 IT10～IT7，表面粗糙度为 $Ra6.3～1.6\ \mu m$。

### 5.1.2　铣床

铣床的种类很多，常用的有卧式万能升降台铣床、立式升降台铣床和龙门铣床等。

### 一、卧式铣床

卧式铣床是铣床中应用最多的一种机床，其工作特点是主轴和工作台平行，铣削时，铣刀安装在主轴或与主轴连接的刀轴上，随主轴做旋转运动（主运动），工件安装在夹具或工作台面上，随工作台做直线运动（进给运动）。

卧式万能升降台铣床型号的意义如下：例如 X6132，X——铣床类代号，用铣的汉语拼音第一个字母代表；6——卧式铣床组；1——万能升降台；32——纵向工作台宽度的 1/10，即工作台宽 320 mm。

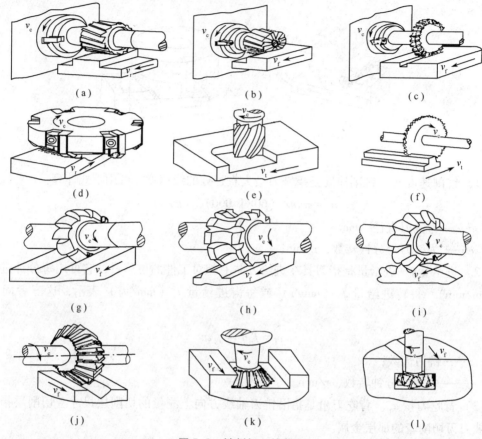

图 5-3　铣削加工的范围

（a）圆柱形铣刀铣平面；（b）套式面铣刀铣台阶面；（c）三面刃铣刀铣直角槽；（d）端铣刀铣平面；
（e）立铣刀铣凹平面；（f）锯片铣刀切断；（g）凸半圆铣刀铣凹圆弧面；（h）凹半圆铣刀铣凸圆弧面；
（i）齿轮铣刀铣齿轮；（j）角度铣刀铣 V 形槽；（k）燕尾槽铣刀铣燕尾槽；（l）T 形槽铣刀铣 T 形槽

**1. 卧式铣床结构**

图 5-4 所示为 X6125 卧式万能铣床，工作台宽度为 250 mm，其主要组成部分如下：

（1）床身。用来固定和支承和连接铣床上的部件。顶部有水平导轨，前壁有燕尾形的垂直导轨，电动机、主轴及主轴变速机构、润滑系统等安装在它的内部。

（2）横梁。它的上面安装吊架，用来支承刀杆外伸的一端，以加强刀杆的刚性。横梁可沿床身的水平导轨移动，以调整其伸出的长度。

（3）主轴。主轴是空心轴，前端有 7∶24 的精密锥孔，其用途是安装铣刀刀杆并带动铣刀旋转。

（4）纵向工作台。位于转台的导轨上，带动台面上的工件做纵向进给。

（5）横向工作台。位于升降台上面的水平导轨上，带动纵向工作台一起做横向进给。

（6）转台。作用是能将纵向工作台在水平面内扳转一定的角度（±45°），以便铣削螺旋槽。

（7）升降台。它可以使整个工作台沿床身的垂直导轨上下移动，以调整工作台面到铣刀的距离，并做垂直进给。进给变速机构安装在升降台内。

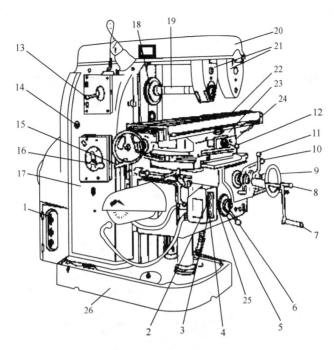

图 5-4　X6125 卧式万能铣床

1—总开关；2—主轴电机启动按钮；3—进给电机启动按钮；4—机床总停按钮；5—进给高、低速调整盘；
6—进给量调整手柄；7—升降手动手柄；8—纵向、横向、垂直快动手柄；9—横向手动手轮；10—升降自动手柄；
11—横向自动手柄；12—纵向自动手柄；13—主轴高、低速手柄；14—主轴点动按钮；15—纵向手动手轮；
16—主轴变速手柄；17—床身；18—主轴；19—刀轴；20—横梁；21—吊架；22—纵向工作台；
23—转台；24—横向工作台；25—升降台；26—底座

（8）底座。它是机床的支承部件。升降台丝杠的螺母也安装在底座上，其内腔用来装盛切削液。

立式铣床与卧式铣床的区别是：立式铣床的主轴与工作台面垂直，而卧式铣床则与其平行。

**2. 卧式铣床的调整及手柄的使用**

（1）主轴转速的调整。改变主轴高、低速手柄 13 和变速手柄 16 的位置，可以得到 65～1 800 r/min 共 16 种不同的转速。注意：变速时一定要停车，在主轴停止旋转后进行；若变速手柄扳不到正常位置，可用手转动主轴或者按一下主轴点动按钮 14。

（2）进给量的调整。先转动进给高、低速调整盘 5 指向蓝点（低速挡）或红点（高速挡），然后再扳转进给数码转盘手柄 6，可使工作台在纵向、横向和垂向分别得到 16 种不同的进给量。注意：垂向进给量只是数码转盘上所列数值的 1/2。

（3）手动手柄的使用。操作者面对铣床，顺时针摇动工作台左端纵向手动手轮 15，工作台向右移动；逆时针摇动，工作台向左移动。顺时针摇动横向手动手轮 9，工作台向前移动；逆时针摇动，工作台向后移动。顺时针摇动升降手动手柄 7，工作台上升；逆时针摇动，工作台下降。

（4）自动手柄的使用。在进给电动机启动的状态下，向右扳动纵向自动手柄 12，工作台向右自动进给；向左扳动 11，工作台向左自动进给，中间是停止位置。向前推横向自动手柄 11，工作台向前自动进给；向后拉，工作台向后自动进给。向前推升降自动手柄 10，工作台向上自动进给；向后拉，工作台向下自动进给。

（5）快动手柄的使用。在某一方向自动进给状态下，向上提起快动手柄 8 即可得到工作台该方向的快速移动。注意：快动手柄只能用于空程走刀或退刀。

## 二、立式升降台铣床

立式升降台铣床如图 5-5 所示，其主轴与工作台面垂直。根据加工的需要，可以将铣头（包括主轴）左右旋转一定角度，以便加工斜面等。

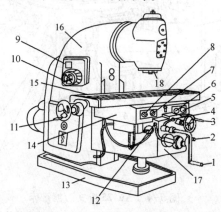

图 5-5　X5030 立式铣床

1—升降手动手柄；2—进给量调整手柄；3—横向手动手轮；4—纵向、横向、垂向自动进给选择手柄；
5—机床启动按钮；6—机床总停按钮；7—自动进给换向旋钮；8—切削液泵旋钮开关；9—主轴点动按钮；
10—主轴变速手轮；11—纵向手动手轮；12—快动手柄；13—底座；14—横向工作台；
15—纵向工作台；16—床身；17—升降台；18—主轴

立式铣床是一种生产率比较高的机床，可以利用立铣刀或端铣刀加工平面、台阶、斜面和键槽，还可以加工内外圆弧、T 形槽及凸轮等。另外，立式铣床操作时，观察、检查和调整铣刀位置都比较方便，又便于安装硬质合金端铣刀进行高速铣削，目前数控铣床多为立式铣床，故应用很广。

X5030 立式铣床的型号代码含义如下：X——铣床类代号，用铣的汉语拼音第一个字母表示；5——立式铣床组；0——立式；30——纵向工作台宽度的 1/10，即工作台宽 300 mm。与卧式铣床相比，除主轴所处位置不同外，它没有横梁、吊架和转台。铣削时，铣刀安装在主轴上，由主轴带动做旋转运动，工作台带动工件做纵向、横向、垂向的进给运动。

### 3. X5030 立式铣床的调整及手柄使用

（1）主轴转速的调整。转动主轴变速手轮可以得到 40～1 500 r/min 共 12 种不同的转速。注意：变速时必须停车，且在主轴停止旋转之后进行；若变速手轮转不到位，可用手转动主轴旋转或者按一下主轴点动按钮 14，注意不要打坏齿轮等。

（2）进给量的调整。顺时针扳转进给量调整手柄 2，可获得数码盘上标示 18 种低速挡进给量；若先顺时针扳转手柄 2，然后逆时针锁紧，则可获得 18 种高速挡进给量。注意：垂向进给量只是数码盘所列数值的 1/3。

（3）手动手柄的使用方法与 X6125 卧式铣床相同。操作者面对铣床，顺时针摇动工作台左端纵向手动手轮 11，工作台向右移动；逆时针摇动，工作台向左移。顺时针摇动横向手动手轮 3，工作台向前移动；逆时针摇动，工作台向后移动。顺时针摇动升降手动手柄 1，工作台上升；逆时针摇动，工作台下降。

（4）自动手柄的使用。在机床启动的状态下，配合使用纵向、横向、垂向自动进给选择手柄 4 和进给换向旋钮 7。手柄 4 向右扳动，选择纵向自动进给，旋钮 7 向左转动则向左，向右转动则向右；手柄 4 向左扳动，选择垂直向自动进给，旋钮 7 向左转动则向上，向右转动则向下；手柄 4 向前推，选择横向自动进给，旋钮 7 向左转动则向前，向右转动则向后。手柄 4 和旋钮 7 的中间位置均为停止位置。

（5）快动手柄的使用，在机床启动和某一方向自动进给的状态下，向外拉动快动手柄 12，即可得到工作台该方向的快速移动。与 X6125 卧式铣床一样，快动手柄只能用于空程走刀或退刀。

### 三、龙门铣床

龙门铣床属大型机床之一，一般用来加工卧式、立式铣床不能加工的大型工件。龙门铣床如图 5-6 所示，其铣削动力机构及铣削刀具安装在龙门横梁导轨或立柱导轨上，并可做横向和升降运动。工件安装在工作台上，只能做纵向移动。龙门铣床可以安装多把铣刀同时进行铣削加工，其生产率较高，适宜于批量加工大、中型工件的平面。

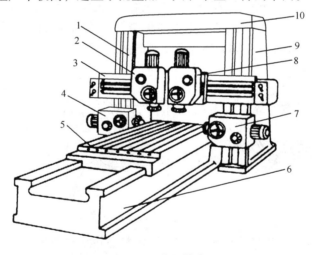

图 5-6　龙门铣床

1—立柱；2—垂直铣头；3—横梁；4—水平铣头；5—工作台；
6—床身；7—水平铣头；8—垂直铣头；9—立柱；10—顶梁

### 5.1.3　铣床附件

铣床的主要附件有回转工作台、万能铣头和分度头。

#### 1. 回转工作台

回转工作台又称为转盘、平分盘、圆形工作台等，如图 5-7 所示。它的内部有一套蜗轮蜗杆。摇动手轮，通过蜗杆轴，就能直接带动与转台相连接的涡轮转动。转台周围有刻度，用来观察和确定转台位置。拧紧固定螺钉，转台固定不动。转台中央有一孔，利用它可以方便地确定工件的回转中心。当底座上的槽和铣床工作台的T形槽对齐后，即可用螺栓把回转工作台固定在铣床工作台上。如图5-8所示铣圆弧槽时，工件安装在回转工作台上，铣刀旋转，用手均匀缓慢地摇动回转工作台即可铣出圆弧槽。

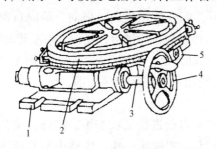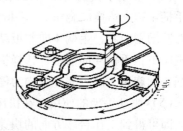

图5-7　回转工作台　　　　　　　　图5-8　在回转工作台上铣圆弧

1—底座；2—转台；3—蜗杆轴；4—手轮；5—固定螺钉

### 2. 万能铣头

在卧式铣床上装上万能铣头，不仅能完成各种立铣的工作，而且还可以根据铣削的需要，把铣头主轴扳成任意角度。

万能铣头的底座用螺栓固定在铣床的垂直导轨上。铣床主轴的运动通过铣头内的两对锥齿轮传到铣头主轴上。装有铣头主轴的小本体可绕铣床主轴轴线偏转任意角度，如图5-9所示。因此，铣头主轴就能在空间偏转成所需的任意角度。

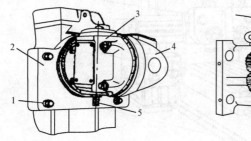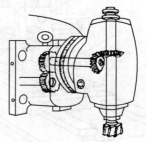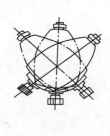

图5-9　万能铣头

1—螺栓；2—底座；3—小本体；4—大本体；5—铣刀

### 3. 分度头

在铣削加工中，常会遇到铣六方、齿轮、花键和刻线等工作。这时，就需要利用分度头分度。因此，分度头是万能铣床上的重要附件。

（1）分度头的作用如下：

① 能使工件绕自身的轴线周期地转动一定的角度（即进行分度）。

② 利用分度头主轴上的卡盘夹持工件，使被加工工件的轴线，相对于铣床工作台在向上90°和向下10°的范围内倾斜成需要的角度，以加工各种位置的沟槽、平面等（如铣圆锥齿轮）。

③ 与工作台纵向进给运动配合，通过配换挂轮，能使工件连续转动，以加工螺旋沟槽、斜齿轮等。

万能分度头由于具有广泛的用途，故在单件小批量生产中应用较多。

（2）分度头的结构。分度头的主轴是空心的，两端均为锥孔，前锥孔可装入顶尖（莫氏4号），后锥孔可装入心轴，以便在差动分度时挂轮把主轴的运动传给侧轴，带动分度盘旋转。主轴前端外部有螺纹，用来安装三爪卡盘，如图5-10所示。

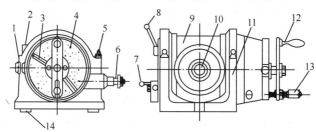

图5-10 分度头

1—紧固螺钉；2—刻度盘；3—分度叉；4—分度盘；5—回转体锁紧螺钉；6—侧轴；
7—蜗杆脱落手柄；8—主轴锁紧手柄；9—回转体；10—主轴；
11—底座；12—分度手柄；13—定位销；14—定位键

松开壳体上部的两个螺钉，主轴可以随回转体在壳体的环形导轨内转动，因此主轴除安装成水平外，还能扳成倾斜位置。当主轴调整到所需的位置上后，应拧紧螺钉，主轴倾斜的角度可以从刻度上看出。

在壳体下面，固定有两个定位块，以便与铣床工作台面的T形槽相配合，用来保证主轴轴线准确地平行于工作台的纵向进给方向。手柄用于紧固或松开主轴，分度时松开，分度后紧固，以防在铣削时主轴松动。另一手柄是控制蜗杆的手柄，它可以使蜗杆和涡轮连接或脱开（即分度头内部的传动切断或结合），在切断传动时，可用手转动分度的主轴。涡轮与蜗杆之间的间隙可用螺母调整。

分度方法：分度头内部的传动系统如图5-11（a）所示，可转动分度手柄，通过传动机构（传动比1：1的一对齿轮，1：40的蜗轮蜗杆），使分度头主轴带动工件转动一定角度。手柄转一圈，主轴带动工件转1/40圈。

如果要将工件的圆周等分为$Z$等分，则每次分度工件应转过$1/Z$圈。设每次分度手柄的转数为$n$，则手柄转数$n$与工件等分数$Z$之间有以下关系：

$$1:40=\frac{1}{Z}:n$$

$$n=\frac{40}{Z}$$

分度头分度的方法有直接分度法、简单分度法、角度分度法和差动分度法等。这里仅介绍常用的简单分度法。例如：铣齿数$Z=35$的齿轮，需对齿轮毛坯的圆周作35等分，每一次分度时，手柄转数为：

$$n=\frac{40}{Z}=\frac{40}{35}=1\frac{1}{7}\text{（圈）}=1\frac{4}{28}\text{（圈）}$$

分度时，如果求出的手柄转数不是整数，可利用分度盘上的等分孔距来确定。分度盘如

图 5-11（b）所示，一般备有两块分度盘。分度盘的两面各钻有不通的许多圈孔，各圈孔数均不相等，然而同一孔圈上的孔距是相等的。

分度头第一块分度盘正面各圈孔数依次为 24、25、28、30、34、37；反面各圈孔数依次为 38、39、41、42、43。

第二块分度盘正面各圈孔数依次为 46、47、49、51、53、54；反面各圈孔数依次为 57、58、59、62、66。

按上例计算结果，即每分一齿，手柄需转过 $1\frac{1}{7}$ 圈，其中 1/7 圈需通过分度盘来控制。用简单分度法需先将分度盘固定，再将分度手柄上的定位销调整到孔数为 7 的倍数（如 28、42、49）的孔圈上，如在孔数为 28 的孔圈上，此时分度手柄转过 1 整圈后，再沿孔数为 28 的孔圈转过 4 个孔距。

为了确保手柄转过的孔距数可靠，可调整分度盘上的扇形条 1、2 间的夹角，如图 5-7（b）所示，使之正好等于分子的孔距数，这样依次进行分度时即可准确无误，还可以作记号防止孔距错误。

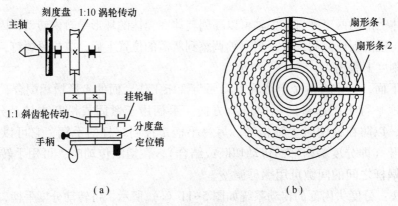

（a）　　　　　　　　　　　　　　　（b）

图 5-11　分度头的传动

### 5.1.4　铣刀

#### 1. 铣刀的种类及用途

铣刀实质上是一种由几把单刃刀具组成的多刃刀具，它的刀齿分布在圆柱铣刀的外回转表面或端铣刀的端面上。常用的铣刀刀齿材料有高速钢和硬质合金两种，前者使用较广，一般配合切削液使用，后者多用于端面的高速切削。

铣刀的分类方法很多，常按下列方法对铣刀进行分类：按铣刀切削部分的材料分为高速钢铣刀，硬质合金铣刀；按铣刀结构形式分为整体铣刀、镶齿铣刀、可转位式铣刀；按铣刀的安装方法分为带孔铣刀和带柄铣刀；按铣刀的形状分为端铣刀、盘铣刀、球面铣刀等。

（1）带孔铣刀。如图 5-12 所示，多用于卧式铣床。其中圆柱铣刀刀齿分布在圆周上，又分为直齿和螺旋齿两种。螺旋齿铣刀在工作时是每个刀齿逐渐进入和离开加工表面，切削比较平稳，加工工件的表面质量较好，主要用其周刃铣削中小型平面；三面刃铣刀用于铣削小台阶面、直槽和四方或六方螺钉小侧面；锯片铣刀用于铣削窄缝或切断；成型铣刀用于铣削齿轮或链轮等的成型齿槽，比如盘状模数铣刀。

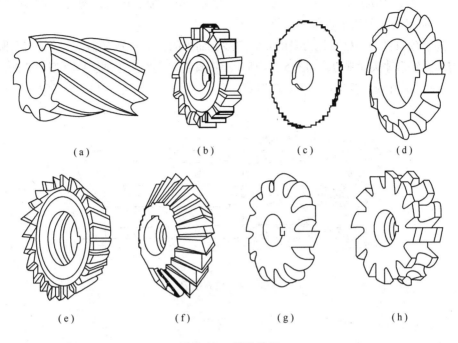

图 5-12　带孔铣刀

（a）圆柱铣刀；（b）三面刃铣刀；（c）锯片铣刀；（d）成型铣刀；

（e）单角铣刀；（f）双角铣刀；（g）凸圆弧铣刀；（h）凹圆弧铣刀

角度铣刀分为单角铣刀和双角铣刀，用于加工各种角度槽和斜面。圆弧铣刀用于铣削内凹和外凸圆弧表面。

（2）带柄铣刀。带柄铣刀如图 5-13 所示，多用于立式铣床，有时亦可用于卧式铣床。其中镶齿端铣刀一般在钢制刀盘上安装或者焊接多片硬质合金刀齿，用于铣削较大的平面，

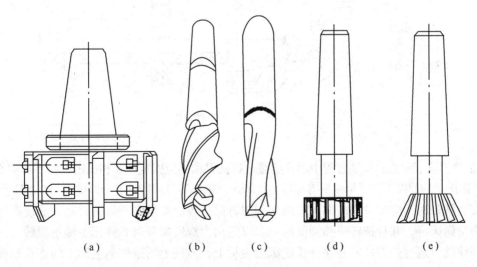

图 5-13　带柄铣刀

（a）镶齿端铣；（b）立铣刀；（c）键槽铣刀；（d）T形铣刀；（e）燕尾槽铣刀

可进行高速铣削；立铣刀的端部有三个以上的刀刃，用于铣削直槽、小平面、台阶平面和内凹平面等；键槽铣刀的端部只有两个刀刃，专门用于铣削轴上封闭式键槽；T形铣刀用于铣削 T 形槽；燕尾槽铣刀用于铣削燕尾槽。

此外还有模具铣刀，模具铣刀是由立铣刀演变而来的，主要分为圆锥形立铣刀、圆柱形球头立铣刀和圆锥形球头立铣刀，如图 5-14 所示。模具铣刀主要用于加工模具型腔或凸模成型表面，在模具制造厂中被广泛应用。模具铣刀的类型和尺寸按工件形状、尺寸以及机床来选用。

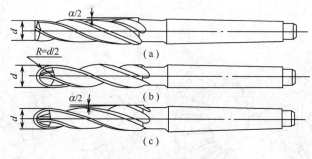

图 5-14　模具铣刀

### 2. 铣刀安装

（1）带孔铣刀的安装。

① 安装步骤：根据刀具的宽度和安装位置选择固定环，将铣刀固定环的内孔及两端面擦拭干净，避免因污物而影响安装精度。用扳手将拉杆螺钉松开，将吊架取下，并将刀杆擦拭干净，根据铣刀的位置，将一定数量的固定环套在刀杆上，然后将铣刀套上，最后套上一定数量的固定环，用螺母紧固后，安装吊架，收紧拉杆使刀杆锥面和锥孔紧密配合，如图 5-15 所示。

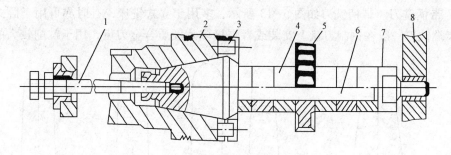

图 5-15　带孔铣刀的安装

1—拉杆；2—主轴；3—端面键；4—固定环；5—铣刀；6—刀杆；7—压紧螺母；8—吊架

② 铣刀安装要点：安装过程中不要随意敲打铣刀和避免固定环互相撞击；在不影响操作和干涉机床运动的前提下，尽量使铣刀靠近主轴轴承，吊架尽量靠近铣刀，以提高刀杆的刚性。

安装铣刀时，应使铣刀旋向与刀齿切削刃方向一致。安装螺旋齿铣刀时，应使产生的轴向分力指向床身，并且把转速挂到低挡位，以致用力拧紧螺母时，铣床主轴不跟转。

圆柱铣刀通过长刀杆安装在卧式铣床的主轴上，刀杆上的锥柄与主轴上的锥孔相配，并用一拉杆拉紧。刀杆上的键槽与主轴上的方键相配，用来传递动力。安装铣刀时，先在刀杆上装几个垫圈（也称固定环），然后装上铣刀，如图 5-16（a）所示。应使铣刀切削刃的切削方向与主轴旋转方向一致，同时铣刀还应尽量装在靠近床身的地方。再在铣刀的另一侧套上垫圈，然后用手轻轻旋上压紧螺母，如图5-16（b）所示。然后安装吊架，使刀杆前端进入吊架轴承内，拧紧吊架的紧固螺钉，如图5-16（c）所示。初步拧紧刀杆螺母，开车观察铣刀是否装正，调整，然后用力拧紧螺母，如图5-16（d）所示。安装后，应检查调整铣刀的径向跳动及紧固螺钉是否紧固可靠。

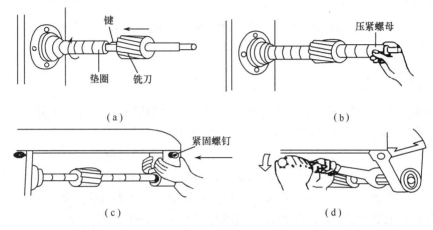

图 5-16　安装圆柱铣刀的步骤

（2）带柄铣刀的安装。

直柄铣刀安装，直柄铣刀多采用弹簧夹头安装，如图5-17所示，先把转速挂到低挡位，以方便用力拧紧螺母。铣刀的刀柄插入弹簧夹头光滑孔内，弹簧夹头用锯片铣刀开槽其外锥与刀杆的锥孔配合，左螺母旋紧于刀杆上的同时也往上推弹簧夹头的端面。弹簧夹头的外锥挤紧在刀杆的锥孔中，迫使夹头内孔缩小，从而将铣刀夹紧。刀杆外锥与主轴锥扎配合并用螺纹拉杆拧紧。通过更换弹簧夹头或在弹簧夹头内加上不同内径带槽会筒，可以安装$\phi$20 mm以内的直柄立铣刀。更换不同孔径的弹簧夹头就可以实现不同直径铣刀的安装。

锥柄铣刀安装，锥柄铣刀与主轴锥孔锥度相同时可以直接安装，不同时可以采用过渡锥套安装，如图5-18所示。

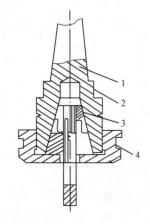

图 5-17　直柄铣刀的安装

1—锥柄；2—铣扁；3—弹簧夹头；4—六方螺母

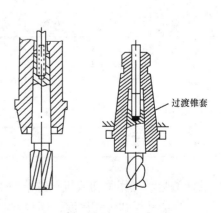

图 5-18　锥柄铣刀的安装

### 5.1.5 铣削操作

#### 一、铣平面

铣平面可以用圆柱铣刀、端铣刀或三面刃盘铣刀在卧式铣床或立式铣床上进行铣削。

**1. 圆柱铣刀铣平面**

一般使用螺旋齿圆柱铣刀铣平面。铣刀的宽度必须大于所铣平面的宽度。螺旋线的方向应使铣削时所产生的轴向力将铣刀推向主轴轴承方向。

操作方法如下：

（1）安装铣刀。

（2）装夹工件。在铣床上装夹工件时，主要有平口钳装夹、工作台上螺栓压板装夹和夹具装夹三种方法（和刨削加工近似），注意检查是否夹紧。

（3）确定铣削用量。可根据工件的材料、加工余量、铣刀材料、工件宽度、表面粗糙度和机床要求来综合选择合理的切削用量或者根据工艺卡的规定调整机床的转速和进给量，再根据加工余量的多少来调整铣削深度，然后开始铣削。为了提高生产效率和产品质量，铣削加工通常分为粗铣和精铣两步进行，切削用量可参照表 5-1 选取。

（4）对刀。对刀是为了确定刀具和工件的参考平面，好确定进刀量。具体操作如下：先挂挡至低挡转速，启动铣床，手动把工作台上夹紧的工件靠近于铣刀的下方或者侧面，使铣刀按逆铣方式旋转，摇动手柄，慢慢使工件与铣刀轻微接触；然后手动或者机动进给使工件缓慢与铣刀分离。

（5）调整铣削深度。停机挂挡至较高挡转速，使工作台的升降刻度盘对零，然后控制工作台使工件移动至规定的铣削深度位置，如果是纵向进给，则锁紧升降台和横向工作台；如果是使用其他进给方向，则锁紧另两个方向的工作台。

表 5-1 切削用量推荐值

| 材料 | 高速钢铣刀 | | | | 硬质合金铣刀 | | | |
| --- | --- | --- | --- | --- | --- | --- | --- | --- |
| | 切削速度 $v_c$/ $(m \cdot min^{-1})$ | 进给量 $F_z$/ $(mm \cdot r^{-1})$ | 侧吃刀量 $a_e$/mm | | 切削速度 $v_c$/ $(m \cdot min^{-1})$ | 进给量 $F_z$/ $(mm \cdot r^{-1})$ | 侧吃刀量 $a_e$/mm | |
| | | | 粗铣 | 精铣 | | | 粗铣 | 精铣 |
| 低碳钢 | 21~25 | 0.1~0.2 | <5 | 0.5~1 | 150~190 | 0.12~0.3 | <12 | 0.5~1 |
| 中碳钢 | 21~35 | 0.05~0.2 | <4 | 0.5~1 | 120~150 | 0.07~0.2 | <7 | 0.5~1 |
| 高碳钢 | 12~25 | 0.05~0.2 | <3 | 0.5~1 | 60~90 | 0.07~0.2 | <4 | 0.5~1 |
| 灰铸铁 | 14~28 | 0.07~0.25 | 5~7 | 0.5~1 | 72~100 | 0.1~0.3 | 10~18 | 0.5~1 |

（6）试切测量。先用手动或机动进给使工作台从进给方向靠近铣刀，试切 1~5 mm 后，退出、停机，测量是否到铣削深度，这种方法在首件生产中常常用到，可灵活穿插进行。

（7）铣削进给。开机铣削，先用手动使工作台纵向靠近铣刀，然后改为机动进给；当进给行程尚未完毕时不要停止进给运动，否则铣刀在停止的地方切入金属就比较深，形成表面深啃现象；工件铣完一遍后，可继续进刀完成精加工（可停机挂挡至高档转速），工件铣完后停机，松开所有工作台锁紧，降下工作台。铣削铸铁时可不加切削液（因铸铁中的石墨可起润滑作用）；铣削钢料时要用切削液，通常用含硫矿物油作切削液，比如柴油。

（8）退回工作台，测量铣后工件尺寸，重复上述铣削过程，直至尺寸精度和表面粗糙度合格为止。

用螺旋齿铣刀铣削时，同时参加切削的刀齿数较多，每个刀齿工作时都是沿螺旋线方向逐渐地切入和脱离工作表面，切削比较平稳。在单件小批量生产的条件下，用圆柱铣刀在卧式铣床上铣平面仍是常用的方法。

周铣有逆铣法和顺铣法之分，如图 5-19 所示，而且逆铣时铣刀的旋转方向与工件的进给方向相反；顺铣时，则铣刀的旋转方向与工件的进给方向相同。

逆铣时，切屑的厚度从零开始渐增。实际上，铣刀的刀刃开始接触工件后，将在表面滑行一段距离才真正切入金属，这就使得刀刃容易磨损，并增加加工表面的表面粗糙度。而且逆铣时，铣刀对工件有上抬的切削分力，影响工件安装在工作台上的稳固性。

顺铣则没有逆铣的缺点。但是，顺铣时工件的进给会受工作台传动丝杠与螺母之间间隙的影响。因为铣削的水平分力与工件的进给方向相同，铣削力忽大忽小，就会使工作台窜动和进给量不均匀，甚至引起打刀或损坏机床。因此，必须在纵向进给丝杠处有消除间隙的装置才能采用顺铣。但一般铣床上没有消除丝杠螺母间隙的装置，故采用逆铣法较好。另外，对铸锻件表面的粗加工，顺铣因刀齿首先接触黑皮，将加剧刀具的磨损，此时，也是以逆铣为妥。

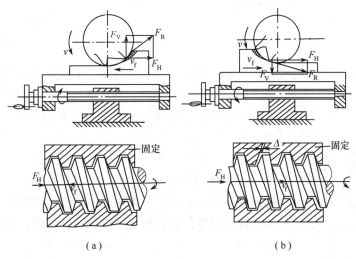

图 5-19　顺铣和逆铣
（a）顺铣；（b）逆铣

### 2. 用端铣刀铣平面

端铣刀一般中间带有圆孔。通常先将铣刀装在短刀轴上，再将刀轴装入机床的主轴上，并用拉杆螺钉拉紧。

用端铣刀铣平面如图 5-20 所示，与用圆柱铣刀铣平面相比，其特点是：切削厚度变化较小，同时切削的刀齿较多，因此切削比较平稳；再则端铣刀的主切削刃担负着主要的切削工作，而副切削刃又有修光作用，所以表面光整。此外，端铣刀的刀齿易于镶装硬质合金刀片，可进行高速铣削，且其刀杆比圆柱铣刀的刀杆短些，刚性较好，能减少加工中的振动，有利于提高铣削用量。因此，端铣既提高了生产率，又提高了表面质量，所以在大批量生产中，端铣已成为加工平面的主要方式之一。

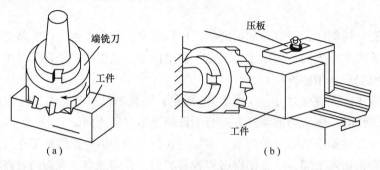

图 5-20　用端铣刀铣平面

(a) 立铣；(b) 卧铣

### 二、台阶面的铣削

工件上的台阶面通常在卧式铣床上使用三面刃铣刀进行，如图 5-21 所示。铣削时要注意：铣刀的宽度应大于被铣削台阶的宽度。铣刀在满足铣削深度的前提下，其直径越小越好。批量生产时，可用多把三面刃铣刀组合进行铣削。台阶面也可以在立铣床上使用立铣刀进行铣削。

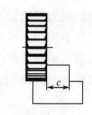

图 5-21　在卧式铣床上
铣削台阶面

### 三、铣斜面

工件上具有斜面的结构很常见，铣削斜面的方法也很多，下面介绍常用的几种方法：

（1）按划线铣斜面。如图 5-22 所示，首先按图样尺寸和角度在毛坯上划出斜面的位置线，并用样冲沿线打出样冲眼，然后将工件装在平口钳上找正，使位置线与工作台台面平行后夹紧。为了夹紧牢固，最好使钳口与进给方向垂直。

（2）使用倾斜垫铁铣斜面，如图 5-23（a）所示。在零件设计基准的下面垫一块倾斜的垫铁，则铣出的平面就与设计基准面成倾斜位置，改变倾斜垫铁的角度，即可加工不同角度的斜面。

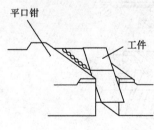

图 5-22　划线铣斜面

（3）用万能铣头铣斜面，如图 5-23（b）所示。由于万能铣头能方便地改变刀轴的空间位置，因此，我们可以转动铣头以使刀具相对工作倾斜一个角度来铣斜面。

（4）用角度铣刀铣斜面，如图 5-23（c）所示。较小的斜面可用合适的角度铣刀加工。当加工零件批量较大时，则常采用专用夹具铣斜面。

（5）用分度头铣斜面，如图 5-23（d）所示。在一些圆柱形和特殊形状的零件上加工斜面时，可利用分度头将工件转成所需位置而铣出斜面。

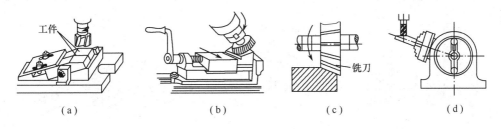

图 5-23　铣斜面的几种方法

（a）用斜垫铁铣斜面；（b）用万能铣头铣斜面；（c）用角度铣刀铣斜面；（d）用分度头铣斜面

## 四、铣槽

在铣床上能加工的沟槽种类很多，如直槽、角度槽、V 形槽、T 形槽、燕尾槽和键槽等。现仅介绍键槽、T 形槽和燕尾槽的加工。

（1）铣键槽：常见的键槽有封闭式和敞开式两种。在轴上铣封闭式键槽，一般用键槽铣刀加工，如图 5-24（a）所示。键槽铣刀一次轴向进给不能太大，切削时要注意逐层切下，或者采取预钻孔工艺。敞开式键槽或半圆键槽多在卧式铣床上用三面刃铣刀进行加工，如图 5-24（b）所示。注意在铣削键槽前，做好对刀工作，以保证键槽的对称度。

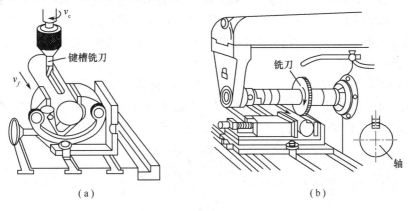

图 5-24　铣键槽

（a）在立式铣床上铣封闭式键槽；（b）在卧式铣床上铣键槽

若用立铣刀加工，则由于立铣刀中央无切削刃，不能向下进刀，因此必须预先在槽的一端钻一个落刀孔，才能用立铣刀铣键槽。对于直径为 3~20 mm 的直柄立铣刀，可用弹簧夹头装夹，弹簧夹头可装入机床主轴孔中；对于直径为10~50 mm的锥柄铣刀，可利用过渡套装入机床主轴孔中。

对于敞开式键槽或者半圆键槽，可在卧式铣床上进行，一般采用三面刃铣刀加工。

（2）铣 T 形槽及燕尾槽，如图 5-25 所示。T 形槽应用很多，如铣床和刨床的工作台上用来安放紧固螺栓的槽就是 T 形槽。要加工 T 形槽及燕尾槽，必须首先用立铣刀或三面刃铣刀铣出直角槽，然后在立铣刀上用 T 形槽铣刀铣削 T 形槽和用燕尾槽铣刀铣削成型。但由于T 形槽铣刀工作时排屑困难，因此切削用量应选得小些，同时应多加冷却液，最后再用角度铣刀铣出倒角。铣燕尾槽如图 5-25（c）所示。

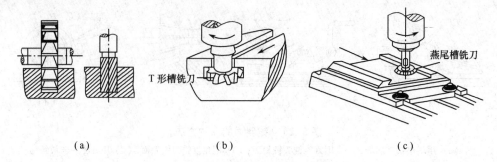

（a）　　　　　　　　　　　（b）　　　　　　　　　　（c）

图 5-25　铣 T 形槽及燕尾槽

（a）先铣出直槽；（b）铣 T 形槽；（c）铣燕尾槽

### 五、铣圆弧槽

在铣削加工中一般用回转工作台加工圆弧槽，如图 5-8 所示。

### 六、铣螺旋槽

铣削麻花钻、螺旋齿轮、螺旋铣刀的沟槽等统称铣螺旋槽。

通常用分度头在卧式万能铣床上铣螺旋槽，铣削原理与车螺纹原理基本相同。铣削时，刀具做旋转运动；工件一方面随工作台做匀速直线移动，同时又被分度头带动做等速旋转运动。根据螺旋线形成原理，必须保证工件纵向移动一个导程时恰好也转动一圈，这一点可通过铣床纵向丝杠和分度头之间的配换挂轮来实现。

图 5-26 所示为铣螺旋槽的传动系统，工件纵向移动一个导程 $L$，丝杠转 $A/P$ 转，经过配换齿轮及分度头传动使工件转一圈，设 $T$ 为螺旋槽的导程，$t$ 为工作台纵向进给丝杠的螺距，$i$ 为交换齿轮的传动比，$Z_1$、$Z_2$、$Z_3$、$Z_4$ 为交换齿轮齿数，则：

$$i = \frac{Z_1}{Z_2} \times \frac{Z_3}{Z_4}$$

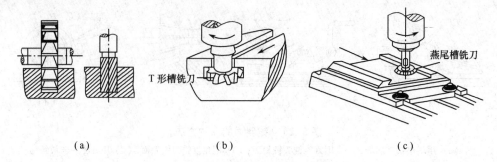

图 5-26　螺旋槽的铣削原理

工件旋转一周，工作台带动工件应直线移动 $T$ 距离，即：

$$T = 1 \times 40 \times \frac{Z_4}{Z_3} \times \frac{Z_2}{Z_1} \times t$$

由此可得：

$$i=\frac{Z_1}{Z_2}\times\frac{Z_3}{Z_4}=40\frac{t}{T}$$

由于 $T$ 和 $t$ 均为已知值，按上式可求出交换齿轮的齿数 $Z_1$、$Z_2$、$Z_3$ 和 $Z_4$。

对于多头螺旋槽，在铣第二条螺旋槽前，应先退出铣刀，把分度盘固定，使交换齿轮分离，然后进行分度，使工件旋转一定角度才能进行铣削。铣斜齿轮的方法与铣多头螺旋槽方法完全相同，只是所用的铣刀不同而已。

在实际生产中，为减少烦琐的计算，一般只需算出工件导程或挂轮速比，即可在铣工手册中查出各挂轮的齿数。

在卧式万能铣床上，为了使铣刀的旋转平面位于被加工工件的螺旋线方向，应将工作台旋转一个角度（工件螺旋角）。若铣左螺旋槽，工作台顺时针方向旋转；铣右螺旋槽，则逆时针方向旋转。在立式铣床上用指状模数铣刀铣螺旋齿轮等螺旋槽时，工作台不必转角度。

### 七、铣成型面

如零件的某一表面在截面上的轮廓线是由曲线和直线组成的，这个面就是成型面。成型面一般在卧式铣床上用成型铣刀来加工，如图 5-27（a）所示。成型铣刀的形状要与成型面的形状相吻合。如零件的外形轮廓是由不规则的直线和曲线组成，这种零件就称为具有曲线外形表面的零件。这种零件一般在立式铣床上铣削，加工方法有：按划线用手动进给铣削；用圆形工作台铣削；用靠模铣削，如图 5-27（b）所示。

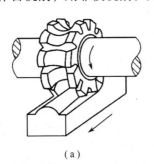
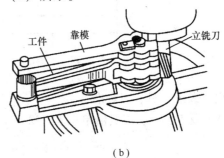

（a）　　　　　　　　　　　　　　　　　　（b）

图 5-27　铣成型面

（a）用成型铣刀铣成型面；（b）用靠模铣曲面

对于要求不高的曲线外形表面，可按工件上划出的线迹移动工作台进行加工，顺着线迹将打出的样冲眼铣掉一半。在成批及大量生产中，可以采用靠模夹具或专用的靠模铣床来对曲线外形面进行加工。

### 5.1.6　铣削综合训练示例

铣削如图 5-28 所示的铣床用表面粗糙度样块。

**1. 教学目的**

（1）掌握斜面的铣削方法。

（2）掌握铣削用量的选择。

**2. 训练前准备**

（1）材料准备。备料图如图 5-29 所示。

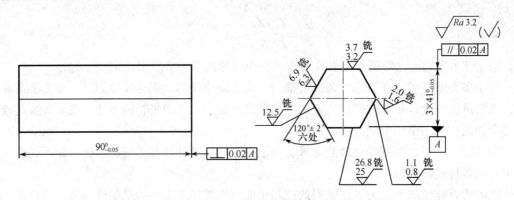

图 5-28　铣床用表面粗糙度样块

① 备料名称：铣床用表面粗糙度样块坯料。
② 材料：HT200。

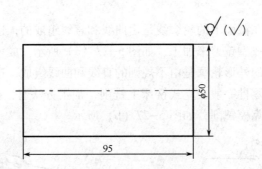

图 5-29　铣床用表面粗糙度样块坯料

（2）设备及工、量、刃具准备。
所需设备及工、量、刃具清单见表 5-2。

表 5-2　设备及工、量、刃具清单

| 名　称 | 规　格 | 精　度 | 数　量 |
| --- | --- | --- | --- |
| 平口台虎钳 | 自选（含扳手，T 形槽螺栓） |  | 1 套 |
| 钳工锉 | 200（4 号纹） |  | 1 |
| 游标卡尺 | 0~150 mm | 0.02 | |
| 游标万能角度尺 | 0°~320° | 2′ | 1 |
| 百分表 |  | 0.01 mm | 1 |
| 铣床用表面粗糙度样块 |  |  | 1 套 |
| 电动轮廓仪 |  |  | 1 |
| 铣刀 | 自选 |  | 1 |
| 磁性表架 | C2-6 型，60 kg |  | 1 |
| 平行垫铁 |  |  | 1 |
| 铜锤 |  |  | 1 |
| 备注 |  |  | |

（3）训练考核要求

① 公差要求：尺寸精度 $3 \times 41_{-0.05}^{0}$ mm。

② 形位公差：位置公差 0.02 mm $A$ 基准；3 个对称面平行度公差为 0.02 mm。

③ 表面粗糙度，见表 5-3 考核评分主要项目考核内容及要求 1~6 项。

④ 时间定额：操作 180 min。

注意以下几点：

① 了解技能考核要求，按要求做好准备工作，准备好工作场地、工位，刀具、量具及辅助用具摆放整齐。

② 检查备料各项指标，选择确定加工基准。

③ 依据训练要求编制加工步骤和加工测量方法。

④ 分析试件（或零件毛坯）中工艺难点、重点及技巧应用。

**3. 铣削操作**

（1）操作要点。工件在平口钳上装夹时应注意以下四点。

① 必须将工件的基准面紧贴图定钳口或导轨面，承受切削钳力的钳口必须是固定钳口。

② 工件的余量必须高出钳口，以免铣坏钳口和损坏铣刀。

③ 用铜锤或木槌轻敲工件，使工件紧密地靠在平行垫铁上。

④ 工件装夹位置正确，稳固可靠，在铣削过程中不产生位移。

（2）考核需注意的要点

① 主要考核平面和斜面铣削方面的基本技能，包括角度加工、尺寸保证等。

② 该件加工过程中，应注意技术动作要规范，加工要细心。

③ 试件尺寸公差为 $_{-0.05}^{0}$ mm，角度精度 $\pm 2'$，表面粗糙度等要求较高，不太容易保证要求考生具备相应的技术水平。

（3）加工工艺步骤（加工步骤见图 5-30）。

① 检查坯料是否符合试件备料技术要求。

② 铣刀的选择与安装。选 $\phi 120$ mm 端铣刀。

③ 工件的安装与校正。使平口台虎钳的固定钳口与纵向进给方向垂直。

④ 对刀铣削。首先加工基准面 $A$，达到表面粗糙度值要求。

⑤ 以基准面 $A$ 贴固定钳口，铣平 7 面。

⑥ 以基准面 $A$ 贴固定钳口，铣另一端面，保证尺寸 $90_{-0.05}^{0}$ mm（8 面）。

⑦ 以 7 面贴固定钳口，铣 2 面，保证角度 $120° \pm 2'$ 及表面粗糙度值至要求。

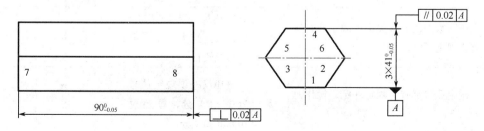

图 5-30　加工步骤

⑧ 以 7 面贴固定钳口，铣 3 面，保证角度 120°±2′ 及表面粗糙度值至要求。

⑨ 依次铣削平行面 4、5、6 各面，保证尺寸 41 mm 及表面粗糙度值达到要求。

⑩ 去除毛刺，复检各项尺寸。

⑪ 整理图样、工具及工作场地。

⑫ 编号，交图样和试件。

（4）注意事项。

① 铣削过程中，每次重新装夹工件前，应及时用锉刀修整工件上的锐边和去除毛刺。

② 铣削时一般先粗铣，然后再精铣，以提高表面的加工质量。

③ 用铜锤敲击工件时，注意力度，不要砸伤工件已加工表面。

④ 因是对表面粗糙度样块进行铣削，在加工时，铣削速度与进给量需调整好。

⑤ 铣削时，不使用的进给机构应锁紧，工件加工完毕再松开。

综上所述，平面及斜面铣削基本技能的运用，要求操作者具有一定的平面和斜面铣削的操作技能水平，同时能严把测量关，只要细心操作，就能顺利完成。

**4. 考核评分**

考核评分标准见表 5-3。

表 5-3　考核评分标准

| 项目 | 考核内容及要求 | 配分 | 评分标准 | 检测结果 | 扣分 | 得分 | 备注 |
|---|---|---|---|---|---|---|---|
| 主要项目 | ① 铣削表面粗糙度 $Ra$1.1~0.8 μm； | 12 | 超差全扣； | | | | |
| | ② 铣削表面粗糙度 $Ra$2.0~1.6 μm； | 8 | 超差全扣； | | | | |
| | ③ 铣削表面粗糙度 $Ra$3.7~3.2 μm； | 8 | 超差全扣； | | | | |
| | ④ 铣削表面粗糙度 $Ra$6.9~6.3 μm； | 7 | 超差全扣； | | | | |
| | ⑤ 铣削表面粗糙度 $Ra$12.5 μm； | 6 | 超差全扣； | | | | |
| | ⑥ 铣削表面粗糙度 $Ra$26.8~25 μm； | 6 | 超差全扣； | | | | |
| | ⑦ 6 处 120°±2′； | 15 | 每超差 1 处扣 2.5 分； | | | | |
| | ⑧ 尺寸精度 $3×41_{-0.05}^{0}$ mm； | 9 | 每处超差扣 3 分； | | | | |
| | ⑨ 3 个对称面平行度公差为 0.02 mm | 9 | 每一对称面超差扣 3 分 | | | | |
| 一般项目 | ① 垂直度公差 0.02 mm； | 5 | 超差全扣； | | | | |
| | ② 尺寸精度 $90_{-0.05}^{0}$ mm | 5 | 超差全扣 | | | | |
| 安全生产 | 按国家颁发的有关法规或企业自定有关规定评定 | 5 | 每违反一项规定扣 2 分，发生重大事故者取消考核资格 | | | | |
| 文明生产 | 按企业自定有关规定评定，操作时间为 3 h | 5 | 每违反一项规定从总分中扣 1 分，每超过 10 min 扣 2 分 | | | | |
| 姓名 | 工号 | 日期 | 教师 | | 总分 | | |

## 5.2　齿轮加工实训

齿轮是应用十分广泛的机械零件之一，其中以渐开线圆柱齿轮应用最多。齿轮齿形的加工有仿形法和展成法两大基本类型。

### 5.2.1　仿形法加工齿轮

仿形法是用与被切齿轮的齿槽截面形状相符合的成型刀具切出齿形的方法，常见的有铣齿、拉齿等，其中铣齿用得最多。

铣齿时，工件用分度头和圆柱心轴装夹，铣刀做旋转主运动，工作台带动工件做直线进给运动，用一定模数的盘状或指状铣刀进行铣削。当铣完一个齿槽后，对工件分度，再铣下一个齿槽，直至加工出所有齿槽，如图5-31所示。

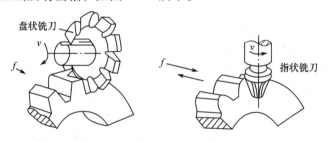

图5-31　用盘状铣刀和指状铣刀加工齿轮

圆柱形齿轮和圆锥齿轮可在卧式铣床或立式铣床上加工，人字形齿轮在立式铣床上加工，涡轮则可以在卧式铣床上加工。卧式铣床加工齿轮一般用盘状铣刀，而在立式铣床上则使用指状铣刀。

这种加工方法的特点是"三低"，即：

生产费用低：铣齿可以在普通铣床上进行，所用的刀具也比较简单；

生产效率低：每铣一齿都要重复进行切入、切出、退刀和分度，辅助工作时间长；

加工精度低：因为铣削模数相同而齿数不同的齿轮所用的铣刀一般是8把，每号铣刀有它规定的铣齿范围，见表5-4。每号铣刀的刀齿轮廓只与有该号数范围内的最少齿数齿槽的理论轮廓相一致，而对其他齿数的齿轮只能获得近似齿形。因此，铣齿的齿轮精度只能达到要求不高的级别。

表5-4　模数齿轮铣刀刀号选择

| 铣刀号数 | 1 | 2 | 3 | 4 | 5 | 6 | 7 | 8 |
|---|---|---|---|---|---|---|---|---|
| 齿数范围 | 12~13 | 14~16 | 17~20 | 21~25 | 26~34 | 35~54 | 55~134 | 135以上 |

成型法铣齿一般多用于加工单件生产和修配工作中某些转速低、精度要求不高的齿轮。

### 5.2.2　展成法加工齿轮

展成法是利用齿轮刀具与被切齿轮的啮合运动，在专用齿轮加工机床上切出齿形的一种方法，它比成型法铣齿应用广泛。滚齿和插齿是展成法中最常用的，剃齿机和磨齿机均是使用展成法。

## 一、滚齿原理

滚齿加工如图5-32所示。滚齿所用刀具为滚刀，它的形状近似于蜗杆，在垂直于螺旋线方向开有槽，以形成刀齿。

滚齿的切削运动：

主体运动：滚刀的旋转切削运动，亦称主运动。其切削速度由变速齿轮的传动比来实现。

分齿运动：强制保持滚刀的转速与被切齿轮转速之间的啮合关系，即当单头滚刀转一转时，被切工件相应转过一个角度。对于单线滚刀，当滚刀每转1转时，被切齿坯需转过一个齿的相应角度，即 $1/Z$ 转（$Z$ 为被加工齿轮的齿数），其运动关系由分齿挂轮的传动比来实现。

垂直进给运动：滚刀沿工件轴向的垂直进给，是保证滚刀在整个齿宽上切出齿形所必需的运动。它的运动是由进给挂轮的传动比再通过与滚刀架相连的丝杠螺母来实现的。

滚齿时，滚刀旋转，工件（齿坯）与滚刀做对滚运动。此外，滚刀还沿工件轴线方向做进给运动。滚齿的特点是能连续加工，生产率较高，加工精度也比铣齿高。

## 二、插齿原理

插齿是在插齿机上进行的。插齿加工如图5-33所示。插齿所用刀具为插齿刀，它的形状近似齿轮。插齿时，插齿刀做上下往复运动，同时又做缓慢的转动，工件则与插齿刀做相应的对滚运动。

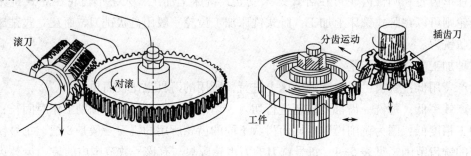

图5-32　滚齿加工示意图　　　　图5-33　插齿加工示意图

插齿加工过程相当于一对齿轮啮合对滚。插齿刀的形状类似于一个齿轮，在齿上磨出前、后角，从而使它具有锋利的刀刃。插齿时要求插齿刀做上下往复切削运动，同时强制插齿刀和被加工齿轮之间严格保持着一对渐开线齿轮的啮合关系。这样插齿刀就能把齿坯上齿间的金属切去而形成渐开线齿形。一种模数的插齿刀可以切出同一模数的各种齿数的齿轮。

插齿的切削运动：

主运动：插齿刀上下往复直线运动。

分齿运动：插齿刀与齿轮坯之间保持一对齿轮的啮合关系的强制运动。

圆周进给运动：在分齿运动中，插齿刀的旋转运动。插齿刀每上下往复一次，在其分度圆周上所转过的弧长称为圆周进给量。

径向进给运动：在插齿开始阶段，插齿刀沿齿轮坯半径方向的移动。其目的是使插齿刀逐渐切至全齿深。插齿刀每上下往复一次，沿径向移动的距离称为径向进给量。让刀运动为了避免刀具回程时与工件表面摩擦，以免擦伤已加工表面和减少刀具磨损，要求插齿刀在回程时，工作台带动工件让开插齿刀，而在插齿时又恢复原来位置的运动。

插齿的特点是插齿刀制造简便，精度较高，故加工出的齿轮精度较高、表面粗糙度值较低。

插齿法还能加工多联齿轮和内齿轮等。

### 三、齿轮加工机床及刀具

齿轮加工机床种类繁多，一般可分为圆柱齿轮加工机床和圆锥齿轮加工机床两大类。下面主要介绍圆柱齿轮加工机床中的滚齿机及插齿机。

#### 1. 滚齿机及刀具

滚齿机的型号很多，这里主要介绍应用较为普遍的 Y3150E 型滚齿机，是一中型通用滚齿机，主要用于加工直齿和斜齿圆柱齿轮，也可以加工蜗轮，机床规格以最大加工直径表示。

图 5-34 所示为 Y3150E 型滚齿机的外形，立柱 1 固定在床身 10 上，刀架溜板 2 可沿立柱导轨做垂直移动，刀架体 4 安装在刀架溜板 2 上，可绕自身的水平轴线转动。滚刀安装在刀杆上并随主轴做旋转主运动，工件安装在工作台 8 的心轴 6 上，随同工作台一起转动。后立柱 7 和工作台 8 一起装在床鞍 9 上，可沿机床水平导轨移动，用于调整径向位置或做径向进给运动。图中 5 为支架。

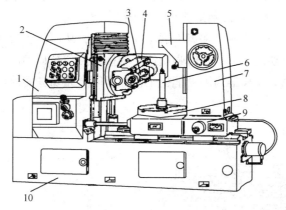

图 5-34　Y3150E 型滚齿机外形

1—立柱；2—刀架溜板；3—刀杆；4—刀架体；5—支架；
6—心轴；7—后立柱；8—工作台；9—床鞍；10—床身

滚齿是外啮合圆柱齿轮加工中应用最多的一种切齿方法，滚刀实质上是一个螺旋齿圆柱齿轮，因其齿数很少，螺旋角很大，所以外形像一个蜗杆，如图 5-35 所示。一般称滚刀齿数为头数，并以螺旋升角代替螺旋角。滚齿时，滚刀与被加工齿轮相当于一对空间交错轴的斜齿轮啮合。

滚刀虽然形似蜗杆，但作为刀具它必须具有容屑槽和前、后角。沿滚刀纵向开槽以形成容屑槽、前刀面和切削刃。容屑槽方向与滚刀轴线平行的称为直槽滚刀；容屑槽方向与滚刀齿纹方向垂直的称为螺旋槽滚刀。滚刀一周的容屑槽数又称为滚刀的圆周齿数。

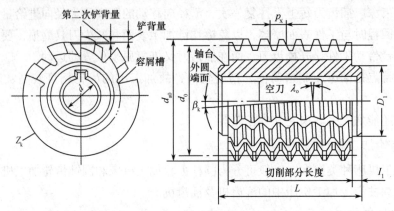

图 5-35 齿轮滚刀

$d_{a0}$—外径；$d_0$—分圆直径；$\beta_k$—容屑槽螺旋角；$p_x$-轴向齿距

### 2. 插齿机及刀具

插齿机主要由主轴、插齿刀、立柱、横梁、工作台、床鞍、横梁和床身等部分组成，如图 5-36 所示。插齿刀安装在主轴上，做旋转运动的同时做上下往复移动，工件装夹在工作台上，做旋转运动的同时随工作台直线移动，实现径向切入运动。

插齿刀可以加工各种圆柱齿轮，但主要用于不便滚齿（即不方便用齿轮滚刀滚切齿轮）的阶梯齿轮，带台肩的齿轮、多联齿轮、内齿轮等，插齿刀的结构形状根据被加工齿轮制成盘形、碗形、筒形和带柄结构等，如图 5-37 所示。

插齿刀的形状类似一个齿轮，在齿上磨出前、后角，从而使它具有锋利的刀刃。插齿时要求插齿刀做上下往复切削运动，同时强制地要求插齿刀和被加工齿轮之间严格保持着一对渐开线齿轮的啮合关系。这样插齿刀就能把工件上齿间金属切去而形成渐开线齿形。

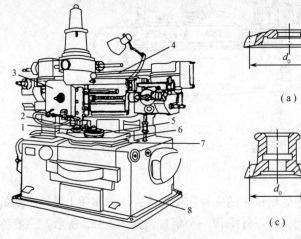

图 5-36 插齿机

1—插齿刀；2—主轴；3—立柱；4—横梁；
5—工件；6—工作台；7—床鞍；8—床身

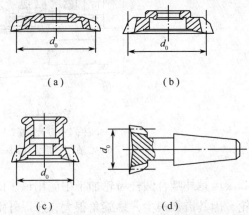

图 5-37 插齿刀的结构形状

（a）盘状插齿刀；（b）碗形插齿刀；
（c）筒状插齿刀；（d）锥柄插齿刀

插齿刀使用时，其模数、分度圆压力角等参数要与被加工齿轮相同，其齿向要与被加工齿轮相适应。

插齿时可能会出现以下情况：插出的齿轮副啮合时发生过渡曲线干涉；加工的齿轮出现根切；加工的齿轮径向间隙不符合设计要求。因此，在选用插齿刀时要根据插齿刀和被加工齿轮参数校验上述情况是否会发生，若有一种情况发生，则所选用插齿刀不适宜。

四、展成法操作

滚齿和插齿是展成法中最常用的加工操作。滚齿和插齿的操作方法相似，下面主要介绍滚齿机加工齿轮。

滚齿的一般操作顺序是：

（1）首先进行滚齿机的调整计算，可以查机床说明书或者手册。通过计算或在查表后选配安装好挂轮，应注意的是滚刀与工作台之间的旋转方向问题，其原则是滚刀为右旋时，工作台按逆时针旋转；滚刀为左放时，工作台则要按顺时针旋转。

（2）安装刀具。

（3）安装工件，边用百分表检查齿轮毛坯的径向跳动并调整到公差要求边定位装夹。

（4）调节径向进给量，一般都是靠测量确定进刀的极限位置。

（5）开机，对刀并试切测量。

（6）开冷却液，开机，连续加工并监控加工完成。

（7）检验所加工的齿轮。

（8）保养机床。

## 本课题小结

本课题主要讲述了铣工工作的特点及其操作应用，常用铣工工艺和主要设备、工具及其附件的构造和操作使用方法；介绍了仿形法和展成法加工齿轮的工艺方法及主要设备、刀具的使用方法。

## 练习题

一、填空题

1. 卧式万能铣床的主运动是 _____，进给运动是_____。铣削加工一般精度可达_____，表面粗糙度值为 $Ra$ 不大于_____。

2. X6125 型号机床，其中 X 表示_____，6 表示 _____，1 表示 _____，25 表示_____。

3. 铣削平面的常用方法有_____和_____，其中_____较常用，周铣包括_____和_____两种，而_____较常用。

4. 铣床的主要附件有_____、_____、_____。

5. 铣削用量的四要素是_____、_____、_____、_____。

6. 顺铣时，水平切削分力与工件进给方向_____；逆铣时，水平切削分力与工件

进给方向 _____ 。

## 二、选择题

1. 分度头的回转体在水平轴线内可转动（      ）。

A. 0°～180°      B. -10°～198°      C. 0～98°

2. 逆铣比顺铣突出的优点是（      ）。

A. 切削平稳      B. 生产率高      C. 切削时工件不会窜动

3. 每一号齿轮铣刀可以加工（      ）。

A. 一种齿数的齿轮      B. 同一模数不同齿数的齿轮

C. 同一组内各种齿数的齿轮

4. 安装带孔铣刀，应尽可能将铣刀装在刀杆上（      ）。

A. 靠近主轴孔处      B. 主轴孔与吊架的中间位置

C. 不影响切削工件的任意位置

5. 在普通铣床上铣齿轮，一般用于（      ）齿轮。

A. 单件、高精度      B. 单件、低精度      C. 批量、低精度

6. 工件在机床上或在夹具中装夹时，用来确定加工表面相对于刀具切削位置的面叫（      ）。

A. 测量基准      B. 装配基准      C. 设计基准      D. 定位基准

7. 除了第一道工序外，其余加工表面应尽量采用（      ）。

A. 另外一个基准      B. 不同的基准      C. 同一个基准      D. 另外两个基准

8. 当键槽铣刀的轴线对准工件中心后，铣出的键槽成对称度误差的主要原因是铣刀（      ）。

A. 圆柱度差      B. 不直      C. 产生偏让      D. 磨钝

9. 进给量主要是根据（      ）来确定。

A. 铣床进给机构强度刀杆尺寸、工件表面粗糙度

B. 铣床进给机构强度、工艺系统刚度、工件表面粗糙度

C. 刀杆尺寸、工艺系统刚度、工件表面粗糙度

D. 铣床进给机构强度、刀杆尺寸、工艺系统刚度

10. 采用工件倾斜装夹法铣削斜齿条，工作台每次移距应等于斜齿条的（      ）。

A. 端面齿距      B. 端面齿厚      C. 法向齿距      D. 法向齿厚

## 三、判断题

1. 铣刀是多齿刀具，每个刀齿都在连续切削，所以铣削生产效率比刨削高。（      ）

2. 用圆柱铣刀铣削工件，逆铣时切削厚度由零变到最大，顺铣时则相反。（      ）

3. 精铣时一般选用较高的切削速度及较小的进给量和切削深度。（      ）

4. 带孔铣刀由刀体和刀齿两部分组成，它主要在立式铣床上使用。（      ）

5. 铣削斜齿圆柱齿轮时，不会出现铣直齿圆柱齿轮时易产生的质量问题。（      ）

## 四、简答题

1. 简述铣削加工的工艺特点及加工范围。

2. 为什么铣削加工时一定要开机对刀，停机后变速？

3. 用端面刀和圆柱铣刀铣平面各有什么特点?

4. 拟铣一齿数为 38 齿的直齿圆柱齿轮,用简单分度法计算出每铣一齿,分度头手柄应转多少圈?(已知分度盘的各圈孔数正面为 46、47、49、51、52、53,反面为 57、58、59、60,66)

5. 已知铣刀直径 $D=100$ mm,铣刀齿数 $z=16$,每齿进给量 $a_f=0.03$ mm/z。如铣削速度 1 m/s,试求每分钟进给量。

6. 试分析滚齿和插齿时机床、刀具、工件运动的异同之处。

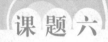

# 铸造实训

**教学目标：** 掌握手工造型的基本方法和砂型铸造工艺，了解常用铸造合金的熔炼方法和常见铸造缺陷产生的原因，能独立进行整模、分模、挖砂等两箱手工造型操作。

**教学重点和难点：** 整模、分模、活块、挖砂等手工造型操作和铸造缺陷的分析。

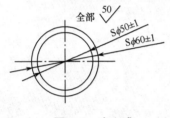

图 6-1 空心球

**案例导入：** 某铸造厂准备加工一批球墨铸铁空心球零件毛坯，如图 6-1 所示。铸造此零件的关键问题是：① 先了解实心球是怎样铸造出来的，然后再考虑空心球的心部（空心）是如何成型的，② 如果用型芯占据中间位置，型芯又该怎样固定？怎样保证型芯与铸铁内腔的距离均等呢？③ 铸造后球体内部的型砂如何清理？怎样才能保证获得完整的空心球球体？通过本课题的学习，将会得到答案。

## 6.1 铸造基本知识

### 6.1.1 概述

铸造的两大基本要素是熔融金属和铸型。常用的熔融金属有铸铁、铸钢和铸造有色合金，其中用得最普遍的是灰铸铁。铸型是根据零件形状，用型砂、金属或其他材料做成的。砂型主要用于铸造铸铁件和铸钢件，金属型主要用于铸造有色合金铸件。

铸造是将金属熔炼成符合一定要求的液体并浇注到铸型里，经冷却凝固、清整处理后得到有预定形状、尺寸和性能的铸件的工艺过程。

铸造生产过程容易出现对人体的伤害，因此在铸造生产时，安全操作和劳动保护是十分重要的环节，具体注意事项如下：

（1）进入车间实习时，要听从教师安排，穿好工作服，大袖口要扎紧，衬衫要系入裤内，戴好工作帽。不得穿凉鞋、拖鞋、高跟鞋、背心、裙子和戴围巾进入车间。

（2）认真听讲，仔细观摩，在车间行走和站立时不要靠近铸型，车间所有设备（机械和电器）不许乱动。严禁嬉戏打闹、喧哗、阅读与实习无关的书刊。

（3）工作前检查自用设备和工具，砂型必须排列整齐，并留出浇注通道。

（4）工作场地上的铁钉、散砂应随时清理和回收，保持通道畅通。

（5）手工造型：

① 紧砂时，不得将手放在砂箱上，以防砸手伤人；

② 造型时不可用嘴去吹型砂，只能用皮老虎吹砂。使用皮老虎时，要选择无人的方向

吹，以防砂子吹入眼中。

③造型时要保证分型面平整、吻合。为防止浇注时金属液从分型面间射出，造成跑火，可用烂砂将分型面的箱缝封堵。

④人力搬运或翻转芯盒、砂箱时，要小心轻放，应量力而行，不要勉强。两人配合翻箱时，动作要协调。弯腰搬动重物时，防止扭伤。

⑤合箱时，手要扶住箱壁外侧，不能放在分型面上，以防压伤手。

⑥手锤应横放在地上，不可直立放置，以防伤脚。

⑦每人所用的工具放在工具盒内，不得随意乱放。起模针和气孔针放在盒内时，尖头应向下，以防刺伤手。

⑧在造型场地内行走时，要注意脚下，以免踏坏砂型或被铸件碰伤。

（6）开炉与浇注：

①浇注前，要清理好砂型四周及通道，不得阻挡。

②在熔炉周围观察开炉与浇注时，应站在安全位置，不要站在浇注运行的通道上。如遇火星或铁水飞溅时，要保持冷静，不要尖叫或乱窜避让。

③不准与抬浇包的人谈话或并排行走。

④熔炉、出炉、抬包和浇注等工作，必须在指导师傅同意和指导下，按操作规程操作。

⑤开炉使用的铁勺、铁棒必须预热，不得使用湿棒冷勺。

⑥浇注时，浇包内金属液不能太满，浇注速度和流量要适当。浇注时，人不能站在高温金属液体正面，严禁从冒口正面观察金属液。未浇注同学要远离浇包。

⑦刚浇铸的铸件，不许用手拿或摸，以免损坏工件或烫伤人。

⑧落料清砂时不得将砂抛高飞扬，不能乱吹砂，注意不许伤害他人。

⑨电炉熔化金属时，加入金属与流出金属前应先断电源。

（7）每天实习结束，做好工具、用具的清理，打扫场地卫生，保持车间整洁。清理场地时，不许乱丢铸件。

### 6.1.2 铸造生产常规工艺流程

铸造工艺可分为三个基本部分，即铸造金属准备、铸型准备和铸件处理。铸造金属是指铸造生产中用于浇注铸件的金属材料，它是以一种金属元素为主要成分，并加入其他金属或非金属元素而组成的合金，习惯上称为铸造合金，主要有铸铁、铸钢和铸造有色合金；铸型（使液态金属成为固态铸件的容器）准备，铸型按所用材料可分为砂型、金属型、陶瓷型、泥型、石墨型等，按使用次数可分为一次性型、半永久型和永久型，铸型准备的优劣是影响铸件质量的主要因素；铸件处理和检验，铸件处理包括清除型芯和铸件表面异物、切除浇冒口、铲磨毛刺和披缝等凸出物以及热处理、整形、防锈处理和粗加工等。

### 6.1.3 合金的铸造性能

合金在铸造过程中所呈现出的工艺性能，称为铸造性能。合金的铸造性能主要依据合金的流动性与合金的收缩性衡量。

**1. 合金的流动性**

合金的流动性是指液态金属的流动能力。流动性好的合金，容易获得形状完整、尺寸精

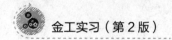

确、轮廓清晰的铸件，容易使其中的气体逸出及浮在液面上的夹杂物受到阻隔，能在液态合金凝固收缩时及时地补缩。影响流动性的因素主要有合金的成分，共晶成分的结晶比亚共晶好。浇注条件的影响，温度越高，保持液态的时间越长，液态合金的充型能力越强。铸型的影响，形状越复杂、壁厚越小，则液态合金流动时的阻力越大。

**2. 合金的收缩性**

合金的收缩性是指铸件在凝固和冷却至室温的过程中，其体积和尺寸减小的现象。有三种收缩：液态收缩、凝固收缩（体收缩）、固态收缩（线收缩）。影响收缩性的因素有合金成分、浇注温度、铸型。

### 6.1.4 铸件结构工艺性

质量好的铸件其结构及设计应符合使用性能，还应在铸造工艺和铸造性能方面达到要求。对铸件结构的要求如下：

（1）简化铸件结构，减少分型面；

（2）尽量使分型面平直；

（3）尽量避免造型时取活块；

（4）尽量减少或不用型芯；

（5）垂直壁考虑结构斜度；

（6）考虑型芯的固定、出气和清理。

# 6.2 砂型铸造实训

以型砂和芯砂为造型材料制成铸型，液态金属在重力下充填铸型来生产铸件的铸造方法，称为砂型铸造。砂型铸造的适应性广，铸件的生产数量、形状大小，铸造合金的种类几乎不受限制，使用的工模具简单，生产准备工作量小，成本低。因此，尽管砂型铸造生产过程复杂，铸件质量较差，但仍是目前应用最广泛的铸造方法。

### 6.2.1 砂型铸造的工模具

**1. 模样和型芯盒**

用来获得铸件外形的模具称为模样。用来制造铸件内腔的型芯模具称为型芯盒，有时型芯也用于获得铸件的外形。

**2. 造型工具及辅具**

造型工具及辅具包括砂箱、造型工具刮砂板、筛子、底板、舂砂锤、浇口棒、通气针、起模针、皮老虎和修型工具墁刀等。

**3. 型砂和型芯砂**

造型材料是用于制造砂型（芯）的材料，主要包括型砂和型芯砂。

型砂主要由原砂、黏结剂、附加物、水、旧砂按比例混合。根据型砂中采用黏结剂种类的不同，砂型可分为黏土砂、树脂砂、水玻璃、油砂等。

型砂和型芯砂具备足够的强度、较高的耐火性、良好的透气性和较好的退让性。

### 6.2.2 铸型的制作

用型砂及模样等工艺装备制造铸型的过程称为铸型又称砂型，由上砂型、下砂型、型腔（形成铸件形状的空腔）、砂芯、浇注系统和砂箱等部分组成。铸型制作方法可分为手工造型和机器造型两大类。

#### 1. 手工造型

手工造型操作灵活、工艺装备简单，但生产效率低，劳动强度大，仅适用于单件小批生产。手工造型的方法很多，按砂箱特征分有两箱造型、三箱造型、脱箱造型、地坑造型等。按模样特征分有整模造型、分模造型、活块模造型、挖砂造型、假箱造型和刮板造型等。可根据铸件的形状、大小和生产批量选择。

常用的手工造型方法介绍如下：

（1）整模造型。整模造型过程如图 6-2 所示。整模造型的特点是：模样是整体结构，最大截面在模样一端且是平面；分型面多为平面；操作简单。整模造型适用于形状简单的铸件，如盘、盖类。

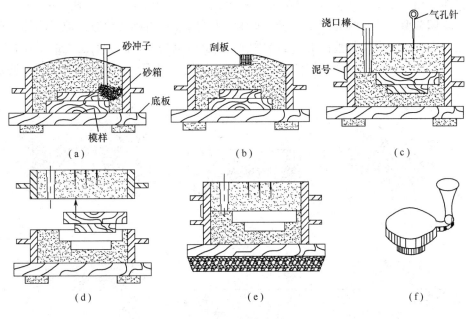

图 6-2 整模造型
（a）造下型：填砂、春砂；（b）刮平、翻箱；（c）造上型：扎气孔、做泥号；
（d）敞箱、起模、开烧道；（e）合型；（f）落砂后带浇道的铸件

（2）分模造型。套筒的分模造型过程如图 6-3 所示。分模造型的特点：模样是分开的，模样的分开面（称分模面）必须是模样的最大截面，以利于起模，操作简便。分模造型过程与整模造型基本相似，不同的是造上型时增加放上半模样和取上半模样两个操作。分模造型应用很广泛，适用于形状较复杂的铸件，如套筒、管子和阀体等。

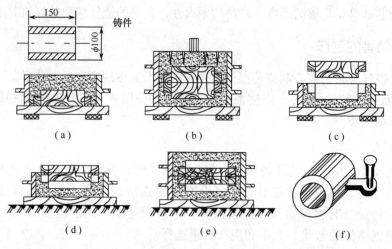

图 6-3　分模造型

（a）造下型；（b）造上型；（c）敞箱、起模；（d）开浇口、下芯；（e）合型；（f）带浇口的铸件

（3）活块模造型。活块模造型如图 6-4 所示，模样上可拆卸或能活动的部分叫活块。当模样上有妨碍起模的侧面伸出部分（如小凸台）时，常将该部分做成活块。起模时，先将模样主体取出，见图 6-4（d），再将留在铸型内的活块单独取出，见图 6-4（e），这种方法称为活块模造型。凸台厚度应小于该处模样厚度的 1/2，否则活块难以取出。活块模造型的特点是：模样主体可以是整体的（图中所示），也可以是分开的；对工人的操作技术水平要求较高，操作较麻烦；生产率较低。活块模造型适用于侧面有无法起模的凸台、肋条等结构的铸件。

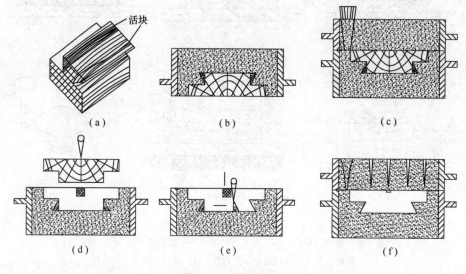

图 6-4　活块模造型

（a）模样；（b）造下砂型；（c）造上砂型；（d）取出主体模样；（e）取出活块和浇口棒；（f）合箱

（4）挖砂造型。当铸件按结构特点需要采用分模造型，但由于条件限制（如模样太薄，制模困难）仍做成整模时，为便于起模，下型分型面需挖成曲面或有高低变化的阶梯形状（称不平分型面），这种方法叫挖砂造型。手轮的挖砂造型过程如图 6-5 所示。

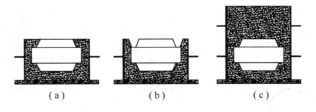

图 6-5　挖砂造型

（a）造下型；（b）挖出分型面；（c）造上型

挖修型面时应注意：要挖到最大截面，分型面坡度尽量小并应修抹得平整光滑。

挖砂造型的特点是：模样多为整体的；铸型的分型面是不平分型面；挖砂操作技术要求较高，生产率较低。挖砂操作适用于形状较复杂铸件的单件生产。

（5）三箱造型。用三个砂箱制造铸型的过程称为三箱造型。前述各种造型方法都是使用两个砂箱，操作简便、应用广泛。但有些铸件如两端截面尺寸大于中间截面时，需要用三个砂箱，从两个方向分别起模。图 6-6 所示为带轮的三箱造型过程。

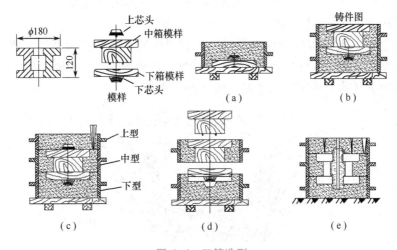

图 6-6　三箱造型

（a）造下型；（b）翻箱、造中型；（c）造上型；（d）依次敞箱起模；（e）下芯、合型

三箱造型的特点：模样必须是分开的，以便于从中型内起出模样；中型上、下两面都是分型面，且中箱高度应与中型的模样高度相近；由于两个分型面处产生的飞边缺陷，故使铸件高度方向的尺寸精度降低；操作较复杂，生产率较低。三箱造型适用于两头大中间小、形状较复杂而不能用两箱造型的铸件。

（6）刮板造型。尺寸大于 500 mm 的旋转体铸件，如带轮、飞轮、大齿轮等单件生产时，为节省木材、模样加工时间及费用，可以采用刮板造型。刮板是一块和铸件截面形状相适应的木板。大带轮的刮板造型过程如图 6-7 所示。

造型前先安装刮板支架和刮板，刮板位置应当用水平仪校正，以保证刮板轴与分型面垂直。造型时将刮板绕着固定的中心轴旋转，在砂型中刮制出所需的型腔。6-7（a）刮出下型，图 6-7（b）所示为在砂箱内刮制上型，上、下型刮制好后，在分型面上分别划出通过

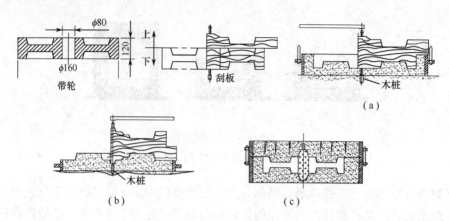

图 6-7　刮板造型
（a）刮下型；（b）刮上型；（c）合型

轴心的两条互相垂直的直线，将直线引至箱边作出记号，作为合型的定位线。最后，下芯、合型如图 6-7（c）所示。

刮板造型模样简单，节省制模材料及制模工时，但造型操作复杂，生产效率很低，仅用于大、中型旋转体铸件的单件生产。

（7）地坑造型。大型铸件单件生产时，为节省砂箱，降低铸型高度，便于浇注操作，多采用地坑造型。直接在铸造车间的砂地上或砂坑内造型的方法称为地坑造型。大型铸件则需要在特制的地坑（称硬砂床）内造型，如图 6-8 所示。

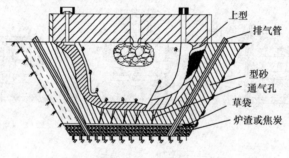

图 6-8　地坑造型

大型地坑一般设在车间内固定的地方，坑底及坑壁四周均用防水材料建筑，以防地下水浸入型腔，浇注时引起爆炸。坑底填以透气材料（炉渣或焦炭），铺上草袋，气体可由排气铁管引出地面。造型时，光将砂床制好，刮平表面，用锤敲打模样使之压入砂床内，继续填砂并春实模样周围型砂，刮平分型面后进行造上型等后续工序。

**2. 机器造型**

中、小型铸件的大批量生产常采用机器造型。与手工造型相比，机器造型具有生产率高、铸件质量较稳定、铸件精度和表面质量高、工人劳动强度低等优点。机器造型的特点之一是用模板造型。固定着模样、浇冒口的底板称为模板，模板上有定位销与专用砂箱的定位孔配合，模板用螺钉紧固在造型机工作台上，可随造型机上下振动。机器造型的特点之二是只适用于两箱造型。这是因为造型机无法造出中型，所以不能进行三箱造型。机器造型按紧实方式的不同分为：振压式造型、高压式造型、抛砂造型等。

振压式造型是依靠气缸的振动和压头的机械压力来完成砂子的紧实。振压式造型设备结构简单，型砂紧实度较均匀，生产率较高，能量消耗少，但噪声大，压实比压（砂型表面单位面积上所受的压实力）较低，紧实度不高，广泛用于中、小型铸件的生产。

高压式造型是采用液体加压的许多小触头使各部分型砂被均匀紧实。其压力一般为$70 \sim 150 \ N/cm^2$。高压式造型砂型紧实度高，铸件尺寸精度高，表面粗糙度值小，噪声低，灰尘少，但设备结构复杂，制造成本高，适用于大批量生产中小型铸件。

抛砂造型是指用离心力抛出砂，使型砂在惯性力下完成填砂和紧实的造型方法。抛砂造型型砂紧实度高且均匀，透气性好，能量消耗少，振动小，噪声小，生产率高，又由于抛砂机每小时抛砂量大，且为连续工作，因此特别适用于大、中型铸件或大型芯的单件小批量生产，也可用于大量生产。

### 6.2.3 铸件的生产

砂型铸造的主要程序有：制造模样、制造芯盒、制备砂型及芯砂、造型、造芯、合箱、融化金属、浇注、落砂、清理和检验，工艺过程如图6-9所示。

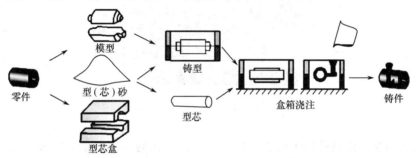

**图6-9 砂型铸件生产工艺**

熔炼和浇注是生产铸件的主要工序之一，对铸件质量有很大影响，若控制不当，会使铸件因成分和力学性能不合格而报废。熔炼的主要任务是提供化学成分和温度合适的熔融金属，熔炼的设备主要有冲天炉。

**1. 冲天炉熔炼**

冲天炉的构造如图6-10所示，它由以下五个部分组成：

（1）炉体。外形是一个直立的圆筒，包括烟囱、加料口、炉身、炉缸、炉底和支承等部分。它主要的作用是完成炉料的预热、熔化和铁水的过热。

自加料口下沿至第一排风口中心线之间的炉体高度称有效高度，即炉身的高度，是冲天炉的主要工作区域。其有效高度一般为炉膛直径的$5 \sim 8$倍（大炉子取小值）。炉身的内腔称为炉膛。

第一排的风口中心线至炉底称为炉缸，其作用是汇聚铁水。

（2）前炉。起储存铁水的作用，有过道与炉缸连通，上面有出铁口、出渣口和窥视口。

（3）火花捕集器。火花捕集器又称火花罩，为炉顶部分，起除尘作用。废气中的烟灰和有害气体聚集于火花捕集器底部，由管道排出。

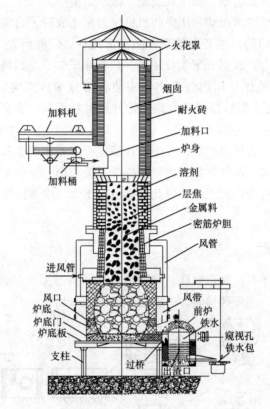

火花罩
烟囱
耐火砖
加料口
炉身
溶剂
层焦
金属料
密筋炉胆
风管
加料机
加料桶
进风管
风口
炉底
炉底门
炉底板
支柱
过桥
出渣口
风带
前炉
铁水
窥视孔
铁水包

图 6-10  冲天炉构造

（4）加料系统。加料系统包括加料机和加料桶，它的作用是把炉料按配比、依次、分批地从加料口送进炉内。

（5）送风系统。包括进风管、风带、风口及鼓风机的输出管道，其作用是将一定量空气送入炉内，供底焦燃烧用。风带的作用是使空气均匀、平稳地进入各风口。冲天炉广泛采用多排风口，每排设 4~6 个小风口，沿炉膛截面均匀分布。

冲天炉的大小以每小时熔化多少吨铁水来表示，称为熔化率。常见的冲天炉熔化率为 2~10 t/h。

**2. 冲天炉熔炼用炉料**

冲天炉熔炼用的炉料包括金属炉料、燃料和熔剂三部分。

（1）金属炉料。金属炉料包括新生铁、回炉料（浇、冒口及废铸件）、废钢和铁合金（硅铁、锰铁等）等。新生铁是金属炉料的主要成分，是高炉冶炼的产品。利用回炉料可以降低铸件成本。废钢的作用是降低铁水的含碳量。各种铁合金的作用是调整铁水化学成分或配制合金铸铁。各种金属炉料的加入量是根据铸件化学成分的要求和熔炼时各元素的烧损量计算出来的。

（2）燃料。主要是焦炭。焦炭燃烧的程度直接影响铁水的温度和成分。在熔炼过程中，为了保持底焦高度一定，每批炉料中都要加入焦炭（层焦）来补偿底焦的烧损。熔化的金属炉料总重量与消耗的焦炭总重量之比称为总铁焦比，其数值一般为 10：1。

（3）熔剂。熔炼时，金属炉料表面的泥沙、焦炭中的灰分以及剥落的炉衬会形成一种黏滞的熔渣，其主要成分是 $SiO_2$ 和 $Al_2O_3$，如不及时排除，将黏附在焦炭上，影响焦炭燃烧。因此需加入一定量的熔剂，如石灰石（$CaCO_3$）和萤石（$CaF_2$）等以形成熔点较低、比重较轻、流动性较好的熔渣，使之漂浮于铁水上面，易于从出渣口排掉。石灰石加入量一般为层焦重量的 25%～45%，焦炭灰分多、炉料中泥沙多时，应取大值。

### 3. 冲天炉的操作过程

冲天炉是间歇工作的，每次连续熔炼时间为 4～8 h，具体操作过程如下：

（1）备料。炉料的质量及块度大小对熔化质量有很大影响。金属炉料的最大尺寸不要超过炉子内径的 1/3，否则容易产生"搭棚"故障。底焦块度取大一些（100～150 mm），层焦的块度可小一些。熔剂和铁合金等的块度为 20～50 mm。

（2）修炉。用耐火材料将炉身及前炉内壁损坏的地方修好，关闭炉底门，用型砂填实炉底，炉底面应向过道方向倾斜 5°～7°。

（3）烘干、点火，修炉后应烘干炉壁。烘烤工作与点火同时进行，从工作门加入刨花和部分木材引火后，关闭工作门，从加料口加入其余木材，烧旺。前炉也要用木柴引火烘干。

（4）加底焦。从加料口先加入 1/2 的底焦，烧着后再加入剩余的底焦，并从加料口测量底焦高度。底焦高度是指第一排的风口中心线到底焦顶面之间的高度，一般为 0.9～1.5 m。底焦加好并燃着后，先鼓风 2～3 min 除灰。

（5）加料。每批炉料按熔剂、金属炉料、层焦的次序加入，直到加料口下沿为止。在熔炼过程中应保持炉料高度线与加料口平齐，以利于风量稳定，并使炉料充分预热。

（6）熔炼。先打开风口放出 CO 气体，待炉料预热 15～30 min 后，鼓风，30 s 后关闭风口。鼓风 6～9 min 后，从主风口可看到铁水滴下落，说明底焦高度合适。

熔炼过程中，要始终保持底焦高度不变，使熔化区位于还原带顶部。还应保持炉膛尺寸、风量及炉料高度线稳定。为此，熔炼过程中应勤看风口，熔化正常时，从主风口看到铁水滴为亮白色，铁水滴大小如绿豆，下落速度很快。还要经常检查加料口、出铁口和出渣口。

（7）出铁、出渣。半小时左右可出第一包铁水，经炉前检验合格后即可浇注。以后隔一定时间出铁、出渣，应经常检查熔渣的颜色，当熔渣为灰绿色玻璃状时，说明熔炼正常。

（8）停风、打炉。估计炉内铁水量足够时，再多加两批料，然后停止加料，打开风口，停止鼓风，出净铁水和炉渣，打开炉底门，未熔炉料落下，喷水熄灭，熔炼结束。

### 4. 浇注

把液体金属浇入铸型的操作称为浇注。浇注不当会引起浇不到、冷隔、跑火、夹渣和缩孔等缺陷。

（1）浇注前准备工作。准备浇包，种类由铸型大小决定，一般中小件用抬包，容量为50～100 kg；大件用吊包，容量在 200 kg 以上。对使用过的浇包要进行清理、修补，要求内表面及包嘴光滑平整。

清理通道，浇注时行走的通道应清理干净，不应有杂物挡道，更不能有积水。

烘干用具，挡渣钩、浇包等要烘干，以免降低铁水的温度及引起铁水飞溅。

（2）浇注时注意的问题。

① 浇注温度过低时，铁水的流动性差，易产生浇不到、冷隔、气孔等缺陷。浇注温度过高时，铁水的收缩量增加，易产生缩孔、裂纹及黏砂等缺陷。合适的浇注温度应根据合金种类、铸件大小及形状来确定，对形状较复杂的薄壁灰铸铁件，浇注温度为 1 400 ℃ 左右；对形状简单的厚壁灰铸铁件，浇注温度 1 300 ℃ 左右即可；碳钢铸件浇注温度为 1 520 ℃ ~ 1 620 ℃。

② 浇注速度，浇注速度对铸件质量也有较大的影响。浇得太慢，会使金属液降温过多，易产生浇不到、冷隔、夹渣等缺陷。浇得太快，会使型腔中气体来不及跑出而产生气孔，同时，由于金属液的动压力增大，易造成冲砂、抬箱、跑火等缺陷。浇注速度应根据铸件的形状、大小决定，一般用浇注时间表示。普通铸件根据经验确定浇注时间，而某些重要铸件需经计算来确定浇注时间。

③ 浇注技术，注意扒渣、挡渣和引火。为使熔渣变稠便于扒出或挡出，可在浇包内金属液面上撒些干砂或稻草灰。用红热的挡渣钩及时点燃从砂型中逸出的气体，以防 CO 等有害气体污染空气及形成气孔。浇注中间不能断流，应始终使外浇口保持充满，以便于熔渣上浮。

**5. 落砂、清理与缺陷**

（1）落砂。从砂型中取出铸件的工作称为落砂。落砂时应注意铸件的温度。落砂过早，铸件温度过高，暴露于空气中急速冷却，易产生过硬的白口组织及形成铸造应力、裂纹等缺陷；但落砂过晚，将过长地占用生产场地和砂箱，使生产率降低。一般说来，应在保证铸件质量的前提下尽早落砂，一般铸件落砂温度为 400 ℃ ~ 500 ℃。铸件在砂型中合适的停留时间与铸件形状、大小、壁厚及合金种类等有关。形状简单、小于 10 kg 的铸铁件，可在浇注后 20~40 min 落砂；10~30 kg 的铸铁件可在浇注后 30~60 min 落砂。

落砂的方法有手工落砂和机械落砂两种。大量生产中采用各种落砂机落砂。

（2）清理。落砂后的铸件必须经过清理工序，才能使铸件外表面达到要求。清理工作主要包括下列内容：

① 切除浇冒口。铸铁件可用铁锤敲掉浇冒口，铸钢件要用气割切除，有色合金铸件则用锯割切除。大量生产时，可用专用剪床切除。

② 清除黏砂。铸件内腔的砂芯和芯骨可用手工、振动出芯机或水力清砂装置去除。水力清砂方法适用于大、中型铸件砂芯的清理，可保持芯骨的完整，便于回用。

铸件表面往往黏结着一层被烧焦的砂子，需要清除干净。小型铸件广泛采用滚筒、抛丸清理，大、中型铸件可用抛丸室、抛丸转台等设备清理，生产量不大时也可用手工清理。常用的清砂设备介绍如下：

a. 滚筒清理。将铸件和白口铸铁制的星形铁同时装入滚筒内，关闭加料门，转动滚筒。装入其中的铸件和小星形铁不断翻滚，相互碰撞与摩擦，使铸件表面清理干净。

b. 抛丸清理。抛丸器内高速旋转的叶轮以 60~80 m/s 的速度抛射到铸件表面上，滚筒低速旋转，使铸件不断地翻滚，表面被均匀地清理干净。

c. 抛丸清理转台。铸件放在转台上，边旋转边被抛丸器抛出的铁丸清理干净。

d. 铸件的修整。

最后，去掉在分型面或在芯头处产生的飞边、毛刺和残留的浇、冒口痕迹，可用砂轮机、手凿和风铲等工具修整。

（3）灰铸铁件的热处理。灰铸铁件一般不需热处理，但有时为消除某些铸造缺陷，则清理后需进行退火。

消除应力退火，形状较复杂或重要的铸件，为避免因内应力过大引起变形、裂纹和降低加工后尺寸精度，都需要进行消除应力退火，即把铸件加热到 550 ℃~600 ℃，保温 2~4 h 后，随炉缓慢冷却至 200 ℃~150 ℃ 出炉。

消除白口退火。当铸件表面出现极硬的白口组织，加工困难时，可用高温退火的方法消除，即把铸件加热到 900 ℃~950 ℃，保温 2~5 h 后，随炉冷却。

（4）铸件缺陷分析。清理完的铸件要进行质量检验。合格铸件验收入库，次品酌情修补，废品挑出回炉。检验后，应对铸件缺陷进行分析，找出主要原因，提出预防措施。

由于铸造工序繁多，铸件缺陷类型很多，形成缺陷的原因十分复杂。表 6-1 介绍一些常见铸件缺陷的特征及缺陷产生的主要原因。

表 6-1　铸件常见缺陷及产生原因

| 缺陷名称 | 特征 | 产生的主要原因 |
| --- | --- | --- |
| 气孔 | 在铸件内部或表面有大小不等的光滑孔洞 | 型砂含水过多，透气性差；起模和修型时刷水过多；型芯烘干不良或型芯通气孔堵塞；浇注温度过低或者浇注速度太快等 |
| 缩孔、补缩冒口 | 缩孔多分布在铸件厚断面处，形状不规则，孔内粗糙 | 铸件结构不合理，如壁厚相差过大，造成局部金属聚集；浇注系统和冒口的位置不对，或冒口过小；浇注温度太高，或金属化学成分不合格收缩过大 |
| 砂眼 | 在铸件内部或表面有充塞砂粒的孔眼 | 型砂和型芯砂的强度不够；砂型和型芯的紧实度不够；合箱时铸型局部损坏；浇注系统不合理，冲坏了铸型 |
| 粘砂 | 铸件表面粗糙，粘有砂粒 | 型砂和型芯砂的耐火性不够；浇注温度太高；未刷涂料或涂料太薄 |
| 错箱 | 铸件沿分型面有相对位置错移 | 模型的上半模和下半模未对好；合箱时，上下砂箱未对准 |
| 冷隔 | 铸件上有未完全融合的缝隙或者洼坑，其交接处是圆滑的 | 浇注温度太低；浇注速度太慢或浇注有中断；浇注系统位置开设不当或浇口太小 |
| 浇不足 | 铸件不完整 | 浇注时金属量不够；浇注时液体金属从分型面流出；铸件太薄；浇注温度太低；浇注速度太慢 |
| 裂缝 | 铸件开裂，开裂处金属表面氧化 | 铸件机构不合理，壁厚相差太大；砂型和型芯的容让性差；落砂过早 |

# 6.3 特种铸造简介

在各种铸造方法中，用得最普遍的是砂型铸造。这是因为砂型铸造对铸件形状、尺寸、重量、合金种类、生产批量等几乎没有限制。但随着科学技术的发展，对铸造提出了更高的要求，要求生产出更加精确、性能更好、成本更低的铸件。为适应这些要求就有了特种铸造，如熔模铸造、压力铸造、离心铸造等。

### 6.3.1 熔模铸造

熔模铸造又称失蜡铸造。用易熔材料如蜡料制成模样（蜡模），在模样上包覆若干层耐火涂料，制成型壳，熔出模样的型壳经高温焙烧后即可浇注的铸造方法。熔模铸造过程如图 6-11 所示。其工艺过程如下：

（1）制造压型。压型室用来制造模样的模具。压型必须有较高的尺寸精度和低的表面粗糙度。批量不大时用低熔点合金，单件、小批量用石膏。

（2）制造蜡模。易熔材料蜡料（50% 石蜡+50% 硬脂酸，熔点为 54 ℃~57 ℃）、松香基，塑料挤入压型中，冷却后取出。

（3）铸型的制造。在蜡模上涂耐火涂料层（水玻璃加石英粉），再撒一层石英砂，浸入硬化剂（氯化铵溶液），反应生成硅酸胶将砂粘牢，反复涂挂 3~7 次。

（4）脱蜡。将壳浸泡在 85 ℃~90 ℃热水中，蜡模溶化，得到铸型空腔。

（5）焙烧。将型壳加热，排除残余挥发物和水分。

（6）造型。将型壳置于铁箱中，填上砂，提高型壳强度。

（7）浇注。

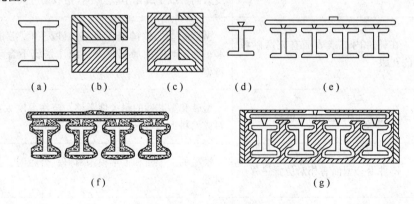

|   |   |   |   |   |
|---|---|---|---|---|
| (a) | (b) | (c) | (d) | (e) |

| (f) | (g) |
|---|---|

图 6-11 熔模铸造

（a）母模；（b）压模；（c）制造蜡模；（d）单个蜡模；（e）蜡模组合；（f）结壳；（g）浇注

熔模铸造铸件质量好，可浇注形状复杂的铸件，以产生各类金属材料的铸件。凡是形状复杂、机械加工困难的零件，均可考虑采用熔模铸造。缺点是操作过程繁杂、生产周期长、成本较高，不能铸造较大的零件，一般都在 20 kg 以下。目前应用最多的是生产碳钢和合金钢铸件。

### 6.3.2　压力铸造

压力铸造（压铸）是熔融金属在高压下高速充型，并在压力下凝固的铸造方法。压铸常用卧式冷压式压铸机，其特点可以铸造形状复杂、尺寸精度高、表面粗糙度很小、组织细密、强度好的高质量、高生产率、低成本、易实现自动化生产的铸件。铸件质量好，生产效率高，经济效益好，但是压铸型结构复杂，制造费用高，生产周期长；金属液充型速度快，凝固快，补缩困难，铸件中容易产生小气孔和缩松等缺陷。常用于大批量生产中小型有色金属合金铸件，其中以锌合金、铝合金压铸件应用最为广泛。

### 6.3.3　离心铸造

离心铸造是将熔融金属浇入，绕水平、倾斜或立轴旋转的铸型，在离心力作用下，凝固成型的铸件轴线与旋转铸型轴线重合的铸造方法。离心分为立式和卧式，立式主要用于生产铸件高度不大的环、盘套类零件。卧式主要用于生产长度较大的筒类、管类铸件。其特点是不需要型芯就直接生产筒、套类铸件，简化铸造工艺，生产率高，铸件组织细密，无缩孔、气孔、缩松及夹杂等缺陷，力学性能好。无须浇口、冒口，金属利用率高，便于生产双层金属铸件，其结合牢固，节省材料，成本低。在离心力的作用下凝固成型，致密性好，铸件内部不易产生缩孔、气孔、渣气孔等缺陷。金属型冷却快，铸件晶粒细小，因而力学性能较高。金属液的充型能力好，可以铸造薄壁铸件和流动性差的合金铸件。铸件内孔直径尺寸不准确，内表面粗糙，加工余量大；在浇注冷凝过程中，密度较大的组织容易集中于表层，产生化学成分不均匀的缺陷（容易产生偏析的合金如铅青铜就不能用离心铸造法生产铸件）。多用于浇注各种金属的圆管状铸件，如各种套、环、管以及可以铸造各种要求组织致密、强度要求较高的成型铸件，如小叶轮、成型刃具等。

## 6.4　铸造综合实训：整模造型

### 6.4.1　教学目的

（1）了解手工造型安全技术。

（2）了解型砂的组成与性能要求，了解砂型的制作过程和铸造生产工艺过程。

（3）了解模样、铸件、零件的关系与区别。

（4）了解铸造用工装和工具的名称、用途与使用方法。

（5）了解手工造型操作要领，了解修型的操作方法。

（6）了解砂型紧实度要求及紧实度与铸件质量的关系。

### 6.4.2　实训前的准备

（1）圆柱体铸造挂图，如图6-12所示。

（2）整模和相应的带浇注系统的铸件实物模样。

（3）手工造型工装（如砂箱、底板等），手工造型工具1套（包括砂春、铲勺、提钩、铁笔、掸笔、刮板、气孔针、取模针、直浇口棒、水罐、刷水笔、分型砂盒、皮老虎等）。

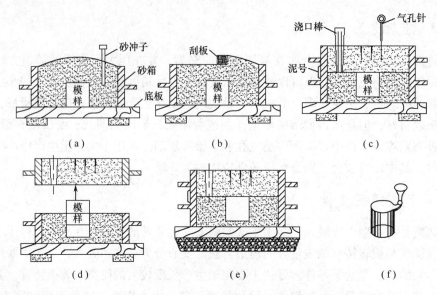

图 6-12  圆柱体整模造型

(a) 造下型：填砂、春砂；(b) 刮平、翻箱；(c) 造上型：扎气孔、做泥号；

(d) 敞箱、起模、开烧道；(e) 合型；(f) 落砂后带浇道的铸件

(4) 电阻坩埚炉，熔化的铝合金液 5~10 kg，浇注工具。

(5) 手工造型的工装与工具。

(6) 型砂各组成物的样品。

### 6.4.3  实训操作

先由指导老师亲自演示操作过程，然后由学生分组进行完成。具体步骤见表 6-2。

表 6-2  整模造型实训步骤

| 步骤 | 方法 | 内容 | 安全技术 | 备注 |
|---|---|---|---|---|
| 1 | 安全讲解 | 安全操作和劳动保护 | 车间实习，工作前检查，工具准备 | |
| 2 | 砂型的制作 | 用型砂制成铸型 | 砂型的制作是砂型铸造工艺过程中的主要工序 | |
| 3 | 放模样 | 在砂箱中放入模样 | 要合理布置砂箱空间，注意浇口位置与合理的吃砂量要求 | |
| 4 | 春实 | 在模样四周放置砂 | 模样四周用砂塞实，既可达到模样四周紧实度要求，又可以固定模样 | |
| | | 填砂 | 一次把砂加满，高出砂箱上沿 30 mm 左右，铺平、春实，用力均匀 | |
| | | 春砂 | 注意用砂春两端（一头平、一头尖）春实作用上的区别，以及用砂春春实时运动的方向和用力大小。避免春砂时碰坏模样而又要达到对砂型紧实度的要求 | |

| 步骤 | 方法 | 内容 | 安全技术 | 备注 |
|---|---|---|---|---|
| 5 | 扎透气孔 | 用气孔针扎出通气孔 | 注意不能扎坏模样，又要达到型腔通气效果 | |
| 6 | 做泥印号 | 用笔做印号 | 注意水笔运动方向、泥的适宜含水量及泥面抹的厚度和形状，线要细而直 | |
| 7 | 敞上箱 | 启上箱 | 使上箱均匀地摆动，摆动后要归原位 | |
| 8 | 取模 | 敞上箱取出放入的模样 | 取模前敲击位置和敲动量的掌握，取模时的要求及手感，在脱模前如何避免因模样转动和摆动而损坏型腔 | |
| 9 | 开浇道 | 浇口棒放置在合适的位置 | 根据工件的不同选用不同的位置 | |
| 10 | 合型 | 取模后将上箱复位 | | |
| 11 | 浇铸 | 电阻坩埚炉，熔化的铝合金液 | 使用电阻坩埚炉对铝合金液加热 | |
| | | 浇注 | 金属浇入铸型，浇注不当会引起浇不到、冷隔、跑火、夹渣和缩孔等缺陷 | |
| 12 | 落砂清理 | 从砂型中取出铸件 | 落砂过早，铸件温度过高，暴露于空气中急速冷却，易产生过硬的白口组织及形成铸造应力、裂纹等缺陷 | |
| | | 切除浇、冒口，清除黏砂 | 合金铸件用锯割切除 | |

## 6.4.4 考核评分

考核评分见表6-3。

表6-3 评分标准

| 项目 | 考核内容 | 考核标准 | 配分 | 备注 |
|---|---|---|---|---|
| 生产技术准备 | 职业道德 | 入场操作着装严格按规定 | 3 | 30 |
| | | 工作认真，爱护设备及工具、夹具、量具 | 2 | |
| | | 工作程序，工作规范，工艺文件和安全操作规程 | 5 | |
| | 材料准备 | 型砂 | 10 | |
| | | 制模 | 10 | |

| 项目 | 考核内容 | 考核标准 | 配分 | 备注 |
|---|---|---|---|---|
| 工件铸造 | 基础知识 | 识图、铸造设备 | 5 | 60 |
| | | 工具、夹具、量具使用与维护 | 5 | |
| | | 造型 | 30 | |
| | 铸造 | 浇铸 | 15 | |
| | | 成型 | 5 | |
| 缺陷分析与检验 | 工艺分析 | 制作的过程分析 | 5 | 10 |
| | 缺陷分析质量检验 | 产品验收缺陷 | 5 | |

 ## 本课题小结

　　本课题主要介绍了手工造型、砂型铸造工艺和常用铸造合金的熔炼方法；分析了常见铸造缺陷产生的原因；通过整模、分模、活块、挖砂等手工造型操作训练，加深了对铸造工艺方法的理解。

 ## 练习题

　　1. 铸造生产有哪些安全注意事项？

　　2. 简述常规的铸造工艺流程。

　　3. 简述按模样特征不同，手工造型方法有哪几种？

　　4. 简述整模造型、分模造型的步骤及其应用。

　　5. 机器造型有哪些优点？其应用范围如何？

　　6. 冲天炉由哪几个部分组成？

　　7. 常见的铸件缺陷有哪些？

　　8. 简述熔模铸造、压力铸造、离心铸造的工艺方法。

課 题 七

# 锻 压 实 训

**教学目标：**熟悉锻压工艺中的手工自由锻、板料冲压成型过程；掌握自由锻中的镦粗、拔长、冲孔等主要基本工序；压力机的工作原理、结构及成型工艺过程、安全操作技术，了解材料成型在大工程中的应用，体验具体零件成型的操作。

**教学重点：**自由锻的工艺过程和基本工序；锻造工艺规范及其应用范围。

**教学难点：**坯料加热的温度判别。

**案例导入：**曲轴是发动机的关键零件，形状复杂，工作条件苛刻，既承受交变应力作高速运转，又传递大扭矩。因此对抗疲劳性、耐磨性和强度等有很高的要求。某品牌的汽车发动机曲轴，采用高强度球墨铸铁获得的铸件经机加工而成。但发动机在使用工程中，噪声大、轴部密封件和曲轴失效快。改用模锻工艺生产的锻钢曲轴后，其噪声、轴部密封件、曲轴的抗疲劳性、耐磨性和强度等力学性能都得到了明显的改善。所以采用模锻工艺生产的锻钢曲轴，在产品质量、力学性能和生产效率上都有很大的优势。随着汽车发动机技术水平的不断提高，对锻造曲轴的需求将越来越多，曲轴铸改锻的趋势日趋明显。

本课题将通过讲解、示范和训练指导，使大家在比较短的时间内，对金属锻压的基础知识和操作技术，有一个基本的了解和认识；培养大家的动手能力和综合素质，为以后进一步的专业学习和工作奠定必要基础。

## 7.1 锻造基本知识

### 7.1.1 锻压生产概述

锻造和板料冲压总称为锻压。锻压是对金属坯料施加外力，使其产生塑性变形，改变尺寸和形状，改善性能，从而获得具有一定尺寸、形状和内部组织的毛坯或零件的成型加工方法。

锻压属于金属塑性加工的范畴，其包括锻造、冲压、挤压、拉拔和轧制等。

**1. 锻压生产具有以下优点**

（1）金属的力学性能得到提高。金属经过塑性变形以后，晶粒细化，并使原始铸造状态的缺陷（如微裂纹、气孔、缩松等）被压合，获得合理的流线分布，从而改善了金属的力学性能。

（2）生产效率高。除自由锻以外，其他塑性加工方法都具有较高的生产率。

（3）节省金属。金属的塑性变形过程是金属在固态下的体积重新分配、体积转移的过程，金属消耗量少；其中的一些加工方法所得到的产品，其尺寸精度和表面粗糙度已接近成品零件，减少或无须再进行切削加工，材料利用率高，从而节省了材料。

（4）生产范围广。可以生产各种类型和不同重量的产品，从重量不足 1 g 的冲压件，到重达数百吨的大型锻件都可以生产。

所以，锻压生产应用非常广泛，其中运输工具 96% 的零件，汽车拖拉机 95% 的零件，航天、航空 90% 的零件，农用机械工业 80% 的零件都用到了锻压加工。

**2. 锻压生产的不足之处**

（1）一般工艺表面质量差，存在表面氧化的缺点。

（2）与铸造、焊接相比，不能成型形状复杂件，产品的形状比较简单。

（3）设备庞大、价格昂贵，设备费用高。

（4）劳动条件差，强度大、噪声高。

**3. 锻压安全操作规程**

由于锻压生产过程以及锻压设备存在很多不安全因素，因此从事锻压生产的人员应遵守一定的安全操作规程，并掌握一定的锻压设备保养知识：

（1）实习前穿戴好各种安全防护用品，不得穿拖鞋、凉鞋、穿背心、短裤、短袖衣服。

（2）检查各种工具（如榔头、手锤等）的木柄是否牢固。空气锤上、下铁砧是否稳固，铁砧上不许有油、水和氧化皮。

（3）严禁用铁器（如钳子、铁棒等）捅电气开关。

（4）坯料在炉内加热时，风门应逐渐加大，防止突然高温使煤屑和火焰喷出伤人。

（5）两人手工锤打时，必须高度协调。要根据加热坯料的形状选择好夹钳，夹持牢靠后方可锻打，以免坯料飞出伤人。拿钳子不要对准腹部，挥锤时严禁任何人站在后面 2.5 m 以内。坯料切断时，打锤者必须站在被切断飞出方向的侧面，快切断时，大锤必须轻击。

（6）只有在指导人员直接指导下才能操作空气锤及其他设备。空气锤严禁空击、锻打未加热的锻件、终锻温度极低的锻件以及过烧的锻件。

（7）锻锤工作时，严禁用手伸入工作区域内或在工作区域内放取各种工具、模具。

（8）设备一旦发生故障时应首先关机、切断电源。

（9）锻区内的锻件毛坯必须用钳子夹取，不能直接用手拿取，以防烫伤。

（10）清理炉子，取放工件应关闭电源后进行。

（11）实习完毕应清理工、夹、量具，并清扫工作场地。

### 7.1.2　常用锻压方法

常用的锻压方法有锻造、冲压、挤压、拉拔和轧制等。

**1. 锻造**

锻造的工艺方法主要有自由锻、模锻和胎模锻。生产时，按锻件质量的大小、生产批量的多少选择不同的锻造方法。

自由锻：金属坯料在上、下砧铁间受冲击力或压力而变形。

模锻：金属坯料在具有一定形状的模膛内受冲击力或压力而变形的加工方法。

胎模锻：是在自由锻设备上使用胎模生产模锻件的工艺方法。

## 2. 轧制

金属坯料在两个回转轧辊的缝隙中受压变形以获得各种产品的加工方法。靠摩擦力，坯料连续通过轧辊间隙而受压变形。主要产品有型材、圆钢、方钢、角钢、铁轨等。

## 3. 挤压

金属坯料在挤压模内受压被挤出模孔而变形的加工方法。包括：

正挤：金属流动方向与凹模运动方向相同；

反挤：金属流动方向与凹模运动方向相反。

## 4. 拉拔

将金属坯料拉过拉拔模的模孔而变形的加工方法。其特点是产品尺寸精度较高，表面粗糙度值较小，所以，常用于轧制件的再加工，以提高产品质量。常用坯料为低碳钢、有色金属及合金。

## 5. 自由锻

金属坯料在上、下砧铁间受冲击力或压力而变形。

## 6. 冲压

金属板料在冲模之间受压产生分离或成形。

### 7.1.3 坯料的加热及冷却方式

#### 1. 加热的目的和锻造温度范围

加热的目的是提高坯料的塑性并降低变形抗力，以改善其锻造性能。一般地说，金属材料在一定温度范围内，随着温度的升高，金属材料的强度降低而塑性提高。所以，加热后锻造，可以用较小的锻打力量使坯料稳定地改变形状，产生较大的变形而不破裂。

但是，加热温度太高，也会使锻件质量下降，甚至造成废品。各种材料在锻造时，所允许的最高加热温度称为该材料的始锻温度。

坯料在锻造过程中，随着热量的散失，温度不断下降，塑性会越来越差，变形抗力越来越大。当温度下降到一定程度后，不仅难以继续变形，而且易于锻裂，此时，必须及时停止锻造，重新加热。各种材料停止锻造的温度，称为该材料的终锻温度。

从始锻温度到终锻温度称为锻造温度范围。几种常用材料的锻造温度范围列于表7-1。

表7-1  常用金属材料的锻造温度范围                                    ℃

| 材料种类 | 始锻温度 | 终锻温度 |
| --- | --- | --- |
| 低碳钢 | 1 200~1 250 | 800 |
| 中碳钢 | 1 150~1 200 | 800 |
| 合金结构钢 | 1 100~1 180 | 850 |

锻件的温度可用仪表测定，在生产中也可根据被加热金属的火色来判别，如碳钢的加热温度与火色的关系见表7-2。

表 7-2　锻件温度与火色的关系

| 温度/℃ | 1 300 | 1 200 | 1 100 | 900 | 800 | 700 | 小于 600 |
|--------|-------|-------|-------|-----|-----|-----|---------|
| 火色 | 白色 | 亮黄 | 黄色 | 樱红 | 赤红 | 暗红 | 黑色 |

**2. 加热方式及加热炉**

锻件加热可采用一般燃料如焦炭、重油等进行燃烧，利用火焰加热，也可采用电能加热。

（1）明火炉。将坯料直接置于固体燃料上加热的炉子称为明火炉，又称锻炉。它供手工锻造及小型空气锤上自由锻加热坯料使用，也可用于长杆形坯料的局部加热。

明火炉的结构如图 7-1 所示。

明火炉的结构简单，容易砌造，并可移动位置，使用方便；但其温度不均匀，加热质量不易控制，热效率很低，加热速度慢，劳动生产率低。

（2）反射炉。燃料在燃烧室中燃烧，高温炉气（火焰）通过炉顶反射到加热室中加热坯料的炉子称为反射炉。

反射炉以烟煤为燃料，其结构如图 7-2 所示。

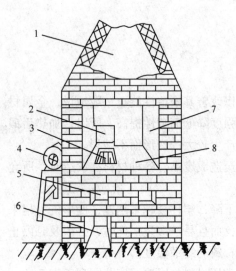

图 7-1　明火炉结构示意图

1—烟囱；2—后炉门；3—炉算；4—鼓风机；
5—火钩槽；6—灰坑；7—前炉门；8—堆料平台

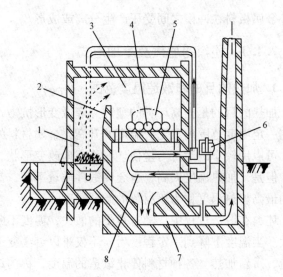

图 7-2　反射炉结构示意图

1—燃烧室；2—火墙；3—加热室；4—坯料；
5—炉门；6—鼓风机；7—烟道；8—换热器

燃烧所需的空气经过换热器预热后送入燃烧室。高温炉气越过火墙进入加热室。加热室的温度可达 1 350 ℃。废气经烟道排出，坯料从炉门装入和取出。

反射炉目前在我国一般锻工车间中使用较普遍。

（3）室式炉。炉膛三面是墙，一面有门的炉子称为室式炉。

室式炉以重油或煤气为燃料。室式重油炉的结构如图 7-3 所示。

压缩空气和重油分别由两个管道送入喷嘴，压缩空气从喷嘴喷出时所造成的负压，将重油带出并喷成雾状，进行燃烧。

室式炉比反射炉的炉体结构简单、紧凑，热效率也较高。

（4）电阻炉（红外箱式炉）。它是典型的电能加热设备，利用电阻加热器通电时所产生的电阻热作为热源，以辐射方式加热坯料。电阻炉分为中温电炉（加热器为电阻丝，最高使用温度为1 100 ℃）和高温电炉（加热器为硅碳棒，最高使用温度为1 600 ℃）两种。图7-4所示为箱式电阻丝加热炉。

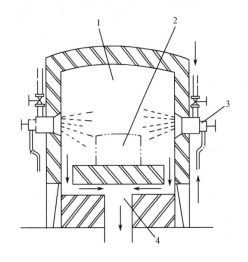

图7-3　室式重油炉结构示意图

1—炉膛；2—炉门；3—喷嘴；4—烟道

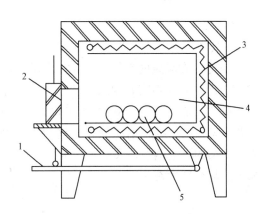

图7-4　箱式电阻炉示意图

1—踏杆；2—炉门；3—电阻丝；4—炉膛；5—工件

电阻炉操作简便，可通过仪表准确控制温度，且可通入保护性气体控制炉内气氛，以防止或减少工件加热时的氧化，主要用于精密锻造及高合金钢、有色金属的加热。

### 3. 加热缺陷

对锻件加热不当，则会产生以下缺陷：

（1）氧化和脱碳。

钢是铁与碳组成的合金。采用一般方法加热时，钢料的表面不可避免地要与高温的氧气、二氧化碳及水蒸气等接触，发生剧烈的氧化，使坯料的表面产生氧化皮及脱碳层。如果氧化现象过于严重，则会产生较厚的氧化皮和脱碳层，甚至造成锻件的报废。

减少氧化和脱碳的措施是严格控制送风量，快速加热，减少坯料加热后在炉中停留的时间，或采用少氧化、无氧化等加热方法。

（2）过热及过烧。

加热钢料时，如果加热温度超过始锻温度，或在始锻温度下保温过久，金属材料内部的晶粒会变得粗大，这种现象称为过热。过热会使锻坯的塑性下降，可锻性变差。晶粒粗大的锻件机械性能较差。

如果将钢料加热到更高的温度，这时已远远高于始锻温度，接近该材料的熔点，或将过热的钢料长时间在高温下停留，则会造成晶粒间低熔点杂质的熔化和晶粒边界的氧化，从而削弱晶粒之间的联系，使晶粒间失去结合力，这种现象称为过烧。过烧的钢料是无可挽回的废品，锻打时必然碎裂，是不可修复的缺陷。

为了防止过热和过烧，要严格控制加热温度，不要超过规定的始锻温度，尽量缩短坯料

高温下在炉内停留的时间，一次装料不要太多，遇有设备故障需要停锻时，要及时将炉内的高温坯料取出。

（3）加热裂纹。

尺寸较大的坯料，尤其是高碳钢坯料和一些合金钢锭料，在加热过程中，如果加热速度过快或装炉温度过高，则可能由于坯料内各部分之间较大的温差引起的温度应力，导致产生裂纹。这些坯料加热时，要严格遵守有关的加热规范。一般中碳钢的中、小型锻件，以轧材为坯料时，不会产生加热裂纹，为提高生产率，减少氧化，避免过热，应尽可能采取快速加热。

**4. 锻件的冷却**

锻件的冷却是保证锻件质量的重要环节。冷却的方式有三种：

（1）空冷。在无风的空气中，放在干燥的地面上冷却。

（2）坑冷。在充填有石棉灰、砂子或炉灰等绝热材料的坑中以较慢的速度冷却。

（3）炉冷。在500 ℃~700 ℃的加热炉中，随炉缓慢冷却。

一般地说，碳素结构钢和低合金钢的中小型锻件，锻后均采用冷却速度较快的空冷方法，成分复杂的合金钢锻件大都采用坑冷或炉冷。冷却速度过快造成表层硬化，难以进行切削加工，甚至产生裂纹。

# 7.2　自由锻造实训

锻造时，采用简单的通用性工具，或在锻造设备的上下砧铁之间直接使坯料变形，向四周自由地塑性流动，而获得锻件的方法，称为自由锻。它分为手工自由锻和机器自由锻两种。

自由锻的特点是：所用工具、设备简单，通用性大；工艺灵活，锻件可大、可小，小至不足1 kg，大至数百吨。但是锻件的精度不高，加工余量大，生产率低，劳动强度大。由于工件的尺寸和形状要靠操作技术来保证，所以自由锻要求工人有较高的技术水平。

自由锻的通用性大，故被广泛用于锻造形状较简单的单件、小批量及大型锻件的生产。

## 7.2.1　自由锻设备

**1. 空气锤**

自由锻的设备有空气锤、蒸汽-空气自由锻锤及自由锻水压机等，分别适合小、中和大型锻件的生产。

空气锤是生产小型锻件的通用设备，其外形、结构及工作原理如图7-5所示。

（1）结构。

空气锤由锤身、压缩缸、工作缸、传动机构、操纵机构、落下部分及砧座等几个部分组成。

空气锤以及所有锻锤的主要规格参数是其落下部分的质量，又称锻锤的吨位。落下部分包括工作活塞、锤杆、锤头和上砧铁。例如，65 kg空气锤，就是指它的落下部分质量为65 kg，而不是指它的打击力，这是一种小型号的空气锤。国内常用的空气锤的吨位多在50~1 000 kg。

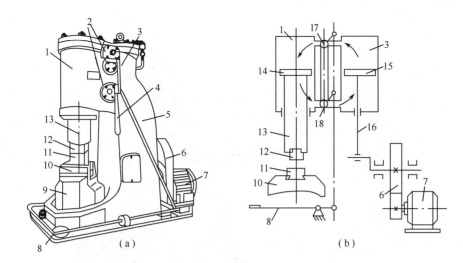

图7-5　空气锤外形、结构及工作原理示意图

（a）外形图；（b）工作原理

1—工作缸；2—旋阀；3—压缩缸；4—手柄；5—锤身；6—减速机构；7—电动机；
8—脚踏杆；9—砧座；10—砧垫；11—下砧块；12—上砧块；13—锤杆；
14—工作活塞；15—压缩活塞；16—连杆；17—上旋阀；18—下旋阀

（2）工作原理。

空气锤的工作原理如图7-5所示，电动机通过减速机构带动曲柄连杆机构转动，曲柄连杆机构把电动机的旋转运动转化为压缩活塞的上下往复运动，压缩活塞通过上下旋阀将压缩空气压入工作缸的下部或上部，推动落下部分的升降运动，实现锤头对锻件的打击。通过踏杆或手柄操纵配气机构（上、下旋阀），可实现空转、悬空、压紧、连续打击和单次打击等操作。

初学者不易掌握单打，要谨慎对待，操作稍有迟缓，手柄稍不到位，就会成为连续打击，此时若翻转或移动锻件易出事故，务必等锤头停止打击后才能转动或移动锻件。

**2. 蒸汽-空气锤**

蒸汽-空气锤如图7-6所示，也靠锤的冲击力锻打工件。蒸汽-空气锤自身不带动力装置，另需蒸汽锅炉向其提供具有一定压力的蒸汽，或空气压缩机向其提供压缩空气。其锻造能力明显大于空气锤，一般为500~5 000 kg（0.5~5 t），常用于中型锻件的锻造。

**3. 水压机**

大型锻件需要在液压机上锻造，水压机是最常用的一种，如图7-7所示。水压机不依靠冲击力，而靠静压力使坯料变形，工作平稳，因此工作时振动小。不需要笨重的砧座；锻件变形速度低，变形均匀，易将锻件锻透，使整个截面呈细晶粒组织，从而改善和提高了锻件的力学性能，容易获得大的工作行程并能在行程的任何位置进行锻压，劳动条件较好。但由于水压机主体庞大，并需配备供水和操纵系统，故造价较高。水压机的压力大，规格为500~12 500 t，能锻造1~300 t的大型重型坯料。

**4. 机器自由锻的工具（图7-8）**

（1）夹持工具：如圆钳、方钳、槽钳、抱钳、尖嘴钳、专用型钳等。

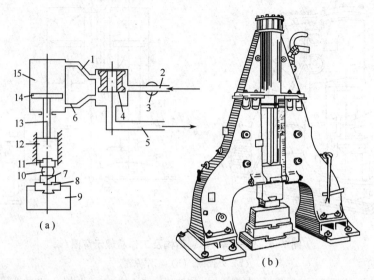

图 7-6 双柱拱式蒸汽–空气锤

1—上气道；2—进气道；3—节气阀；4—滑阀；5—排气管；6—下气道；7—下砧；8—砧垫；
9—砧座；10—坯料；11—上砧；12—锤头；13—锤杆；14—活塞；15—工作缸

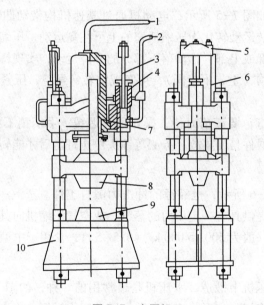

图 7-7 水压机

1，2—管道；3—回程柱塞；4—回程缸；5—回程横梁；6—拉杆；7—密封圈；8—上砧；9—下砧；10—砧座

（2）切割工具：剁刀、剁垫、克棍等。

（3）变形工具：如压铁、摔子、压肩摔子、冲子、垫环等。

（4）测量工具：如钢直尺、内外卡钳等。

（5）吊运工具：如吊钳、叉子等。

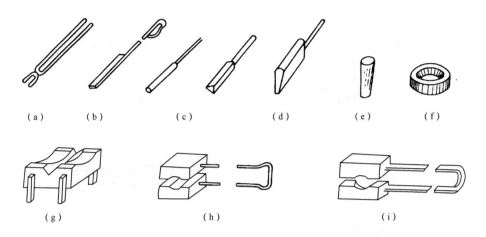

图 7-8  机锻工具

(a) 钳手；(b) 克棍；(c) 压铁；(d) 剁刀；(e) 冲子；(f) 垫环；(g) 剁垫；(h) 摔子；(i) 压肩摔子

### 7.2.2  手工自由锻工具和操作

**1. 手工自由锻**

利用简单的手工工具，使坯料产生变形而获得的锻件方法，称手工自由锻。

**2. 手工锻造工具如图 7-9 所示**

(1) 支持工具：如羊角砧等。

(2) 锻打工具：如各种大锤和手锤。

(3) 成型工具：如各种型锤、冲子等。

(4) 夹持工具：各种形状的钳子。

(5) 切割工具：各种錾子及切刀。

(6) 测量工具：钢直尺、内外卡钳等。

**3. 手工自由锻的操作**

(1) 锻击姿势。

手工自由锻时，操作者站离铁砧约半步，右脚在左脚后半步，上身稍向前倾，眼睛注视锻件的锻击点。左手握住钳杆的中部，右手握住手锤柄的端部，指示大锤的锤击。

锻击过程，必须将锻件平稳地放置在铁砧上，并且按锻击变形需要，不断将锻件翻转或移动。

(2) 锻击方法。

手工自由锻时，持锤锻击的方法可有：

① 手挥法：主要靠手腕的运动来挥锤锻击，锻击力较小，用于指挥大锤的打击点和打击轻重。

② 肘挥法：手腕与肘部同时作用、同时用力，锤击力度较大。

③ 臂挥法：手腕、肘和臂部一起运动，作用力较大，可使锻件产生较大的变形量，但费力甚大。

(3) 锻造过程严格注意做到"六不打"。

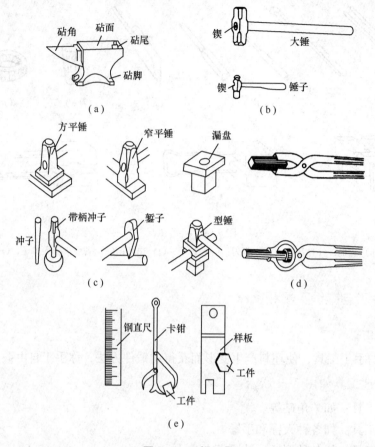

图 7-9　手锻工具

(a) 铁钻；(b) 锻锤；(c) 衬垫工具；(d) 手钳；(e) 测量工具

① 低于终锻温度不打。

② 锻件放置不平不打。

③ 冲子不垂直不打。

④ 剁刀、冲子、铁砧等工具上有油污不打。

⑤ 镦粗时工件弯曲不打。

⑥ 工具、料头易飞出的方向有人时不打。

### 7.2.3　自由锻基本工序和操作

根据变形性质和程度的不同，自由锻工序分为基本工序、辅助工序和精整工序三类。改变坯料的形状和尺寸，实现锻件基本成形的工序称为基本工序，有镦粗、拔长、冲孔、扩孔、芯轴拔长、切割、弯曲、扭转、错移、锻接等，其中镦粗、拔长和冲孔三个工序应用得最多。为便于实施基本工序而使坯料预先产生少量变形的工序称为辅助工序，如压肩、压痕等。为修整锻件的尺寸和形状，消除表面不平，校正弯曲和歪扭等目的施加的工序称为精整工序，如滚圆、捋圆、平整、整形、校直等。

下面简要介绍几个基本工序。

### 1. 镦粗

镦粗是使坯料的截面增大、高度减小的锻造工序。镦粗有完全镦粗、局部镦粗和垫环镦粗等三种方式。局部镦粗按其镦粗的位置不同又可分为端部镦粗和中间镦粗两种。如图7-10所示。

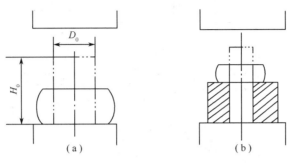

图 7-10　镦粗

(a) 完全镦粗；(b) 局部镦粗

镦粗主要用来锻造圆盘类（如齿轮坯）及法兰等锻件，在锻造空心锻件时，可作为冲孔前的预备工序，即镦粗可作为提高锻造比的预备工序。

镦粗的一般规则、操作方法及注意事项如下：

(1) 被镦粗坯料的高度与直径（或边长）之比应小于2.5~3，否则会镦弯，如图7-11 (a) 所示。工件镦弯后应将其放平，轻轻锤击矫正，如图7-11 (b) 所示。局部镦粗时，镦粗部分坯料的高度与直径之比也应小于2.5~3。

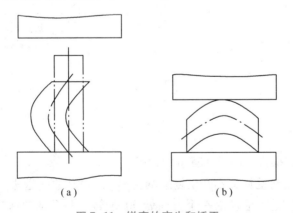

图 7-11　镦弯的产生和矫正

(a) 镦弯的产生；(b) 镦弯的矫正

(2) 镦粗的始锻温度采用坯料允许的最高始锻温度，并应烧透。坯料的加热要均匀，否则镦粗时工件变形不均匀，对某些材料还可能锻裂。

(3) 镦粗的两端面要平整且与轴线垂直，否则可能会产生镦歪现象。矫正镦歪的方法是将坯料斜立，轻打镦歪的斜角，然后放正，继续锻打，如图7-12所示。如果锤头或抵铁的工作面因磨损而变得不平直，则锻打时要不断将坯料旋转，以便获得均匀的变形而不致镦歪。

（4）锤击应力量足够，否则就可能产生细腰形，如图7-13（a）所示。若不及时纠正，继续锻打下去，则可能产生夹层，使工件报废，如图7-13（b）所示。

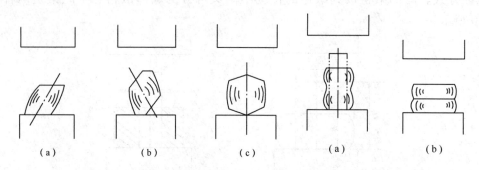

图7-12 镦歪的产生和矫正                图7-13 细腰形及夹层的产生
                                        （a）细腰形；（b）夹层

## 2. 拔长

拔长是使坯料长度增加、横截面减少的锻造工序，又称延伸或引伸，如图7-14所示。拔长用于锻制长而截面小的工件，如轴类、杆类和长筒形零件。

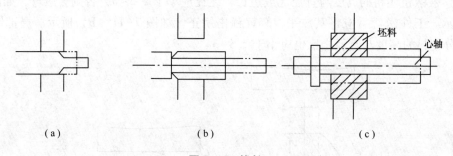

图7-14 拔长
（a）拔长；（b）局部拔长；（c）心轴拔长

拔长的一般规则、操作方法及注意事项如下。

（1）拔长过程中要将毛坯料不断反复地翻转90°，并沿轴向送进操作，如图7-15（a）所示。螺旋式翻转拔长是将毛坯沿一个方向做90°翻转，并沿轴向送进的操作，如图7-15（b）所示。单面顺序拔长是将毛坯沿整个长度方向锻打一遍后，再翻转90°，同样依次沿轴向送进操作，如图7-15（c）所示，用这种方法拔长时，应注意工件的宽度和厚度之比不要超过2.5，否则再次翻转继续拔长时容易产生折叠。

（2）拔长时，坯料应沿抵铁的宽度方向送进，每次的送进量应为抵铁宽度的0.3~0.7倍，如图7-16（a）所示。送进量太大，金属主要向宽度方向流动，反而降低延伸效率，如图7-16（b）所示；送进量太小，又容易产生夹层，如图7-16（c）所示。另外，每次压下量也不要太大，压下量应等于或小于送进量，否则也容易产生夹层。

（3）由大直径的坯料拔长到小直径的锻件时，应把坯料先锻成正方形，在正方形的截

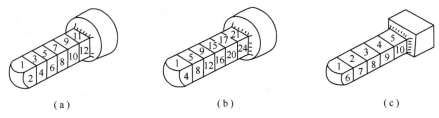

图 7-15　拔长时锻件的翻转方法

（a）反复翻转拔长；（b）螺旋式翻转拔长；（c）单面顺序拔长

面下拔长，到接近锻件的直径时，再倒棱，滚打成圆形，这样锻造效率高、质量好，如图 7-17 所示。

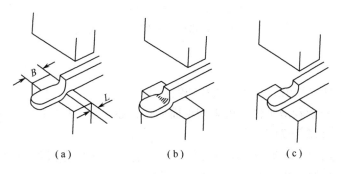

图 7-16　拔长时的送进方向和进给量

（a）送进量合适；（b）送进量太大，拔长率降低；（c）送进量太小，产生夹层

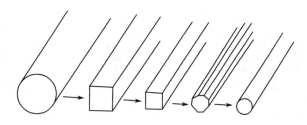

图 7-17　大直径坯料拔长时的变形过程

（4）锻制台阶轴或带台阶的方形、矩形截面的锻件时，在拔长前应先压肩。压肩后对一端进行局部拔长即可锻出台阶。如图 7-18 所示。

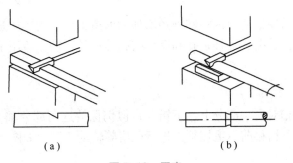

图 7-18　压肩

（a）方料压肩；（b）圆料压肩

（5）锻件拔长后须进行修整，修整方形或矩形锻件时，应沿下抵铁的长度方向送进，如图7-19（a）所示，以增加工件与抵铁的接触长度。拔长过程中若产生翘曲应及时翻转180°轻打校平。圆形截面的锻件用型锤或摔子修整，如图7-19（b）所示。

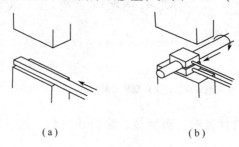

（a）                                （b）

图7-19　拔长后的修整

（a）方形、矩形面的修整；（b）圆形截面的修整

### 3. 冲孔

冲孔是用冲子在坯料冲出透孔或不透孔的锻造工序。

（1）单面冲孔：对于较薄工件，可采用单面冲孔，如图7-20所示。

（2）双面冲孔：如图7-21所示。

冲孔前需镦粗，是为了减少冲孔深度并使端面平整。由于冲孔锻件的局部变形量很大，为了提高塑性、防止冲裂，冲孔应在始锻温度下进行。

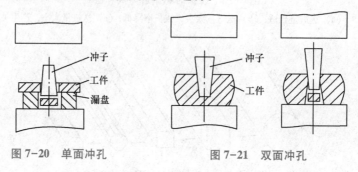

图7-20　单面冲孔　　　　　图7-21　双面冲孔

（3）空心冲子冲孔：当冲孔直径超过400 mm时，多采用空心冲子冲孔。对于重要的锻件，将其有缺陷的中心部分冲掉，有利于改善锻件的力学性能。

### 4. 扩孔

扩孔是空心坯料壁厚减薄而内径和外径增加的锻造工序。其实质是沿圆周方向的变相拔长。扩孔的方法有冲头扩孔、马杠扩孔和劈缝扩孔等三种。扩孔适用于锻造空心圈和空心环锻件。

### 5. 错移

将毛坯的一部分相对另一部分上、下错开，但仍保持这两部分轴心线平行的锻造工序，错移常用来锻造曲轴。错移前，毛坯须先进行压肩等辅助工序，如图7-22所示。

### 6. 切割

切割是使坯料分开的工序，如切去料头、下料和切割成一定形状等，如图7-23所示。

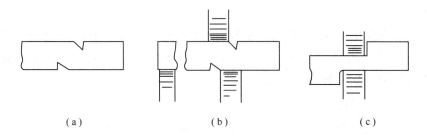

（a）　　　　　　　　（b）　　　　　　　　（c）

图 7-22　错移

（a）压肩；（b）锻打；（c）修整

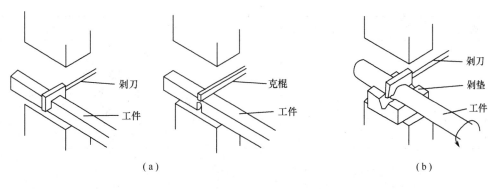

（a）　　　　　　　　　　　　　（b）

图 7-23　切割

（a）方料的切割；（b）圆料的切割

### 7. 弯曲

使坯料弯成一定角度或形状的锻造工序称为弯曲。弯曲用于锻造吊钩、链环、弯板等锻件。弯曲时锻件的加热部分最好只限于被弯曲的一段，加热必须均匀，如图 7-24 所示。

### 8. 扭转

扭转是将毛坯的一部分相对于另一部分绕其轴心线旋转一定角度的锻造工序，称为扭转，如图 7-25 所示。锻造多拐曲轴、连杆、麻花钻等锻件和校直锻件时常用这种工序。

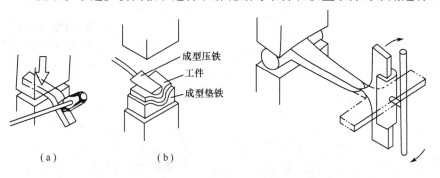

（a）　　　　　　（b）

图 7-24　弯曲　　　　　　　　图 7-25　扭转

（a）角度弯曲；（b）成型弯曲

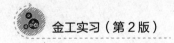

**9. 锻接**

锻接是将两段或几段坯料加热后，用锻造的方法连接成牢固整体的一种锻造工序，又称锻焊。锻接主要用于小锻件生产或修理工作，如：锚链的锻焊；刃具的夹钢和贴钢，它是将两种成分不同的钢料锻焊在一起。

**10. 锻件的锻造过程示例**

任何锻件往往是经若干个工序锻造而成的，在锻造前要根据锻件形状、尺寸大小及坯料形状等具体情况，合理选择基本工序和确定锻造工艺过程。表 7-3 所示为六角螺母的锻造工艺过程示例，其主要工序是镦粗和冲孔。

表 7-3　螺母的锻造过程

| 序号 | 火次 | 操作工序 | 简　图 | 工　具 | 备　　注 |
|---|---|---|---|---|---|
| 1 | | 下料 | 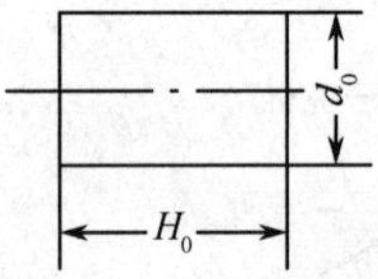 | 錾子或剪床 | 按锻件图尺寸，考虑料头烧损，计算坯料尺寸，并使 $H_0/d_0 < 2.5$ |
| 2 | 1 | 镦粗 | 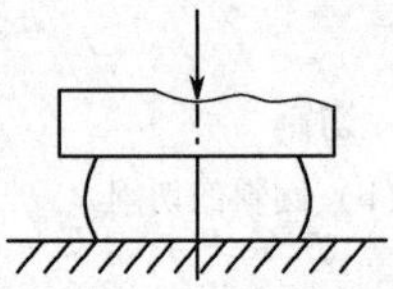 | 尖口钳 | |
| 3 | 2 | 冲孔 | 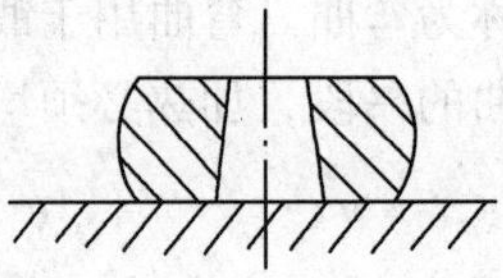 | 尖口钳 圆钩钳 冲　子 | |
| 4 | 3 | 锻六角 | 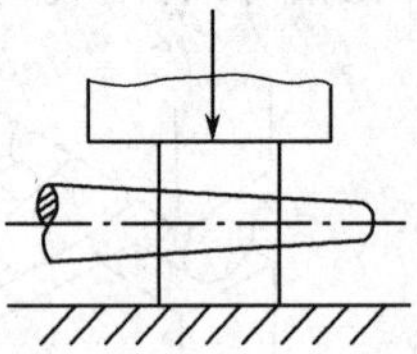 | 心棒 | 用心棒插入孔中，锻好一面转 60° 锻第二面，再转 60° 即锻好 |
| 5 | 3 | 罩圆倒角 | 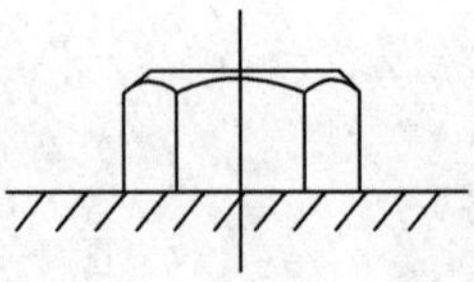 | 尖口钳 罩圆凹模 | |

续表

| 序号 | 火次 | 操作工序 | 简图 | 工具 | 备注 |
|---|---|---|---|---|---|
| 6 | 3 | 修整 | | 心棒<br>平锤 | 修整温度可略低于800 ℃ |

## 7.3　模锻和胎模锻简介

### 7.3.1　模锻

将加热后的坯料放到上、下锻模的模腔内，施加冲击力或压力，经过锻造，使其在模腔所限制的空间内产生塑性变形，从而获得锻件的锻造方法叫作模型锻造，简称模锻。如图 7-26 所示。模锻的生产效率高，并可锻出形状复杂、尺寸准确的锻件，适宜在大批量生产条件下，锻造形状复杂的中、小型锻件。

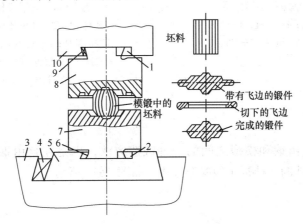

图 7-26　模锻工作示意图

1—上模用键；2—下模用键；3—砧座；4—模座用楔；5—模座；
6—下模用楔；7—下楔；8—上模；9—上模用楔；10—锤头

模锻可以在多种设备上进行，常用的模锻设备有蒸汽-空气模锻锤、摩擦压力机等。目前我国以在模锻锤上进行的模锻（简称锤上模锻）应用最多。在工业生产中，锤上模锻大都采用蒸汽-空气锤，蒸汽-空气模锻锤的规格也以落下部分的重量来表示，重量为 5～300 kN（0.5～30 t），常用的为 10～100 kN。压力机上的模锻常用热模锻压力机，重量为 25 000～63 000 kN。模锻锤的结构如 7-27所示，模锻工作情况如图 7-28 所示。上模和下模分别安装在锤头下端和砧座上的燕尾槽内，用楔铁对准和紧固。

为了防止锻件尺寸不足及上、下锻模直接撞击，模锻件下料时，除考虑烧损量及冲孔损失外，还应使坯料的体积稍大于锻件。模腔的边缘相应加工出容纳多余金属的飞边槽，在锻造过程中，多余的金属即存留在飞边槽内，锻后再用切边模将飞边切除。

模锻的生产效率和锻件的精度都比自由锻高得多，但模具制造成本高，由于模锻时坯料为同时整体变形，因而所需锻锤的吨位也较大。模锻适用于大批量生产。

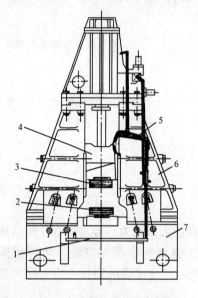 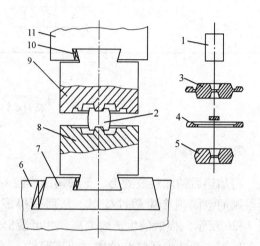

图 7-27　模锻锤结构示意图

1—踏杆；2—下模；3—上模；4—锤头；
5—操纵机构；6—锤身；7—砧座

图 7-28　模锻工作示意图

1—坯料；2—锻造中的坯料；3—带飞边和
连皮的锻件；4—飞边和连皮；5—锻件；
6—黏铁；7—模座；8—下模；9—上模；
10—楔铁；11—锤头

### 7.3.2　胎模锻

胎模锻是介于自由锻和模锻之间的一种锻造方法，也是在自由锻锤上用简单的模具（称为胎模）生产锻件的一种常用的锻造方法，如图 7-29 所示。

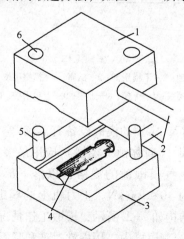

图 7-29　胎模

1—上模块；2—手柄；3—下模块；4—模膛；5—导销；6—销孔

胎模锻的模具制造简便，在自由锻锤上即可进行锻造，不需要模锻锤。成批生产时，与自由锻相比较，锻件质量好，生产效率高，能锻造形状较复杂的锻件，在中小批生产中应用广泛。但劳动强度大，只适于小型锻件。其过程如图7-30所示。

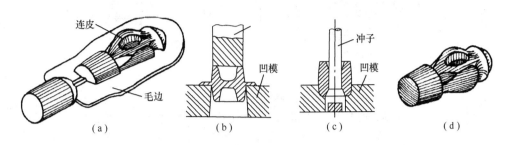

图 7-30 胎模锻的生产过程

（a）用胎模锻出的锻件；（b）用切边模切边；（c）冲掉连皮；（d）锻件

## 7.4 板料冲压

利用冲压设备和冲模使金属或非金属板料产生分离或变形的压力加工方法称冲压，这种加工方法通常在常温下进行，所以又称冷冲压。

板料冲压的原材料是具有较高塑性的金属材料，如低碳钢、铜及其合金、镁合金等，以及非金属（如石棉板、硬橡皮、胶木板、皮革等）的板材、带材或其他型材。用于加工的板料厚度一般小于6 mm。

冲压生产的特点：

（1）可以生产形状复杂的零件或毛坯；

（2）冲压制品具有较高的精度，较低的表面粗糙度，质量稳定，互换性能好；

（3）产品还具有材料消耗少、重量轻、强度高和刚度好的特点；

（4）冲压操作简单，生产效率高，易于实现机械化和自动化；

（5）冲模精度要求高，结构较复杂，生产周期较长，制造成本较高，故只适用于大批量生产场合。

在一切有关制造金属或非金属薄板成品的工业部门中都可采用冲压生产，尤其在日用品、汽车、航空、电器、电机和仪表等工业生产部门，应用更为广泛。

### 7.4.1 冲压设备

冲压所用的设备种类有多种，但主要设备是剪床和冲床。

**1. 剪床**

剪床的用途是将板料切成一定宽度的条料或块料，以供给冲压所用，剪床传动机构如图7-31所示。

**2. 冲床**

冲床是曲柄压力机的一种，可完成除剪切外的绝大多数基本工序。冲床按其结构可分为

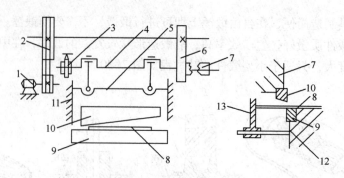

图 7-31　剪床传动机构示意图

1—电动机；2—带轮；3—制动器；4—曲柄；5—滑块；6—齿轮；7—离合器；
8—板料；9—下刀片；10—上刀片；11—导轨；12—工作台；13—挡铁

单柱式和双柱式、开式和闭式等；按滑块的驱动方式分为液压驱动和机械驱动两类。机械式冲床的工作机构主要由滑块驱动机构（如曲柄、偏心齿轮、凸轮等）、连杆和滑块组成。

图 7-32 所示为开式双柱式冲床的外形和传动简图。

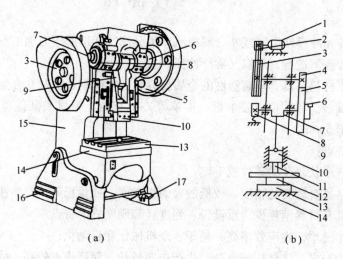

（a）　　　　　　　　　　　　　（b）

图 7-32　冲床

（a）外形；（b）传动简图

1—电动机；2—小带轮；3—大带轮；4—小齿轮；5—大齿轮；6—离合器；7—曲轴；8—制动器；9—连杆；
10—滑块；11—上模；12—下模；13—垫板；14—工作台；15—床身；16—底座；17—脚踏板

通用性好的开式冲床的规格以额定标称压力表示，如 100 kN（10 t）。其他主要技术参数有滑块行程距离（mm）、滑块行程次数（次/min）和封闭高度等。

**3. 冲床操作安全规范**

（1）冲压工艺所需的冲剪力或变形力要低于或等于冲床的标称压力。

（2）开机前应锁紧所有调节和紧固螺栓，以免模具等松动而造成设备、模具损坏和人身安全事故。

（3）开机后，严禁将手伸入上下模之间，取下工件或废料应使用工具。冲压进行时严禁将工具伸入冲模之间。

（4）两人以上共同操作时应由一人专门控制踏脚板，踏脚板上应有防护罩，或将其放在隐蔽安全处，工作台上应取尽杂物，以免杂物坠落于踏脚板上造成误冲事故。

（5）装拆或调整模具应停机进行。

### 7.4.2 冲压模具

冲模是冲压生产中必不可少的模具，是板料冲压的主要工具。冲模按其结构特点不同，分为简单冲模、连续冲模和复合冲模三种。

**1. 简单冲模**

在滑块一次行程中只完成一个冲压工序的冲模称简单冲模。图 7-33 所示为简单冲裁模。

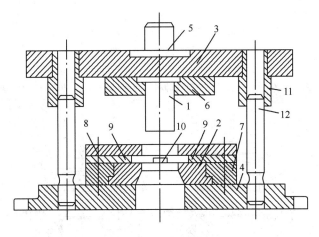

图 7-33　简单冲裁模

1—凸模；2—凹模；3—上模板；4—下模板；5—手柄；6，7—压板；
8—卸料板；9—导料板；10—定位销；11—导套；12—导柱

简单冲模结构简单，容易制造，适用于单工序完成的冲压件。对于需经多个工序才能完成的冲压件，如采用简单冲模则要制造多套模具，分多次冲压，生产率和冲压件的精度都较低。

**2. 连续冲模**

在滑块的一次行程中，在模具的不同部位同时完成两个或多个冲压工序的冲模称为连续冲模。

图 7-34 所示为冲孔—落料连续模（连续冲裁模）。连续模生产效率高，易于实现自动化，但要求定位精度高，制造比较麻烦，故成本也较高。

**3. 复合冲模**

在滑块的一次行程中，在模具的同一位置完成两个或多个工序的冲模称为复合冲模。图 7-35 所示为落料—拉深复合模。

复合模有较高的加工精度及生产效率，但制造复杂，适用于大批量生产。

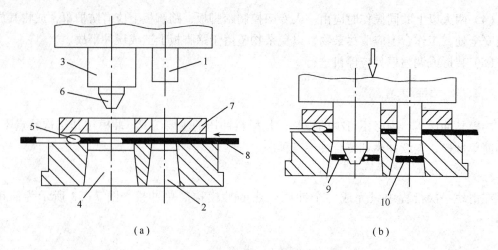

图7-34 连续冲裁模的结构及工作示意图

（a）坯料送进；（b）冲裁

1—冲孔凸模；2—冲孔凹模；3—落料凸模；4—落料凹模；
5—定位销；6—导正销；7—导板（卸料板）；8—坯料；9—冲裁件；10—废料

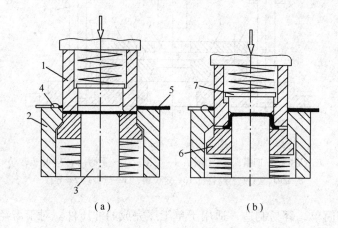

图7-35 落料—拉深复合模的结构和工作示意图

（a）落料；（b）拉深

1—凸凹模；2—落料凹模；3—拉深凸模；4—定位销；5—坯料；6—拉深压板；7—定出器

## 7.4.3 冲压工序与操作

**1. 剪切**

剪切是使板料沿不封闭的轮廓分离的工序，通常在剪床（又称剪板机）上进行。图7-36所示为剪床结构及剪切示意图。

剪床的传动系统及各传动元件的作用与上述冲床类似，但其滑块的高度和冲程一般不必调节。

**2. 冲裁**

冲裁是使板料沿封闭轮廓分离的工序，如图7-37所示，包括冲孔和落料。

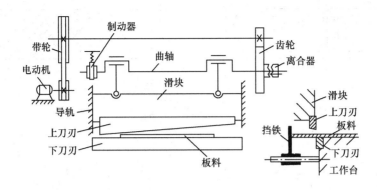

图 7-36　剪床结构及剪切示意图

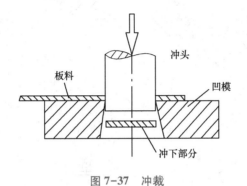

图 7-37　冲裁

冲孔与落料的操作方法和板料分离的过程是相同的，只是它们的作用不同。冲孔是在板料上冲出所需要的孔洞，冲孔后的板料本身是成品，而冲下的部分是废料，如图 7-38 所示。

落料是从板料上冲下的部分是成品，板料本身则成为废料或冲剩的余料如图 7-39 所示。落料时，合理地确定零件在板料上的排列方式，是节约材料的重要途径，如图 7-40 所示。

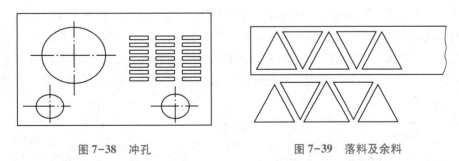

图 7-38　冲孔　　　　　　　　　图 7-39　落料及余料

### 3. 弯曲

弯曲是将坯料弯成具有一定曲率和角度的变形工序，如图 7-41 所示。弯曲成型不仅可加工板料，也可加工管子和型材。

图 7-42 所示一块板料经过多次弯曲后，制成带有圆截面的筒状零件的弯曲过程。

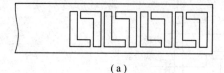 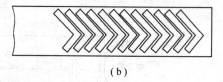

（a）　　　　　　　　　　　　　　　　　（b）

图 7-40　排料

（a）不合理；（b）合理

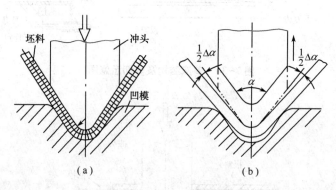

（a）　　　　　　　　　　　　　　（b）

图 7-41　弯曲

（a）冲头下压；（b）冲头回程

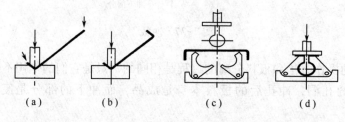

（a）　　　　　（b）　　　　　（c）　　　　　（d）

图 7-42　带有圆筒状零件的弯曲过程

## 4. 拉深

拉深是把平板状坯料制成中空形状冲压件的工序，又称拉延，如图 7-43 所示。

板料每次拉深的变形程度都有一定的限制。低碳钢板料第一次拉深后，拉深件的直径不能小于板料直径的 0.50~0.63 倍。如果所要求的拉深变形量较大，则应通过多次拉深完成，如图 7-44 所示，而且，每次拉深所允许的变形程度（以拉深系数 $m$ 表示，$m=d_2:d_1$）依次减小。

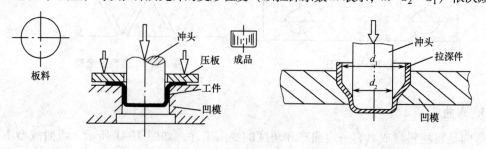

图 7-43　拉深　　　　　　　　　　　　图 7-44　多次拉深

$d_1$—前次拉深后直径；$d_2$—本次拉深后直径

# 7.5　本课题实训：手锤毛坯的自由锻造

**1. 实训目的**

（1）了解锻压成型的工艺过程、特点和应用。

（2）了解自由锻设备的结构和工作原理。

（3）掌握简单手工自由锻的操作技能，并能对自由锻锻件进行初步工艺分析。

**2. 实训过程**

（1）根据指导教师给定的产品零件图（手锤），制定毛坯的锻造工艺。

（2）每4~5人为一小组，每组分别完成手锤的下料、加热、锻打的生产过程工艺卡的制定。

（3）每组负责完成手锤毛坯的锻造，生产出合格的产品。

（4）撰写实训报告和总结。

**3. 注意事项**

手锤毛坯自由锻注意事项：

（1）结合前面讲解的内容：再次强调所锻的材料是45#钢属中碳钢，始锻温度（120 ℃左右，呈淡黄色），终锻温度（800 ℃左右，呈樱红色），用观色法观察，并注意安全规则。

（2）拔长过程中一定要将坯料每次翻转90°，要不然就会造成缺陷。

（3）在锻造前，应先定好量具尺寸，在锻造过程中边锻边量，一直锻到所要求尺寸（坯料 $\phi$30 mm×150 mm，锻成 20 mm×20 mm×200 mm 即手锤毛坯）

空气锤自由锻操作练习注意事项：

（1）坯料 $\phi$30 mm×150 mm，锻成 20 mm×20 mm×200 mm。

（2）再次强调空气锤的安全操作规则，并要求指导师傅耐心、细致地引导学生严格按工艺操作，发现不安全因素应立即停锤。

 **本课题小结**

本课题主要介绍了各种锻压的特点、方法、设备、工具、基本工序和操作等。通过对手锤毛坯自由锻造的实训练习，加深对锻压这种制造机械零件、工件或毛坯成型加工方法的理解。

 **练习题**

1. 锻造前坯料加热的目的是什么？怎样确定低碳钢、中碳钢的始锻温度和终锻温度？

2. 加热缺陷有哪些？哪种缺陷是不可修复的？

3. 空气锤的吨位是怎样确定的？65 kg 空气锤的打击力是 65 kg 吗？

4. 自由锻的基本工序有哪些？

5. 冲模有哪几类？它们如何区分？试给出垫圈的两种冲压方法所使用的冲模。

课 题 八

# 焊接与切割实训

**教学目标:** 了解焊接与切割作业的安全操作知识;掌握手工电弧焊、气焊、气割的基本操作方法,达到中级电焊工的水平。

**教学重点和难点:** 焊条电弧焊和气割的安全操作方法;焊接工艺与焊接缺陷的防范技术。

**案例导入:** 油罐车罐体是一个典型的焊接结构,如图8-1所示。该罐体采用8mm的低合金钢板经钣金后焊接成型,属于二类压力容器。它主要采用埋弧自动焊为主、焊条手工焊为辅的焊接工艺,罐体的具体生产工艺过程如图8-2所示。通过本课题的学习,可以了解到相关的焊接知识。

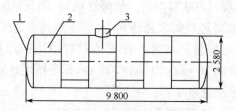

图 8-1 油罐车罐体

1—封头;2—罐体;3—罐口

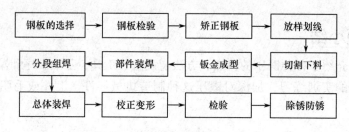

图 8-2 油罐车罐体加工工序

## 8.1 焊接基础知识

### 8.1.1 焊接原理

焊接是通过加热或加压,或者两者并用,并且用或不用填充材料,使两个或两个以上分离的物体产生原子结合而连接成一体的加工方法。

焊接与铆接相比具有省工、省料、体轻、接头致密和容易实现机械化、自动化等特点。目前，焊接已广泛应用于机械、桥梁、船舶、锅炉、车辆、航空，石油、化工和电子等行业中生产各种构件和对零件进行焊补等。

## 一、焊接件的主要优点

（1）焊接件的强度较高。只要焊件结构、工艺参数、操作正确，则强度有保证。与铸件比较，在强度相同的条件下，焊接件的重量要比铸件轻得多。

（2）焊接件的密封性好。焊缝组织细密、性能好，无气孔、缩孔等缺陷。

（3）焊接件可满足多方面的性能要求。能生产出导电、导热性很好的焊接件，如石油化工机械中的构件、容器和管道等。

（4）焊接可以化大为小、以小拼大。在制造大型机件与结构件或复杂的机器零件时，可以化大为小、化复杂为简单的方法准备坯料，用铸—焊、锻—焊联合工艺，使用小型铸、锻设备生产大或复杂的零部件。

（5）焊接可制造双金属结构。用焊接方法可制造不同材料的复杂层容器，可焊接不同材料的零件或工具（如较粗的钻头，就是用45钢作钻柄、高速钢作钻头的切削部分）等。

## 二、焊接件的主要缺点

（1）焊接接头韧性较差。焊缝及焊接热影响区容易出现贝氏体、马氏体等淬硬组织，导致焊接接头的韧性降低。

（2）焊件易残留焊接应力。焊缝收缩受到周围冷金属的牵制作用，在焊接接头内必然存在残余焊接应力。

（3）焊件质量容易受焊工操作水平和管理水平的影响。

这些缺陷随着焊接工艺和焊接设备技术的发展已得到很大的改善。

## 8.1.2 焊接方法的分类

### 一、焊接方法的种类

焊接的方法很多，按焊接过程中金属所处的状态及工艺的特点不同可分为：熔化焊、压力焊和钎焊三大类。

（1）熔化焊是利用局部加热方法将连接处的金属加热至熔化状态，不加压力完成焊接的方法。根据热源不同，这类焊接方法有气焊、焊条电弧焊、埋弧焊、氩弧焊、二氧化碳气体保护焊、等离子弧焊、电渣焊、电子束焊以及激光焊等。

（2）压力焊是利用焊接时施加一定压力而完成的焊接方法。这类焊接方法有加热或不加热两种形式，它是使被焊工件在固态下克服其连接表面的不平度和氧化物等杂质的影响，使其产生塑性变形，从而形成不可拆分的连接接头。这类焊接的方法有电阻焊（点焊、缝焊、凸焊、对焊等）、锻焊、超声波焊等多种。

（3）钎焊是采用比母材熔点低的金属材料作钎料，将焊件和钎料加热到高于钎料熔点，但又低于母材熔点的温度，利用液态钎料润湿母材，填充接头间隙并与母材相互扩散实现连接焊件的方法，这类焊接的方法有烙铁钎焊、火焰钎焊和感应钎焊等。

## 二、常见焊接方法的基本原理及主要用途

金属焊接的基本原理及主要用途见表8-1。

表8-1　金属焊接的基本原理及主要用途

| 焊接方法 | | 基本原理 | 主要用途 |
|---|---|---|---|
| 熔焊 | 焊条电弧焊 | 利用电弧作为热源溶化焊条和母材而形成焊缝的一种手工操作方法，如焊条电弧焊，电弧作业温度可达6 000 ℃~8 000 ℃ | 应用范围广泛，尤其适用于焊接短焊缝及全位置焊接 |
| | 埋弧自动焊 | 电弧在焊剂层下燃烧，利用焊剂作为金属熔池的覆盖层，将空气隔绝使之不侵入熔池，焊丝的进给和电弧沿接缝的移动为机械操纵，焊缝质量稳定，形成美观 | 适用于水平焊缝和环形焊缝的焊接 |
| | 气焊 | 利用氧-乙炔或其他气体火焰加热母材、焊丝和焊剂而达到焊接的目的。其火焰温度约为3 000 ℃ | 适用于焊接薄件、有色金属和铸铁等 |
| | 等离子弧焊 | 利用气体充分电离后，再经过机械收缩效应、热收缩效应和磁收缩效应而产生的一束高温高热源来进行焊接。等离子体能量密度大，温度高，可达20 000 ℃ | 可用于焊接不锈钢、耐热合金钢、铜及铜合金、钛及钛合金以及钼、钨及其合金等 |
| | 气电焊 | 利用专门供应的气体保护焊接区的电弧焊，气体作为金属熔池的保护层将空气隔绝。采用的保护性气体有惰性气体、还原性气体和氧化性气体。如氩弧焊、二氧化碳气体保护焊 | 惰性气体保护焊用于焊接合金钢及铝、铜、钛等有色金属及其合金；氧化性气体保护焊用于普通碳素钢及低合金钢材料的焊接 |
| 压焊 | 电阻焊 | 利用电流通过焊件接触面时产生的电阻热，并加压进行焊接的方法，分为点焊、缝焊和对焊。点焊和缝焊是焊件加热到局部熔状态，对焊时焊件加热到塑性状态或表面熔化状态 | 可焊接薄板、棒材、管材等 |
| | 摩擦焊 | 利用焊件间相互摩擦产生的热量将母材加热到塑性状态，然后加压形成焊接接头 | 用于钢及有色金属及异种金属材料的焊接（限方、圆截面） |
| 钎焊 | | 采用比母材熔点低的材料作填充金属，利用加热使填充金属熔化，母材不熔化，借液态填充金属与母材之间的毛细作用和扩散作用实现焊接连接 | 一般用于焊接尺寸较小的焊件 |

## 8.1.3　焊接设备的分类和选用原则

### 一、焊接设备的分类

焊接设备的主要类型如图8-3所示。

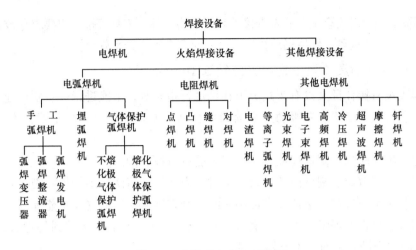

图 8-3　焊接设备的主要类型

## 二、选用焊接设备的基本原则

### 1. 符合被焊结构的技术要求

被焊结构的材料特性、结构特点、尺寸、精度要求和结构的使用条件等，这些是被焊结构的技术要求。若被焊结构的材料是普通低碳钢，选用弧焊变压器即可；若被焊结构要求较高，并要求低氢型焊条焊接，则选用直流弧焊机；若是厚大件焊接，可选用电渣焊机；若是棒材对接，可选用冷压焊机和电阻对焊机。

对活性金属或合金，以及耐热合金和耐腐蚀合金，根据实际情况，可选用惰性气体保护焊机、等离子弧焊机和电子束焊机。对于大批量以及结构形式和尺寸固定的被焊结构，可选用专用焊机。

### 2. 符合实际使用情况

不同的焊接设备，可以焊接同一焊件。因此，需要根据实际使用情况选择比较合适的焊接设备。如野外焊接中缺乏电源和气源，只能选择柴（汽）油直流弧焊发电机等作业焊接设备。对焊后不允许再加工或热处理的精密焊件，需选用能量集中和不需添加填充金属，以及热影响区小和精度高的电子束焊机。

### 3. 符合好的经济效益

焊接时，焊接设备的能耗较大。选用焊接设备时应在满足工艺要求的前提下，尽可能选用耗电少和功率高的设备。

### 8.1.4　安全生产和劳动保护知识

安全生产，从广义来讲，是指以科学的态度，坚持按照规章制度从事生产，这样便可以最大限度地提高产品的质量和劳动生产率。从狭义上讲，安全生产通常指的是生产环境的安全、秩序和卫生。

对安全生产必须引起足够的重视，尤其是焊接操作人员经常与可燃气体、火焰、电弧光以及不同的钢结构件打交道。因此，必须严格执行安全技术规程，严禁违反科学规律而蛮干，以免造成设备和人身事故。

生产环境的卫生对安全生产有着直接关系，如将构件、工具等按一定要求存放整齐，克服工作场地杂乱无章的现象，保持场地整洁，必然对安全生产带来好处。

### 一、安全生产的具体要求是焊工应做到 10 个不焊

（1）焊工没有操作证又没有正式焊工在场进行指导时，不能进行焊、割作业。

（2）凡属一级、二级、三级动火范围的焊、割，未办理动火审批手续，不得擅自进行焊、割。

（3）焊工不了解焊、割现场周围情况，不能盲目焊、割。

（4）焊工不了解焊、割件内部是否安全时，未经彻底清洗，不能焊、割。

（5）盛装过可燃气体、液体和有毒物质的各种容器，未经清洗，不能焊割。

（6）用可燃材料作保温、冷却、隔音、隔热的部位，火星能飞溅到的地方，在未经采取切实可靠的安全措施之前，不能焊、割。

（7）有电流、压力的导管、设备、器具等在未断电、泄压前，不能焊、割。

（8）焊、割部位附近堆有易爆物品，在未彻底清理或未采取有效措施前，不能焊、割。

（9）与外部相接触的处，在没有弄清外部情况，或明知存在危险性又未采取切实有效的安全措施之前，不能焊、割。

（10）焊、割场所与附近其他工种，互相有抵触时不能焊、割。

### 二、焊接操作的安全注意事项

（1）防止触电。弧焊机外壳应接地，焊把与焊钳间应绝缘良好。

（2）避免弧光烧伤。电弧中较强的紫外线与红外线对人体有害，操作者应穿好工作服，戴好面罩和手套后方可施焊。气焊工在工作时需戴有色眼镜和手套。

（3）防止烫伤。焊件在焊后必须用钳子夹持，应注意敲渣方向，避免熔渣烫伤。

（4）注意通风。施焊场地要通风良好，防止或减少焊接时从焊条药皮中分解出来的有害气体。

（5）保护焊机。焊钳切不可放置在工作台上，停止焊接时应关闭电源。

（6）搬运氧气瓶时，必须将瓶盖盖上，不要跌倒或与其他物品相撞，要注意切勿振动，更不可在地上滚，不准从火炉、火焰等高温火源附近通过。

（7）焊接开始前，须仔细检查焊接工具是否完好。焊接场地 5 m 内不得有易燃易爆物。

（8）气瓶瓶身及瓶嘴如沾染油脂严禁使用。

（9）氧气瓶与明火距离不少于 10 m，避免阳光直接照射。

（10）卸氧气瓶保险盖或启开气门时，禁止用锤子，要用专用扳手去卸，慢慢地启开。

（11）不准使用无气压表的氧气瓶、乙炔瓶。

（12）停止工作时，需关闭氧气瓶总气阀及乙炔气阀。

## 8.2 焊条电弧焊

### 8.2.1 焊条电弧焊的焊接过程及焊接电弧

焊条电弧焊是利用手工操纵焊条进行焊接的电弧焊方法，操作时焊条和焊件分别作为

两个电极，利用焊条与焊件之间产生的电弧热量来熔化焊件金属，冷却后形成焊缝。手工电弧焊所需的设备简单、操作方便、灵活，适应于各种条件下的焊接，特别适用于结构形状复杂、焊缝短小、弯曲或各种空间位置的焊接。

## 一、焊接过程

焊接前，先将焊件和焊钳通过导线分别接到弧焊机输出端的两极，并用焊钳夹持焊条。

焊接时，首先在焊件与焊条间引出电弧，电弧热将同时熔化焊件接头处和焊条，形成金属熔池，随着焊条沿焊接方向向前移动，新的熔池不断产生，原先的熔池则不断冷却、凝固形成焊缝，使分离的两个焊件连接在一起，如图8-4所示。

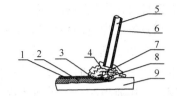

图8-4　手工电弧焊的焊接过程
1—渣壳；2—焊缝；3—熔渣；
4—气体；5—焊条；6—焊条药皮；
7—熔滴；8—熔池；9—焊件

焊后用清渣锤把覆盖在焊缝上的熔渣清理干净，检查焊接质量。

## 二、焊接电弧

焊接电弧是由一定电压的两电极或电极与焊件间，在气体介质中产生的强烈而持久的放电现象。焊接电弧的最高温度可达6 000~8 000 K，并散发出大量紫外线和红外线，对人体有害，因此，应戴面罩及手套保护眼睛和皮肤。引弧时焊条与焊件瞬时接触，由于短路产生高热，使接触处金属很快熔化，并产生金属蒸气。当焊条被迅速提起，离开焊件2~4 mm时，焊条与焊件之间充满了高热的气体与金属蒸气，由于离子的碰撞以及焊接电压的作用，高温金属从阴极表面发射出电子并撞击气体分子，使气体介质电离成正离子和负离子，正离子流向阴极，负离子和电子流向阳极，这样就形成了焊接电弧，如图8-5所示。只要维持一定的电压，放电过程就能连续地进行，使电弧能连续地燃烧。电弧的长度一般为焊条直径。

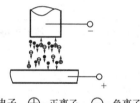

●—电子　⊕—正离子　⊖—负离子

图8-5　电弧的放电过程

## 8.2.2　焊条电弧焊设备与工具

### 一、电弧焊机

焊条电弧焊的主要设备是电弧焊机，它实际上就是一种弧焊电源，按产生电流种类不同，这种电源可分为弧焊变压器（交流）、直流弧焊发电机和弧焊整流器（直流）。

（1）弧焊变压器：它实际上是一种特殊的降压变压器。它将220 V或380 V的电源电压降到60~80 V（即焊机的空载电压），以满足引弧的需要。焊接时，电压会自动下降到电弧正常工作所需的电压（20~40 V）。输出电流从几十安到几百安，可根据需要调节电流的大小。弧焊变压器结构简单、价格便宜、工作噪声小、使用可靠、维修方便、应用广，它的主要缺点是焊接时电弧不够稳定。

（2）直流弧焊发电机：由交流电动机和直流发电机组成，电动机带动发电机旋转，发出满足焊接要求的直流电。直流弧焊发电机焊接时电弧稳定焊接质量较好，但结构复杂、噪声大、价格高、不易维修。因此，只应用在对电流有要求的场合。另外，因耗材多、耗电大，故这种以电动机驱动的弧焊发电机我国已不再生产。

（3）弧焊整流器：近年来，弧焊整流器也得到了普遍应用。它是通过整流器把交流电转变直流电。它既弥补了交流电焊机电弧稳定性不好的缺点，又比一般直流弧焊发电机结构简单、维修容易、噪声小。在焊接质量要求高或焊接 2 mm 以下薄钢件、有色金属、铸铁和特殊钢件时，宜用弧焊整流器。

用直流弧焊电源焊接时，由于正极和负极上的热量不同，所以分为正接和负接两种方法，如图 8-6 所示。把焊条接负极，称为正接法；反之称为负接法。焊接厚板时，一般采用直流正接法，这时电弧中的热量大部分集中在焊件上，有利于加快焊件熔化，保证足够的熔深。焊接薄板时，为了防止烧穿，常采用反接。

电焊机的型号按统一规定编制，它采用汉语拼音字母和阿拉伯数字表示，如图 8-7 所示，其含义见表 8-2。

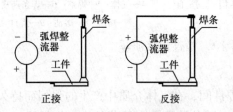

图 8-6 直流弧焊电源接线法

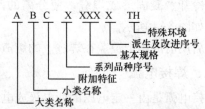

图 8-7 电焊机型号编排次序

表 8-2 电弧焊机型号代表字母及数字

| 大 类 | | 小 类 | | |
| --- | --- | --- | --- | --- |
| 名 称 | 代 号 | 名 称 | 代 号 | 基本规格 |
| 焊接发电机 | A | 下降特性<br>平特性<br>多特性 | XPD | |
| 焊接变压器 | B | 下降特性<br>平特性 | XP | 额定电流（A） |
| 焊接整流器 | Z | 下降特性<br>平特性<br>多特性 | XPD | |

**例一** BX1-330 型弧焊机。其含义是：B 表示交流变压器，X1 表示下降特性，330 表示基本规格（即额定电流为 330 A）。其空载电压为 60～70 V。工作电压在 20～30 V，随焊接时电弧长度变化而波动，电弧长度增加，工作电压升高。它可以通过改变绕组接法及调节可动铁芯位置来改变焊接电流大小。

**例二** AX1-500 型弧焊发电机。其含义是：A 表示焊接发电机，X 表示焊接电源为下降外特性，1 表示该系列品种中的序号，500 表示额定电流为 500 A。

**例三** ZXG-300 型弧焊整流器。其含义是：Z 表示焊接整流器，X 表示焊接电源为下降外特性，G 表示焊机采用硅整流元件，300 表示额定电流为 300 A。

二、焊接工具及防护用品

焊接电缆：芯线用紫铜制成，要求具有良好的导电性，且线皮为绝缘性橡胶；

焊钳：它的作用是夹持焊条和传导电流；

面罩：是防止焊接时的飞溅、弧光及熔池和焊件的高温对焊工面部及颈部灼伤的一种遮蔽工具，用红色或褐色硬纸板制成，正面开有长方形孔，内嵌白玻璃和黑玻璃；

敲渣锤：用以清掉覆盖在焊缝上的焊渣以及周边的飞溅物；

辅助工具：有錾子、钢丝刷、锉刀、烘干箱、焊条保温筒，等等；

其他防护用品：焊工手套、护脚、工作服和平光眼镜。

### 8.2.3　焊条

#### 一、焊条的组成和作用

焊条由焊芯（金属芯）和药皮组成。

（1）焊芯是焊接专用的金属丝，是组成焊缝金属的主要材料。焊芯的主要作用：一是作为一个电极起传导电流和引燃电弧的作用；二是熔化后作为填充金属与熔化后的母材一起形成焊缝。为了保证焊缝质量，对焊缝金属的化学成分有较严格的要求。因此，焊芯都是专门冶炼的，是碳、硅含量较低，硫、磷含量极少的金属丝。

焊条的直径用焊芯的直径表示，焊条直径的规格有 $\phi 1.6$ mm、$\phi 2.5$ mm、$\phi 3.2$ mm、$\phi 4$ mm、$\phi 5$ mm、$\phi 6$ mm 等，长度为 $250 \sim 550$ mm。

（2）涂在焊芯外面的药皮，是由各种矿物质（如大理石、萤石等）、铁合金和黏结剂等原料按一定比例配制而成。药皮的主要作用如下：

① 机械保护作用：利用药皮熔化后释放出的气体和形成的熔渣隔离空气，防止有害气体侵入融化金属。

② 冶金处理作用：去除有害杂质（如氧、氢、硫、磷）和添加有益的合金元素，使焊缝获得合乎要求的化学成分和力学性能。

③ 改善焊接工艺性能：使电弧燃烧稳定、飞溅少、焊缝成型好、易脱渣等。

#### 二、焊条的种类及牌号

焊条按用途不同可分为结构钢焊条、耐热钢焊条、不锈钢焊条、铸铁焊条、铜及铜合金焊条、铝及铝合金焊条等。

按熔渣（焊条药皮）化学性质不同，焊条可以分为酸性焊条和碱性焊条两大类。药皮中含有多量酸性氧化物（$TiO_2$、$SiO_2$ 等）的焊条称为酸性焊条；药皮中含有多量碱性氧化物（$CaO$、$Na_2O$ 等）的焊条称为碱性焊条。

酸性焊条（如 E4303 焊条）交直流电源均可用，焊接工艺性能较好，即电弧稳定、脱渣容易、熔深适中、飞溅少、焊缝成型好，适用于各种位置的焊接，焊接时产生的有害气体少。但因酸性焊条熔渣除硫、磷的能力差，所以焊缝的力学性能，特别是冲击韧度较差，适用于一般低碳钢和强度较低的低合金结构钢的焊接。

碱性焊条（如 E5015）脱硫、脱磷能力强，药皮有去氢作用。焊接接头含氢量很低，故又称为低氢型焊条。碱性焊条的焊缝含氢、硫、磷少，具有良好的抗裂性和力学性能，主要用于重要结构（如锅炉、压力容器和合金结构钢等）的焊接。但工艺性能较差，一般用直流电源施焊，表现为稳弧性差、飞溅较多、焊道表面成型较差和脱渣性差等。此外，焊接时会产生有毒的氟化物烟尘，有害工人健康，故必须加强焊接场地的通风排气；碱性焊条对

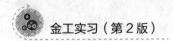

油、水、铁锈及电弧长度较敏感，易产生气孔。因此，使用碱性焊条要求焊前在 300 ℃~450 ℃烘干 2 小时，对焊接接口要严格清理，焊接时使用直流反接，短弧操作。

焊条型号是以焊条国家标准为依据，反映焊条主要特性的一种表示方法，焊条型号包括以下含义：焊条类别、特点、强度、药皮类型及焊接电源等。常用的结构焊条的型号由字母"E"加四位数字组成。字母"E"表示焊条，前两位数字表示熔敷金属抗拉强度的最小值，碳钢焊条分 E43（熔敷金属的抗拉强度 ≥ 420 MPa）和 E50（熔敷金属的抗拉强度 ≥ 490 MPa）两个系列；第三位数表示焊条的焊接位置，"0"及"1"表示焊条适用全位置焊接（平、立、仰、横焊），"2"表示焊条适用于平焊及平角焊，"4"表示焊条适用于向下立焊；第三位和第四位组合时表示焊接电流种类及药皮类型。如 E4303 型表示碳钢焊条，43 表示熔敷金属抗拉强度的最小值为 420 MPa，"0"表示焊接位置（全位置焊接），"3"表示电流种类及药皮类型（交流或直流正、反接，钛钙型药皮）。

常用的结构钢焊条的牌号为 J422（也称结 422，其型号为 4303）。牌号中"J"表示结构钢焊条的"结"字；"J"后面的两位数字"42"表示焊缝金属的抗拉强度不小于 420 MPa；最后一位数字"2"代表钛钙型药皮，交流或直流电源均可用。

### 三、选择焊条的原则

（1）按被焊金属材料的类型，选择相应的焊条种类。如焊接碳钢或普通低合金钢时，需要选择结构钢焊条。

（2）焊缝的性能要与母材的性能相同或相近，或者焊缝的化学成分类型和母材相同，以保证性能相同。如选用结构钢材料焊缝时，首先应根据母材的抗拉强度，按"等强"原则选用强度级别相同的结构钢焊条。然后对焊缝性能（延性、韧性）要求高的重要结构，或者容易产生裂纹的钢材和结构（厚度小、刚性大和施焊环境温度低等）的焊接，应选择碱性焊条，或超低氢焊条和高韧性焊条。

再如选择不锈钢焊条与钼及铬钼耐热钢焊条时应根据母材的化学成分类型，选择化学成分类型相同的焊条。

（3）焊条的工艺性能需满足施焊操作需要。如在非水平位置施焊时要选择适用于各种位置焊接的焊条。再如，在保证性能的要求下，需要选择价格低、熔敷效率高的焊条。

（4）没有直流焊机的工地，应选用交直流两用焊条。如珠光体耐热钢等钢材需焊后热处理，以消除残余应力。但因受施工限制，无法热处理时，可选用奥氏体不锈钢焊条施焊，则可不需热处理。此外，还要根据施工现场条件，合理选择焊条。

### 8.2.4 焊条电弧焊工艺及其操作

#### 一、焊条电弧焊工艺

焊条电弧焊工艺主要包括焊接接头形式、焊缝空间位置和焊接工艺参数等。

#### 1. 焊接坡口形状

焊缝坡口的基本形式与尺寸已经标准化，具体可查阅 GB/T 985—2008。如焊件较薄，厚度小于 6 mm，接头处只需留一定的间隙，即可焊透。但焊件较厚时，为了保证焊透，焊前一般要将焊件接头处的边缘加工成斜边或圆弧，这样的边缘称为坡口。选择坡口形式时，在保证工件焊透的前提下，须考虑焊缝的熔合比、坡口的形状是否容易加工，以及焊接生产率高低和焊后焊件变形大小等。

坡口常采用气割、碳弧气割、刨削、车削等方法加工。为防止烧穿，坡口根部应留有 2~3 mm 的钝边。手弧焊接头形式和坡口形式如图 8-8 所示。

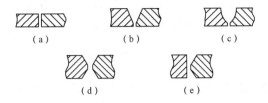

图 8-8  常见对接坡口形式

(a) I 形坡口；(b) V 形坡口；(c) 带钝边 U 形坡口；(d) X 形坡口；(e) K 形坡口

(1) I 形坡口（或称平接）：用于板厚为 1~6 mm 焊件的焊接，为了保证焊透件，接头处要留有 0~2.5 mm 的间隙。

(2) V 形坡口：用于板厚为 6~30 mm 焊件的焊接，该坡口加工方便。

(3) X 形坡口：用于板厚为 12~40 mm 焊件的焊接，由于焊缝两面对称，故焊接应力和变形小。

(4) U 形坡口：用于板厚为 20~60 mm 焊件的焊接，容易焊透，工件变形小，但坡口圆弧加工困难。

(5) K 形坡口：用于板厚为 12~40 mm 焊件的焊接。

### 2. 接头形式

焊条电弧焊的接头形式根据焊件厚度和工作条件不同，常用的焊接接头形式有对接、搭接、"T" 字接和角接等四种，如图 8-9 所示。对接接头是各种焊接结构中采用最多的一种接头形式，它受力较均匀，所以重要的受力焊缝选用较多。

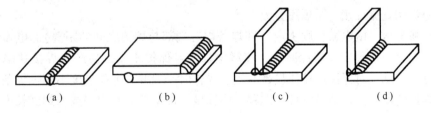

图 8-9  焊接接头形式

(a) 对接；(b) 搭接；(c) T 字接；(d) 角接

### 3. 焊缝的空间位置

按焊缝在空间位置不同，可分为平焊、立焊、横焊和仰焊等，如图 8-10 所示。平焊时操作方便，劳动条件好，生产率高，焊缝质量容易保证，对操作者的技术水平要求较低，所以应尽可能地采用平焊，仰焊难度较大。

### 4. 焊接工艺参数的确定

焊接工艺参数是焊接时为保证焊接质量而选定的诸物理量的总称。焊条电弧焊的焊接工艺参数主要包括焊条直径、焊接电流、电弧电压、焊接速度和焊接层数等。

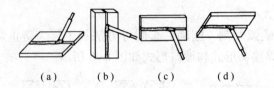

（a）　　　　（b）　　　　（c）　　　　（d）

图 8-10　焊缝的位置空间

（a）平焊；（b）立焊；（c）横焊；（d）仰焊

（1）焊条直径的选择。根据焊件的厚度选择焊条直径，开坡口多层焊的第一层与非平焊位置焊缝焊接，须用比平焊缝小的焊条直径。焊条直径与焊件厚度的关系见表 8-3。

表 8-3　平焊低碳钢时焊条直径的选择　　　　　　　　　　　　　　mm

| 焊件厚度 | 2 | 3 | 4~5 | 6~12 | >12 |
|---|---|---|---|---|---|
| 焊条直径 | 2 | 3.2 | 3.2~4 | 4~5 | 5~6 |

（2）焊接电流的确定。根据焊条直径选择焊接电流。焊接低碳钢时，按下面的经验公式选择焊接电流：

$$I = (30 \sim 50)\,d$$

式中　$I$——焊接电流，A；

　　　$d$——焊条直径，mm。

应当指出，上式只提供一个大概的焊接电流范围，实际生产中，还要根据焊件厚度、接头形式、焊接位置和焊条种类等因素，通过试焊来调整和确定焊接电流大小。电流过小，易引起夹渣和未焊透；电流过大，易产生咬边、烧穿等缺陷。

（3）电流种类和极性的选择。用直流电焊接，电弧稳定，飞溅少且柔顺；用交流电焊接，则电弧稳定性差，低氢钠型焊条须用直流电反接，低氢钾型焊条可用直流反接或交流弧焊电源。薄板用直流反接，厚板用直流正接。

（4）电弧电压。由电弧长度决定（即焊条焊芯端部与熔池之间的距离）。电弧长，电弧电压高，电弧燃烧不稳定，熔深减小，飞溅增加，且保护不良，易产生焊接缺陷；电弧越短，电弧电压越低，对保证焊接质量越有利。操作时一般要求电弧长度不超过焊条直径。

（5）焊接速度。指焊条沿焊接方向移动的速度，即单位时间内完成的焊缝长度，手弧焊时，焊接速度由操作者凭经验来掌握。

（6）焊道层数的选择。确定焊接层数的原则是保证焊缝金属有足够的塑性，且焊缝厚度不得大于 4~5 mm。

## 二、焊条电弧焊的操作步骤

### 1. 引弧

引燃并产生稳定电弧的过程称为引弧。引弧方法有敲击法和划擦法两种，如图 8-11 所示。引弧时焊条提起动作要快，否则容易粘在工件上。如发生粘条，可将焊条左右摇动后拉开，若拉不开，则要松开焊钳，切断焊接电路，待焊条稍冷后再做处理。

### 2. 焊前的点固

为了固定两焊件的相对位置，焊前要在工件两端进行定位焊（通常称为点固）。点固后要把渣清理干净。若焊件较长，则可每隔200~300 mm点固一个焊点，如图8-12所示。

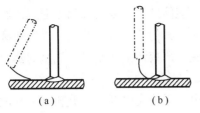

图8-11　引弧方法

（a）划擦法；（b）敲击法

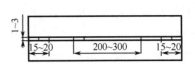

图8-12　焊前固定操作图

**3. 运条**

焊接时，焊条要有三个基本动作，如图8-13所示。

（1）沿焊条轴线送进，送进速度应与焊条熔化的速度相同，以维持弧长不变，否则会产生断弧或焊条与焊件粘连现象；

（2）沿焊缝轴线方向纵向移动，其速度也就是焊接速度；

（3）横向摆动，焊条以一定的运动轨迹，周期地向焊缝左右摆动，以获得一定的宽度焊缝。

这三个运动结合起来称为运条。

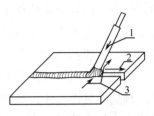

图8-13　焊缝的位置空间

1—焊条轴线送进；

2—焊缝轴线方向纵向移动；

3—横向摆动

**4. 收尾**

在焊缝焊完时，如果立即拉断电弧，则会在焊缝尾部出现低于焊件表面的弧坑，所以焊缝的收尾不仅要熄弧，还要填满弧坑。一般的收尾方法有：划圈收尾法（即焊条停止向前移动，而朝一个方向旋转，自下而上地慢慢拉断电弧）、反复断弧收尾法和回弧收尾法等。

# 8.3　气焊和气割

## 8.3.1　气焊的特点和应用

气焊是利用可燃气体与助燃气体混合燃烧的火焰作热源来熔化母材和填充金属的一种焊接方法。最常用的是氧乙炔焊，即利用乙炔（可燃气体）和氧（助燃气体）混合燃烧时所产生的氧乙炔焰，来加热熔化工件与焊丝，冷凝后形成焊缝的焊接方法。

乙炔利用纯氧助燃，与在空气中相比，能大大提高火焰温度（约达3 000 ℃以上）。与电弧焊相比，其气焊火焰的温度低，热量分散，加热速度缓慢，故生产效率低，工件变形严重，焊接的热影响区大，焊接接头质量不高。但是气焊设备简单，操作灵活方便，火焰易于控制，不需要电源。所以气焊主要用于焊接厚度小于3 mm的低碳钢薄板、铜、铝等有色金属及其合金，以及铸铁的焊补等。此外，也适用于没有电源的野外作业。

## 8.3.2　气焊的设备与工具以及辅助器具

### 一、氧气瓶

氧气瓶是储存和运输高压氧气的容器，容积为40 L，储氧的最大压力为15兆帕

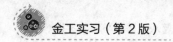

（MPa）。按规定氧气瓶外表漆成天蓝色，并用黑漆标明"氧气"字样。

氧气是一种无色无味无毒的气体，不能燃烧，但能助燃，如在高温下遇到油脂，就会有自燃爆炸的危险。放置氧气瓶必须平稳可靠，不应与其他气瓶混合存放；氧气瓶离气焊气割工作地与其他火源要达5 m以上；禁止撞击氧气瓶；严禁沾染油脂等。气瓶的剩余压力不小于0.05 MPa。

氧气瓶口装有瓶阀，用以控制瓶内氧气的进出，手轮逆时针方向旋转则可开放瓶阀，顺时针旋转则关闭。

### 二、乙炔瓶

乙炔瓶是储存和运输乙炔的容器，与氧气瓶相似，但其表面涂成白色，并用红漆写上"乙炔"字样。在乙炔瓶内装有浸满丙酮的多孔性填料，丙酮对乙炔有良好的溶解能力，可使乙炔稳定而安全地储存在瓶中，在乙炔瓶上装有阀门，用方孔套筒扳手启闭。使用时，溶解在丙酮中的乙炔就分离出来，通过乙炔瓶阀流出，而丙酮仍留在瓶内，以便溶解再次压入的乙炔，一般乙炔瓶上亦要安装减压器。

乙炔又名电石气，是不饱和的碳氢化合物，在常温下是无色的气体，有特殊的臭味。乙炔是理想的可燃气体，与空气混合燃烧时所产生的火焰温度为2 350 ℃，而与氧气混合燃烧时所产生的火焰温度为3 100 ℃~3 300 ℃；乙炔是一种危险的易燃易爆气体，它的自燃点温度是305℃。

### 三、减压器

气焊、气割用的减压器有氧气减压器和乙炔减压器。

（1）氧气减压器的作用，是将高压氧气瓶中高压氧气减压至焊炬所需的工作压力（如将氧气瓶内15 MPa的高压气体减压为0.1~0.3 MPa）供焊接、气割时使用；同时减压器还有稳压作用，使气体工作压力不会随气瓶内压力的减小而降低，以保证火焰能稳定燃烧。减压器使用时，先缓慢打开氧气瓶阀门，然后旋转减压器的调节手柄，待达到所需要的压力时为止；减压器上不得附有油脂；停止工作时，先松开调节螺钉，再关闭氧气瓶阀门。

（2）乙炔减压器的作用是将瓶内的高压乙炔降低到所需的工作压力后输出。压力表上有最大许可工作压力的红线，以便使用时严格控制。当转动紧固螺钉时能使乙炔减压器的连接管压紧在乙炔瓶阀上的出气口上，从而使乙炔能通过减压器供给工作场地使用。乙炔减压器与乙炔瓶的瓶阀连接必须可靠，严禁漏气的情况下使用，否则会形成乙炔与空气的混合气体，一旦触及明火就可能造成爆炸事故。

氧气减压器和乙炔减压器不能互用。

### 四、焊炬

焊炬是使乙炔和氧气按一定比例混合，并获得稳定气焊火焰的工具，焊炬的构造和外观如图8-14所示。常用的焊炬是低压焊炬或称射吸式焊炬，其型号有H01-2、H01-6、H01-12等多种，其中，H表示焊炬，1表示射吸式，2、6、12等表示可焊接的最大厚度（mm）。

射吸式焊接主要由乙炔接头、氧气接头、手柄、乙炔阀门、氧气阀门、射吸式管、混合管、喷嘴等组成。每把焊炬都配有5个不同规格的焊嘴（1、2、3、4、5共5种，数字小则焊嘴孔径小），以适用不同厚度的工件的焊接。

### 五、辅助器具与防护用具

辅助工具有通针、橡皮管、点火器、钢丝刷、手锤、锉刀等。

防护用具有气焊眼镜、工作服、手套、工作鞋、护脚布等。

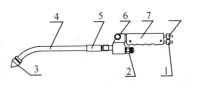

图 8-14 射吸式焊炬构造
1—氧气接头；2—氧气阀门；
3—焊嘴；4—混合管；
5—射吸管；6—乙炔阀门；
7—手柄；8—乙炔接头

### 8.3.3 焊丝与焊剂

#### 一、焊丝

焊丝是气焊时起填充作用的金属丝。焊丝的化学成分直接影响到焊接质量和焊缝的力学性能。各种金属焊接时，应采用相应的焊丝。在焊接低碳钢时，常用的气焊丝的牌号有 H08 和 H08A 等。焊丝的直径要根据焊件厚度来选择，见表 8-4。焊丝使用前，应清除表面上的油脂和铁锈等。

表 8-4 焊丝直径与焊件厚度的关系 mm

| 焊件厚度 | 0.5~2 | 2~3 | 3~5 | 5~10 |
|---|---|---|---|---|
| 焊丝直径 | 1~2 | 2~3 | 3~4 | 3~5 |

#### 二、焊剂

焊剂在气焊时的作用是保护熔池，减少空气的侵入，去除气焊时熔池中形成的氧化杂质，增加熔池金属的流动性。焊剂可预先涂在焊件的待焊处或焊丝上，也可在气焊过程中将高温的焊丝端部在盛装焊剂的器具中定时地沾上焊剂，再添加到熔池。

低碳钢气焊时一般不使用焊剂，在气焊铸铁、合金钢和有色金属时，则需用相应的焊剂。用于气焊铸铁、铜合金的焊剂为硼酸、硼砂和碳酸钠等，用于焊接不锈钢的焊剂为 101 焊剂等。

### 8.3.4 气焊火焰（氧乙炔焰）

氧与乙炔混合燃烧所形成的火焰称为氧乙炔焰。通过调节氧气阀门和乙炔阀门，可改变氧气和乙炔的混合比例得到三种不同的火焰：中性焰、氧化焰和碳化焰，如图 8-15 所示。

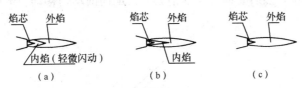

图 8-15 氧—乙炔火焰
（a）中性焰；（b）碳化焰；（c）氧化焰

（1）中性焰。当氧气与乙炔的作用比为 1~1.2 时，所产生的火焰称为中性焰，又称为正常焰。它由焰芯、内焰和外焰组成，靠近焊嘴处为焰芯，呈白亮色；其次为内焰，呈蓝紫色，距焰芯前端 2~4 mm 处温度最高，约 3 150 ℃，焊接时应用此处加热工件和焊丝；最外层为外焰，呈橘红色。中性焰是焊接时常用的火焰，用于焊接低碳钢、中碳钢、合金钢、紫铜、铝合金等材料。

（2）碳化焰。当氧气和乙炔的体积比小于 1 时，则得到碳化焰。由于氧气较少，燃烧不完全，整个火焰比中性焰长，且温度也较低，碳化焰中的乙炔过剩。碳化焰适用于焊接高碳钢、铸铁和硬质合金材料。用碳化焰焊接其他材料时，会使焊缝金属增碳，变得硬而脆。

（3）氧化焰。当氧气和乙炔的体积比大于 1.2 时，则形成氧化焰。由于氧气较多，燃烧剧烈，火焰长度明显缩短，焰芯呈锥形，内焰几乎消失，并有较强的咝咝声，氧化焰中由于氧多，易使金属氧化，故用途不广，仅用于焊接黄铜，以防止锌的蒸发。

### 8.3.5 气焊的基本操作

气焊操作时，一般右手持焊炬，将拇指位于乙炔开关处，食指位于氧气开关处，以便于随时调节气体流量，用其他三指握住焊炬柄。气焊的基本操作有点火、调节火焰、施焊和熄火等几个步骤。

**1. 点火、调节火焰与熄火**

点火时先微开氧气阀门，然后打开乙炔阀门，用明火（可用的电子枪或低压电火花等）点燃火焰。这时的火焰为碳化焰，然后逐渐开大氧气阀，将碳化焰调整为中性焰，如继续增加氧气（或减少乙炔）就可得到氧化焰。

开始点火时，可能连续出现"放炮"声，原因是乙炔不纯，应熄火放出不纯乙炔，重新点火；有时会出现不易点火现象，原因是氧气量过大，应关小氧气阀门。拿火源的手不要正对焊嘴，焊嘴也不要指向他人，以防烧伤。图 8-16 所示为点火姿势。

图 8-16 点火姿势

**2. 施焊**

（1）焊件准备：将焊件表面的氧化皮、铁锈、油污和脏物等用钢丝刷、砂布等进行清理，使焊件露出金属表面。

（2）焊缝起头：一般低碳钢用中性火焰，左向焊法如图 8-17 所示，即将焊炬自右向左焊接，火焰指向待焊部分。填充的焊丝端头位于火焰的前下方一起焊时，由于刚开始加热，焊嘴与焊件倾斜角应大些（50°~70°），有利于工件预热，且焊嘴轴线投影与焊缝重合。同时，在起焊处应使火焰往复运动，保证焊接区加热均匀。待焊件由红色熔化成白亮而清晰的熔池时，便可熔化焊丝，然后立即将焊丝抬起，火焰向前均匀移动，形成新的熔池。

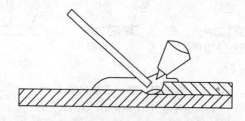

图 8-17 左向焊法时焊炬与焊丝的位置

（3）正常焊接：为了获得优质而美观的焊缝和控制熔池的热量，焊炬和焊丝应做出均匀协调的运动，即沿焊件接缝的纵向运动；焊炬沿焊缝做横向摆动；焊丝在垂直焊缝方向送进并做上下移动。

（4）焊缝收尾：当焊到焊缝终点时，由于端部散热条件差，应减小焊炬与焊件的夹角（20°~30°），同时要加快焊接速度及多加一些焊丝，以防熔池扩大，形成烧穿。

**3. 熄火**

焊接完毕需熄火时，应先关乙炔阀门，再关氧气阀门，以免发生回火和减少烟尘。

### 8.3.6 气割

气割是利用气体火焰的热能将工件切割处预热到一定温度后，喷出高速切割氧气流，使其燃烧并放出热量，实现连续切割的方法。它与气焊有本质的不同，气焊是熔化金属，而气割是金属在纯氧中燃烧。

#### 一、金属氧气切割的条件

（1）金属材料的燃烧点必须低于其熔点，这是金属氧气切割的基本条件，否则切割会导致金属先熔化而变为熔割过程，使割口过宽也不整齐；

（2）燃烧生成的金属氧化物的熔点，应低于金属本身的熔点，同时流动性要好，以便利用氧气流吹走；

（3）金属燃烧时释放大量的热，要求金属本身的导热性要低，以保证金属能连续预热和切割。

只有满足上述条件的金属材料才能进行气割，如纯铁、低碳钢、中碳钢、普通钢、合金钢等。高碳钢、铸铁、高合金钢、铜、铝等有色金属与合金均难进行气割。

#### 二、气割过程

气割时用割矩代替焊炬，其余设备与气焊相同。气割时先用氧乙炔火焰将割口附近的金属预热到燃点（低碳钢约 1 300 ℃，呈黄白色），然后打开割矩上的切割氧气阀门，高压氧气射流使高温金属立即燃烧，生成的氧化物（即氧化铁呈熔融状态）同时被氧气流吹走。金属燃烧产生的热量和氧乙炔火焰一起又将邻近的金属预热到燃点，沿切割线以一定的速度移动割矩，即可形成割口。现在随着液化石油气的普及，使用液化气气割也越来越多。

## 8.4 其他焊接简介

### 8.4.1 埋弧自动焊

埋弧自动焊是电弧在焊剂下燃烧时进行焊接的一种机械化焊接方法，如图 8-18 所示。埋弧自动焊的焊接设备在焊接过程中既能供给焊接电源，引燃和维持电弧，又可自动送进焊丝、供给焊剂，还能沿焊件接缝自动行走（或焊件转动或移动），因此，埋弧自动焊具有生产效率高、焊接质量稳定、劳动强度低、无弧光刺激、有害气体和烟尘少、节省材料等优点。其主要缺点是设备费用高，主要适用于低碳钢、低合金钢、不锈钢、铜、铝等金属材料厚板的长焊缝焊接，在造船、锅炉、压力容器、大型金属结构、桥梁和工程机械等产品的制造中应用很广泛。

常用埋弧自动焊机主要有 MZ-1 000、MZ1-1 000 两种。

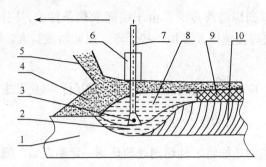

图 8-18　埋弧自动焊工艺原理

1—焊件；2—熔池；3—熔滴；4—焊剂；5—焊剂斗；
6—导电嘴；7—焊丝；8—熔渣；9—熔壳；10—焊道

## 8.4.2　气体保护电弧焊

用外加气体作为电弧介质并保护电弧和焊接区的电弧焊称为气体保护电弧焊。

### 一、氩弧焊

氩弧焊示意图如图 8-19 所示，它是以氩气作为保护气体的一种电弧焊方法。它是利用从焊枪喷嘴喷出的氩气流，在焊接区形成连续封闭的气层来保护电极和熔池金属，以免受到空气的有害影响。按电极熔化与否，氩弧焊可分为熔化极氩弧焊和非熔化极氩弧焊两种。前者是以与母材成分相近的焊丝作电极称熔化极氩弧焊，如图 8-19（a）所示；后者是以不熔化的钨棒作电极，利用从喷嘴流出的氩气在电弧及焊接熔池周围形成连续封闭的气流，保护钨极、焊丝和焊接熔池不被氧化的电弧焊，如图 8-19（b）所示。

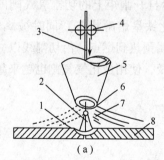
（a）

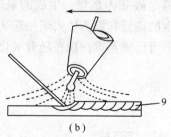
（b）

图 8-19　氩弧焊示意图

（a）熔化极氩弧焊；（b）非熔化极氩弧焊

1—熔池；2—电弧；3—焊丝；4—送丝轮；5—喷嘴；6—钨极；7—氩气；8—焊件；9—焊缝

（1）钨极氩弧焊的优点。焊缝质量高，因为氩气在高温下，不与钨极或熔化金属起化学反应，被焊金属中的合金元素烧损少；电弧热量集中，电流密度大，热影响区小，焊接变形小；是明弧焊，焊进检查焊缝质量方便；没有熔渣，焊接成本低。

（2）钨极氩弧焊的缺点。电弧光辐射强，不适于在有风的地方或露天施焊，设备也比较复杂。

（3）钨极氩弧焊的应用。几乎适用于所有金属材料的焊接，特别是焊接化学性质活泼的金属材料，多用于焊接铝、镁、钛、铜及其合金、低合金钢、不锈钢和耐热钢等材料。钨极氩弧焊电极的载流能力有限，焊缝熔深浅，只能适用焊接厚度为 6 mm 以下的工件。

（4）钨极氩弧焊设备。常用的钨极氩弧焊机有 NSA-500-1 型和 NSA4-300 型手工钨极氩弧焊机。如 NSA-500-1 型焊机主要由焊接电源、控制箱、焊枪、供气及冷却系统等部分组成。

### 二、$CO_2$ 气体保护焊

用 $CO_2$ 作为保护气体进行焊接的熔化极电弧焊是 $CO_2$ 气体保护焊。$CO_2$ 气体保护焊的形式按焊丝直径可分为直径为 0.5~1.2 mm 的细丝和直径大于 1.6 mm 粗丝的 $CO_2$ 气体保护焊。按操作方法分为 $CO_2$ 自动焊和 $CO_2$ 半自动焊。

$CO_2$ 气体保护焊的优点：生产效率高，电弧加热集中，焊件变形小；对油、锈敏感性低；焊缝含氢量低；可用于各种位置的焊接，对焊件结构适应能力强；明弧焊接容易对准焊件接缝；$CO_2$ 气体价格便宜，生产成本低。

$CO_2$ 气体保护焊的缺点：电弧光强，飞溅严重，烟雾较大，容易产生气孔，焊缝成型不够光滑；不宜焊接容易氧化的有色金属材料；设备较复杂，不宜在有风的场地工作。

$CO_2$ 气体保护焊主要用于碳钢、低合金钢、不锈钢和耐热钢的焊接，也适用于修理机件，如磨损零件的堆焊。$CO_2$ 气体保护焊在汽车制造业、船舶制造业、动力机械金属结构、石油化学工业及冶金工业等行业广泛应用。

$CO_2$ 焊机主要由焊接电源、焊丝送给系统、焊枪、供气系统和控制系统等几部分组成，如图 8-20 所示。

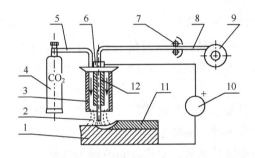

图 8-20　$CO_2$ 气体保护焊示意图

1—工件；2—$CO_2$；3—喷嘴；4—$CO_2$ 气瓶；5—送气软管；6—焊枪；7—送丝机构；
8—焊丝；9—绕丝盘；10—电焊机；11—焊缝；12—导电嘴

### 8.4.3　电阻焊的基础知识

#### 一、电阻焊的特点及应用

电阻焊是压焊的主要焊接方法。电阻焊是将焊件组合后，通过电极施加压力，利用电流通过接头的接触面及邻近区域产生的电阻热，将其加热至塑性或熔化状态，在外力作用下形成原子间结合的焊接方法。

电阻焊的主要特点是：焊接电压很低（1~12 V）、焊接电流很大（几十至几千安），完成一个焊点的焊接时间极短（0.01 至几秒），故生产率高；加热时，对接头施加机械压力，接头在压力的作用下焊合。因此，焊接时不需要填充金属。

电阻焊的应用很广泛，在汽车和飞机制造业中尤为重要，例如新型客机上有多达几百万个焊点。电阻焊在宇宙飞行器、半导体器件和集成电路元件等都有应用。因此，电阻焊是焊接的重要方法之一。

电阻焊按工艺方法不同分为点焊、缝焊和对焊，如图 8-21 所示。

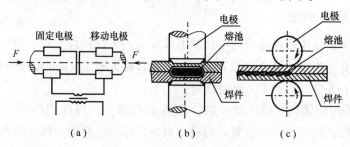

图 8-21　电阻焊示意图
(a) 对焊；(b) 点焊；(c) 缝焊

## 二、点焊

点焊是焊件装配成搭接接头，并压紧在两电极之间，利用电阻热熔化母材金属，形成焊点的电阻焊方法。点焊分为单面点焊和双面点焊。点焊多用于薄板的连接，如飞机蒙皮、航空发动机的火烟筒、汽车驾驶室外壳等。

### 1. 点焊机

点焊机的主要部件包括机架、焊接变压器、电极与电极臂、加压机构及冷却水路等。焊接变压器是点焊电器，它的次级只有一圈回路。上、下电极与电极臂既用于传导焊接电流，又用于传递动力。冷却水路通过变压器、电极等部分，以免发热。焊接时，应先通冷却水，然后接通电源开关。

电极的质量直接影响焊接过程、焊接质量和生产率。电极材料常用紫铜、镉青铜、铬青铜等制成；电极的形状多种多样，主要根据焊件形状确定。安装电极时，要注意上、下电极表面保持平行；电极平面要保持清洁，常用砂布或锉刀修整。

### 2. 点焊过程

点焊的工艺过程为：开通冷却水；将焊件表面清理干净、装配准确后，送入上、下电极之间，施加压力，使其接触良好；通电使两工件接触表面受热，局部熔化，形成熔核；断电后保持压力，使熔核在压力下冷却凝固形成焊点；去除压力，取出工件。

焊接电流、电极压力、通电时间及电极工作表面尺寸等点焊工艺参数对焊接质量有重大影响。

## 三、对焊和缝焊

对焊：将焊件装配成对接接头，使其端面紧密接触，利用电阻热加热至塑性状态，然后迅速施加顶锻力的方法。其在机械工业、建筑业中占有重要的地位。

缝焊：用滚盘代替电极，滚轮加压焊件并转动，连续或断续送电，把一个个焊点相互重叠起来，形成类似连续点焊焊缝的电阻焊方法。主要用于有气密性要求的焊件上，如油箱等。

### 8.4.4 钎焊

#### 一、钎焊的特点

钎焊是采用比母材熔点低的金属材料作钎料，将焊件和钎料加热到高于钎料熔点、低于母材熔点的温度，利用液态钎料润湿母材，填充接头间隙并与母材相互扩散实现连接焊件的方法，如图 8-22 所示。

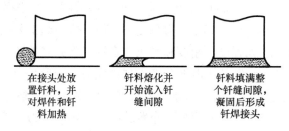

在接头处放　　钎料熔化并　　钎料填满整
置钎料，并　　开始流入钎　　个钎缝间隙，
对焊件和钎　　缝间隙　　　凝固后形成
料加热　　　　　　　　　钎焊接头

图 8-22 钎焊过程示意图

钎焊的特点是焊接时加热温度低，工件不熔化，焊后接头附近母材的组织和性能变化不大，压力和变形较小，接头平整光滑。焊件尺寸容易保证，同时也可焊接异种金属。钎焊的主要缺点是接头强度较低，焊前对被焊处的清洁和装配工件要求较高，残余熔剂有腐蚀作用，焊后必须仔细清洗。目前钎焊在机械、仪表仪器、航空、空间技术等领域都得到了广泛应用。

#### 二、熔剂（或称钎剂）

在焊接过程中，一般都要使用熔剂。熔剂的作用是清除液态钎料和焊件表面的氧化物与其他杂质；改变液态钎料对工件的湿润性，以利于钎料进入被焊件的间隙中，并使钎料及焊件免于氧化。钎焊不同金属材料，应选用不同的熔剂。

#### 三、钎焊的种类

根据钎料熔点和接头的强度不同，钎焊可分为软钎焊和硬钎焊两种。

（1）软钎焊。钎料熔点低于 450 ℃，焊接强度低于 70 MN/m²。软钎焊常用的钎料为锡铅钎料（又称焊锡）、锌锡钎料、锌镉钎料等。熔剂通常由松香、磷酸、氯化锌等组成。常用于受力不大、工作温度不高的工件的焊接，如电器仪表、半导体收音机导线的焊接等。

（2）硬钎焊。钎料熔点高于 450 ℃，接头强度可达 500 MN/m²。硬钎焊常用的钎料为铜基、银基、铝基、镍基钎料。熔剂通常由硼砂、硼酸、氟化物、氯化物等组成。常用于接头强度较高、工作温度较高的工件的焊接，如硬质合金刀头的焊接等。

#### 四、硬质合金刀片与车刀刀体的火焰硬钎焊

（1）清理刀头（硬质合金刀片）和刀体的刀槽，并装配好。

（2）钎焊。先用火焰的外焰均匀加热刀槽四周，待刀槽四周呈现暗红色时，用火焰加热刀片，并不断用预热过的铜基钎料丝端头蘸着硼砂送入钎缝，使熔剂熔化并布满钎缝，然后将蘸有熔剂的钎料立即送入火焰下的钎缝接头处，使其快速熔化渗入并填满接头间隙，最后关闭火焰，焊接缓慢冷却即可。

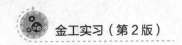

# 8.5　焊接质量分析

## 8.5.1　焊接应力与变形

### 一、焊接结构的特点

（1）焊接结构具有较大的焊接应力和变形。绝大多数焊接方法都是采用局部加热，故不可避免地将产生内应力和变形。焊接应力和变形不但可能引起工艺缺陷，而且在一定条件下将影响结构的承载能力，如强度、刚度和受压稳定性。除此之外还将影响结构的加工精度和尺寸稳定性。因此，在设计和施工时充分考虑焊接应力和变形是十分重要的。

（2）焊接结构的应力集中变化大。焊缝是与基本体组成一个整体，并能在外力的作用下与它一起变形，因此焊缝的形状和焊缝的布置就必然会影响应力的分布，使应力集中在较大的范围内变化。应力集中对结构的脆性断裂和疲劳有很大影响。从断裂力学角度分析，应力集中区域内的裂纹的应力强度因子要比在同样外载条件下平滑构件上尺寸相同的应力强度因子大。采取合理的工艺和设计，可以控制焊接结构的应力集中及提高其强度和寿命。

（3）焊接结构具有较大的性能不均匀性。由于焊缝金属的成分和组织与基本金属不同，以及焊接接头所经受的不同热循环和热塑性应变循环，焊接接头的不同区域具有不同的性能，形成了一个不均匀体，它的不均匀程度远远超过铸件和锻件，这种不均匀性对焊接结构的力学行为特别是断裂行为必须予以重视。

（4）焊接接头的整体性。这个特性一方面赋予焊接结构高密封性和高强度；另一方面又带来了裂纹，一旦扩展就不易制止。

### 二、焊接应力和变形的生产的原因

焊接应力和变形的产生需要有三个条件：

（1）金属材料的物理性能其一是热胀冷缩，其二是金属在相变时比容有所变化。

（2）焊接时焊件受不均匀温度作用。

（3）受内外拘束的作用。

因此，在焊接过程中，被焊工件在加热中产生不均匀的压缩塑性变形，再加上冷却过程塑性变形的积累，导致焊接残余应力与变形的产生。

### 三、防止焊接应力和变形的措施

防止焊接应力和变形的措施可以从结构设计和工艺两方面来解决。焊接结构在设计上考虑比较周到，注意减少焊接变形，要比单从工艺上来解决较为方便。

**1. 设计措施**

（1）合理选择焊缝的尺寸和形式：焊缝尺寸直接关系到焊接工作量和焊接变形的大小，如图 8-23 和图 8-24 所示。

关于对接焊，不同的坡口形式所需的焊缝金属相差很大，选用焊缝金属少的坡口形式，对减少变形有利。但是还要考虑其他因素。如工件在焊接时不能翻转，采用对称坡口就会增加仰焊工作量。

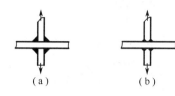

图 8-23　相同能力的十字接头

（a）不开坡口；（b）开坡口

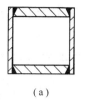
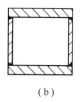

图 8-24　箱形梁的不同接头形式

（a）比；（b）焊缝尺寸小得多

在薄板结构中，采用接触点焊可以减少焊接变形。

（2）尽可能减少不必要的焊缝：在焊接结构中应力求焊缝数量少，避免不必要的焊缝。焊接元件应尽量选用型材，如图 8-25（a）所示的焊件是用三块钢板组焊而成的，它有四道焊缝。而图 8-25（b）则表示同一焊件由两个槽钢组焊而成，只需在接合处采用分段法焊接，既可简化焊接工艺，又可减小焊接变形。

（3）合理安排焊接位置：由于焊接接头处塑性和韧性较差，又有较大的焊接应力，如果此处又有应力集中现象，则很容易产生裂纹。图 8-26 所示为一储油罐，两端为封头。封头形状有两种：一种是球面封头，直接焊在圆柱筒上，形成环形角焊缝，如图 8-26（a）所示；另一种是把封头制成盆形，然后与圆柱筒焊接，形成环形平焊缝，如图 8-26（b）所示。第二种封头可减少应力集中，其结构比第一种合理。

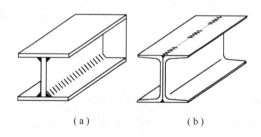

图 8-25　焊件尽量选用型钢组焊

（a）三块钢板组焊；（b）两槽钢组焊

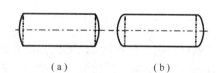

图 8-26　焊缝位置应避免应力集中

（a）不合理；（b）合理

（4）尽可能选用焊接性好的原材料。一般情况下，碳钢中碳的质量分数小于 0.25%，低合金结构钢中碳的质量分数小于 0.2% 时，都具有良好的焊接性，应尽量选用它们作为焊接材料。而碳的质量分数大于 0.5% 的碳钢和碳的质量分数大于 0.4% 的合金钢，焊接性都比较差，一般不宜采用。

另外，焊件结构应尽可能选用同一种材料焊接。因为异种金属材料彼此的物理、化学性能不同，常因膨胀、收缩不一致而使焊接接头产生较大的焊接应力。两种焊接性能相差悬殊的材料，很难进行焊接。

**2. 工艺措施**

（1）反变形法：事先估计好结构变形的大小和方向，然后在装配时给予一个相反方向的变形与焊接变形相抵消，如图 8-27 所示。

（2）刚性固定法：将构件加以固定来限制焊接变形。

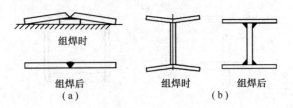

图 8-27　反变形措施

（3）合理选择焊接方法和规范：选用性能较低的焊接方法，可以有效防止焊接变形。例如焊接薄板结构可采用 $CO_2$ 半自动焊代替气焊和手工电弧焊。

（4）选用合理的焊接顺序。

### 四、焊接变形和应力的矫正和消除方法

**1. 矫正焊接变形的方法**

（1）机械矫正法：利用外力使构件产生与焊接变形方向相反的塑性变形使两者互相抵消。

（2）火焰加热矫正法：利用火焰局部加热时产生的压缩塑性变形，使较长的金属在冷却后收缩，以达到矫正变形的目的。

**2. 焊后消除焊接内应力方法**

焊接内应力的存在对脆性材料会降低构件的承载能力，消除焊接件的内应力，有利于焊接构件的加工和保证其加工精度，有效防止脆性断裂的发生。消除焊接件内应力的方法有：整体调温回火、机械拉伸、温差拉伸及振动法等。

### 8.5.2　常见焊接缺陷

现代焊接技术完全可以得到高质量的焊接接头。然而，一个焊接产品的完成，要经过原材料的划线、切割、坡口加工、装配、点焊固定和焊接等多种工序，并要使用多种设备、仪表、工艺装备和焊接材料，再加上工人的技术水平、气候条件等影响，只要一个环节出毛病，就可能出现各式各样的缺陷。常见的焊接缺陷见表 8-5。

表 8-5　常见焊接缺陷及产生的原因

| 缺陷名称 | 图例 | 特征 | 产生的主要原因 |
|---|---|---|---|
| 未焊透 | | 接头根部未完全熔透 | ① 电流过小，运条太快，电弧过长；② 装配间隙太小，坡口太小；③ 钝边太厚，焊条过粗 |
| 裂纹 | 纵向裂纹　横向裂纹 | 在焊缝或焊接区的金属表面或内部产生纵向或横向裂纹 | ① 焊缝冷却太快；② 焊件含碳、硫、磷高；③ 焊件结构与焊接顺序不合理 |

续表

| 缺陷名称 | 图例 | 特征 | 产生的主要原因 |
|---|---|---|---|
| 夹渣 | | 焊缝表面或内部有溶渣 | ① 焊前除锈及多层焊时清渣不彻底；<br>② 电流过小，坡口过小，焊速过快；<br>③ 焊条质量不好，焊缝冷却过快 |
| 气孔 | | 焊缝表面或内部有气泡 | ① 焊条潮湿；<br>② 焊件不洁净或含磺过高；<br>③ 电流过小，焊速过快，冷却太快 |
| 咬边 | | 沿焊趾的母材部位产生的沟槽或凹陷 | ① 电流太大，电弧太长；<br>② 焊条角度不对；<br>③ 运条方法不正确 |
| 烧穿 | | 熔化金属从焊缝反面漏出，甚至烧穿成洞 | ① 电流过大；<br>② 焊速过慢；<br>③ 间隙过大，钝边太小 |
| 焊瘤 | | 熔化金属流淌到熔池边缘来熔化的焊件上堆积成的金属瘤 | ① 电流过大；<br>② 电弧拉得太长；<br>③ 运条不正确，焊进太慢 |

### 8.5.3 焊接质量检验

焊接检验是保证产品质量优良、防止废品出厂的重要措施。在产品加工过程中，对每道工序都进行检验，是及时消除该工序缺陷的重要手段，并防止缺陷重复出现。焊接检验是焊接结构制造过程中自始至终不可缺少的重要工序，通过焊接检验可以发现焊接新工艺和新产品在试制时质量存在的问题，找出原因，消除缺陷，使新工艺得到应用、质量得到保证。

#### 一、焊接检验

焊接检验有三个阶段，即焊前检验、焊接过程检验和焊后成品检验。

（1）原材料检验。焊接构件的检验、焊条（丝）的检验、焊剂的检验。

（2）焊接结构设计鉴定。对需要进行检验的焊接结构应具备可检验的条件，也就是具有可探性，如有探伤的空间位置、有便于探伤的探侧面、有适宜探伤的探测部位的底面。

（3）其他工作的检查。焊工的考核、能源的检查、工具的检查。

## 二、焊接过程检验

（1）焊接规范的检验。焊接规范是指焊接过程中的工艺参数，如焊接电流、焊接电压、焊接速度、焊条（丝）的直径、焊接道数、层数、焊接顺序、电源的种类及极性等。焊接规范及执行规范的正确与否对焊缝和接头的质量起着决定性作用。不同的焊接方法有不同的焊接规范的内容和要求，检验要注意区分。如手工电弧焊规范的检验一方面要检查焊条的直径和焊接电流是否符合要求，另一方面责成焊工严格执行焊接工艺规定的焊接顺序、焊接道数和电弧长度等。

（2）焊缝尺寸的检查。焊缝尺寸的检查应根据工艺卡或国家标准的要求进行。一般采用特制的量规和样板来测量。

（3）夹具夹紧情况的检查。夹具是结构装配过程中用来固定、夹紧工件的工艺装备。要检查夹具是否有足够的刚度、强度和精度，检查夹具所放的位置是否正确，且不得妨碍对工件进行焊接和取出，并检查夹紧是否可靠。

（4）结构装配质量的检查。在焊接之前对焊接结构进行检查：按图纸检查各部分尺寸、基准线及相对位置是否正确，是否留有焊后收缩余量、机械加工余量；检查焊接接头的坡口型式及尺寸是否正确；检查点固焊的焊缝布置是否恰当；检查焊接处是否清洁，有无缺陷（如裂纹、凹陷、夹层等）。

## 三、焊后检验

焊接产品虽然在焊前和焊接过程进行了检验，但由于制造过程外界因素的变化，或规范不稳定，或能源的波动等都有可能引起缺陷的产生。因此，必须对成品进行质量检验。按产品的使用要求和图纸的技术条件进行。

焊缝检验的方法常用的有破坏性试验和非破坏性检验。

（1）非破坏性检验又称无损检验，是指在不损坏被检查材料，不损坏成品性能与完整的原则下去检测缺陷的方法。其具体方法如下。

① 外观检验：用肉眼或借助样板，或用低倍放大镜观察焊件，以发现焊缝外部气孔、咬边、满溢及焊接裂纹等表面缺陷的方法。

② 渗透探伤：它是用带有荧光染料（荧光法）或红色染料（着色法）渗透剂的渗透作用，显示缺陷痕迹的无损检验法。

荧光法通常用于有色金属表面的探伤。着色法不受缺陷形状和尺寸的影响，也不受材料种类的限制，但只适用于检验焊件表面的开口性缺陷。

③ 磁粉探伤：它是利用在强磁场中，铁磁性材料表层缺陷产生的漏磁场吸附磁粉现象，而进行的无损检验法。图 8-28 所示为磁粉探伤试验原理示意图。在焊缝表面撒上磁性氧化铁粉，依照铁粉被吸附的痕迹，就能判断缺陷的位置和大小。磁粉检验后，焊件应做退磁处理。

④ 超声探伤：它是用超声波探测材料内部缺陷的无损检验法。因超声波在金属中传播很远，故可用于探测大型焊件（厚度大于 40 mm）焊缝中的缺陷，能较灵敏地发现缺陷的位置，但难以确定缺陷的性质、形状和大小。

⑤ 射线探伤：它是用 X 射线或 Y 射线照射焊接头，检查内部缺陷的无损检验法。一般用超声探伤确定有无缺陷，发现缺陷后，再用射线探伤确定性质、形状和大小。

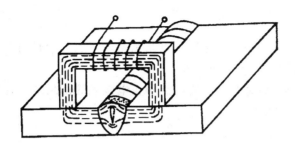

图 8-28 磁粉检验原理示意图

⑥ 致密性试验：对储存气体、液体、液化气体的各种容器、反应器和管路系统等，应对其焊缝和密封面做致密性试验。致密性试验一般有密封性检验和气密性检验两种。密封性检验是检查有无漏水、漏气和渗油、漏油等现象的试验；气密性检验是将压缩空气或氢、氟利昂、氦、卤素气体等压入焊接容器，利用容器内外气体的压力差检查有无泄漏的试验。

（2）破坏性试验。

破坏性试验对焊缝及接头性能的检测，是一种必不可少的方法。如焊缝和接头的力学性能指标、化学成分分析、金相检验等指标和数据，只有通过破坏性试验才能获得。破坏性试验主要为焊接工艺评定、焊接性试验、焊工技能评定及考核焊缝和焊接接头的检验方法。一般的破坏性试验有力学性能试验、金属理化试验和焊接性能试验。

# 8.6 实训与考核

## 8.6.1 综合实训

### 实训一 引弧

目的：掌握引弧方法，了解电流大小对引弧的影响。

**1. 操作准备**

（1）电弧焊机：直流或交流电弧焊机；

（2）焊条：E4303（J422），直径 3.2 mm；

（3）实习焊件：扁钢（400 mm×60 mm×5 mm）；

（4）焊接工具及防护用品。

**2. 操作步骤**

引弧时手持面罩→看准引弧位置→用面罩挡住面部→将焊条对准引弧处→用划擦法或直击法引弧，迅速而适当地提起焊条，形成电弧。

（1）划擦法引弧。先将焊条前端对准焊件，然后将手腕扭转一下，使焊条在焊件表面上轻微划擦一下，焊条提起 2~4 mm，即在空气中产生电弧。引弧后，使电弧长度不超过焊条直径。这种引弧方法似划火柴，易于掌握。

（2）直击法引弧。先将焊条前端对焊件，然后将手腕下弯，使焊条轻微碰一下焊件，再迅速将焊条提起 2~4 mm，即产生电弧。引弧后，手腕放平，使弧长保持在与所用焊条直径相适应的范围内。初学这种引弧方法时，因手腕动作不灵活，感到不易掌握。

**3. 注意事项**

（1）引弧的质量主要用引弧的熟练程度来衡量。在规定的时间内，引燃电弧的成功次数越多，引弧的位置越准确，说明越熟练。

（2）初学引弧，学生好奇心强，要注意防止电弧光灼伤眼睛。对刚焊完的焊件和焊条头不要用手触摸，以免烫伤。

### 实训二  电弧平敷焊

目的：正确运用焊道的起头、运条、连接和收尾的方法。

平敷焊是在平焊位置上堆敷焊道的一种方法，如图 8-29 所示。

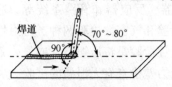

图 8-29  平敷焊操作图

**1. 操作准备**

（1）电焊机：直流或交流电弧焊机；

（2）焊条：E4303（J422），直径 3.2 mm；

（3）实习焊件：扁钢（400 mm×60 mm×5 mm）；

（4）焊接工具及防护用品。

**2. 操作步骤**

用砂纸打光待焊处，直至露出金属光泽→在钢板上划直线→打样冲眼作标记→启动电焊机→引弧并起头→运行→收尾→检查焊缝质量。

**3. 注意事项**

（1）正确运用焊道的起头、运条、连接和收尾的方法；

（2）焊道的起头和连接处基本平滑，无局部过高现象，收尾处无弧坑；

（3）每条焊道焊坡均匀，无明显咬边；

（4）焊后的焊件上不应有引弧痕迹；

（5）正确使用焊接设备，调节电流时，应在焊机空载情况下进行。

### 实训三  平对接焊

目的：掌握对接焊的操作方法，了解如何防止焊接缺陷的措施。

平对接焊是在平焊位置上焊接接头的一种操作方法，如图 8-30 所示。

**1. 操作准备**

（1）实习焊件：400 mm×60 mm×5 mm 和 400 mm×60 mm×8 mm 扁钢各两件，共 3 组。后者预先在刨床上加工 V 形坡口；

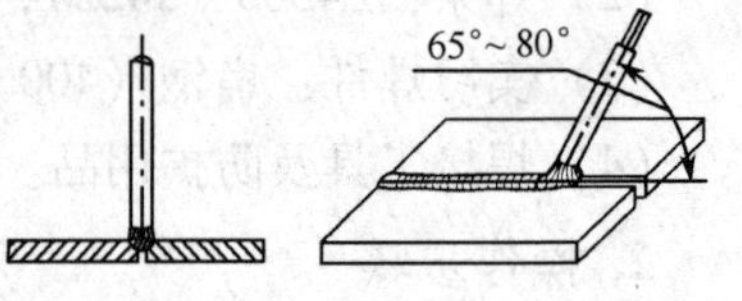

图 8-30  平对接焊操作图

（2）焊条：E4303（J422）直径 3.2 mm 或 4 mm；

（3）电焊机：直流或交流电弧焊机；

（4）焊接工具及防护用品。

**2. 操作步骤**

用砂纸打光待焊处，直至露出金属光泽→装配点固→校正焊件→引弧→运条→收尾→焊后检查。

**3. 注意事项**

（1）操作方法正确；

（2）能正确检查坡口角度；

（3）焊缝外表面没有气孔、裂纹，局部咬边深度不得大于 0.5 mm；

（4）焊缝几何形状（余高、焊缝宽度）符合质量要求。

### 实训四  气焊火焰的点燃、调节和熄灭

目的：掌握火焰点燃、调节和熄灭的操作方法。

**1. 操作准备**

（1）设备和工具：乙炔气瓶、氧气瓶、射吸式焊炬；

（2）辅助器具：气焊眼镜、通针、火柴或火枪、工作服、手套、胶鞋、小锤、钢丝钳等；

（3）实习焊件：低碳钢板（尺寸自定）。

**2. 操作步骤**

握好焊炬→点燃火焰→调节火焰→实施气焊→熄灭火焰。

### 实训五  火焰平敷焊

目的：掌握气焊的安全操作方法。

**1. 操作准备**

（1）操作设备：乙炔气瓶、氧气瓶、射吸式焊炬；

（2）防护用品：工作服、手套、工作鞋、小锤、钢丝钳等；

（3）实习焊件：低碳钢板，厚度 1.6~2 mm，长 200 mm，宽 100 mm；

（4）焊丝牌号 H08，直径 1.6~2 mm。

（2）操作步骤

焊件清理→焊道起头→焊炬和焊丝的运动→焊道接头→焊道的收尾。

### 实训六  手工气割基本操作

目的：掌握气割的安全操作方法。

**1. 操作准备**

（1）操作设备：乙炔瓶、氧气瓶和割炬 G01-30 型；

（2）辅助器具：气焊眼镜、通针、火柴或火枪、工作服、手套、胶鞋、小锤、钢丝钳等；

（3）实习割件：扁钢（60 mm×5 mm×450 mm），或低碳钢管件（φ60 mm×3.5 mm×300 mm）。

**2. 操作步骤**

（1）割件割前清理：将割件的表面用钢丝刷仔细地清理并除掉鳞片、铁锈和尘垢，便于火焰直接对钢板预热。割件下面用耐火砖垫空，以便排放熔渣，不能把割件直接放在水泥地上进行气割。

（2）基础练习：取扁钢（60 mm×5 mm×450 mm）一段，在该钢板上进行气割初步训

练，练习时按以下步骤进行。在钢板上划线→点燃火焰→调节火焰→起割→正常气割过程→停割→熄灭火焰。

（3）管子的气割：取低碳钢管件，划气割线→按割线进行气割，防止气割时出现偏差，从而保证割口整齐→起割时，火焰应垂直于钢管表面，待割透后，再将割嘴逐渐倾斜一定的角度（20°~25°），继续向前移动。

### 8.6.2 考核

**一、直线手工气割**

**1. 考核内容**

低碳钢板（$\delta$ 8 mm）直线手工气割，割缝长 100 mm。

**2. 考核准备**

（1）操作设备：乙炔瓶、氧气瓶（带减压表）和割炬 G01-30 型；

（2）辅助器具：气焊眼镜、通针、火柴或火枪、工作服、手套、胶鞋、小锤、钢丝钳等；

（3）实习割件：低碳钢板，厚 8 mm，长 200 mm，宽 100 mm，1 件。

**3. 考核评分见表 8-6**

表 8-6　手工气割评分标准

| 班级 | | 姓 名 | | 学 号 | |
|---|---|---|---|---|---|
| 序号 | 内容（直线手工气割，割缝长 100 mm） | | 配分标准 | 检测结果 | 扣分 |
| 1 | 劳保用品、气瓶间距、减压器及胶管、割炬、割嘴等选用正确 | | 本项配分 20 分：每错一处扣 5 分，总分不超过 20 分 | | |
| 2 | 气压设置、送进顺序，点火、关火、关气正确，火焰能率和性质选用正确 | | 本项配分 30 分：每错一处扣 5 分，总分不超过 30 分 | | |
| 3 | 要求一次割透 | | 本项配分 30 分：气割次数每增加一次扣 10 分，超过 3 次扣 30 分 | | |
| 4 | 背面无挂渣或有挂渣时易铲除 | | 本项配分 5 分：较难清除，留有残迹扣 5 分 | | |
| 5 | 上边缘熔化宽度小于等于 1.5 mm | | 本项配分 5 分：>1.5 mm 时扣 5 分 | | |
| 6 | 直线度偏差小于等于 2 mm | | 本项配分 5 分：>2 mm 时扣 5 分 | | |
| 7 | 垂直度偏差小于等于 3%$\delta$ | | 本项配分 5 分：>3%$\delta$ 时扣 5 分 | | |
| 8 | 操作时间为 10 min | | 每超 1 min 从总分中扣 2 分 | | |

续表

| 序号 | 内容（直线手工气割，割缝长 100 mm） | 配分标准 | 检测结果 | 扣分 |
|---|---|---|---|---|
| 9 | 否定项：<br>1. 发生回火；<br>2. 割缝原始表面破坏；<br>3. 切割时间超过定额的 50% | | | |
| 得分合计 | | | | |

## 二、对接单面平焊

### 1. 考核内容

Q235 钢板 I 形坡口对接单面平焊。

### 2. 考核准备

（1）实习焊件：Q235 扁钢板（5 mm×100 mm×100 mm），每人 2 件。

（2）焊条：E4303（J422）直径 3.2 mm。

（3）电焊机：直流或交流电弧焊机。

（4）焊接工具及防护用品。

### 3. 考核评分见表 8-7

表 8-7　焊接实训考核评分表

| 班级 | | 姓　名 | | 学号 | |
|---|---|---|---|---|---|
| 序号 | 内容 | 配分标准 | | 检测结果 | 扣分 |
| 1 | 劳保着装及工具准备齐全，参数设置，设备调试正确 | 本项配分 20 分；每有一处不正确扣 5 分 | | | |
| 2 | 焊缝表面不允许有焊瘤、气孔夹渣、烧穿等缺陷 | 本项配分 20 分；出现任何一种缺陷该项不得分 | | | |
| 3 | 焊缝咬边深度小于等于 0.5 mm，两侧咬边总长小于等于 15 mm | 本项配分 15 分：咬边深度>0.5 mm 或累计总长度>15 mm 扣 15 分；咬边深度小于或等于 0.5 mm 时，累计长度每 2 mm 扣 1 分 | | | |
| 4 | 焊缝两端应饱满，无凹框、脱节现象 | 本项配分 15 分：脱节>2 mm 或凹坑深度>1 mm 扣分 15 分 | | | |
| 5 | 焊缝成型美观度 | 本项配分 20 分：优得 20 分，良得 10 分，差得 0 分 | | | |
| 6 | 安全文明生产 | 严格执行安全操作规程得 10 分 | | | |
| 7 | 操作时间为 20 min | 每超 1 min 从总分中扣 2 分 | | | |

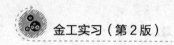
| 序号 | 内容 | 配分标准 | 检测结果 | 扣分 |
|------|------|----------|----------|------|
| 8 | 否定项：<br>1. 焊缝原始表面破坏；<br>2. 超过额定时间的50%；<br>3. 更换试件 | | | |
| 得分合计 | | | | |

## 本课题小结

本课题主要讲述焊接的基本概念，焊机的种类、构造、性能、特点及使用方法。电焊焊条的构成，各部分的作用，常用结构钢焊条的种类、牌号、含义、应用及选择方法。焊条直径、焊接电流和焊接速度对焊缝质量的影响。常见的焊接接头形式及坡口形式，焊接的空间位置。焊接时焊条角度及焊接方向的选择方法。常见焊接的变形、焊接缺陷及其产生的主要原因与检验方法。气焊气割设备的构造原理及使用方法。培养学生掌握手工电弧焊的各种焊接方法及气焊气割的安全操作方法。通过对简单零件进行焊接，培养学生的焊接工艺分析能力和动手操作能力，为今后从事生产技术工作奠定实践基础。

## 练习题

一、判断题

1. 乙炔是一种气化的固体可燃物。（    ）

2. 压缩的气态氧与油脂接触能强烈地燃烧并引起爆炸。（    ）

3. 手工电弧焊是一种把电能转变为热能的熔化焊焊接方法之一。（    ）

4. 手工电弧焊时应保护自己及他人不被弧光伤害。（    ）

5. 焊接和钎焊时，母材的边缘都会局部熔化，然后融合成一个整体。（    ）

6. 气焊气割作业有可能造成爆炸和造成火灾事故，是因为与可燃气体接触，同时又使用明火。（    ）

7. 乙炔瓶内装着浸满丙酮的多孔性填料，使乙炔稳定而又安全地储存于瓶内。（    ）

8. 氧气与乙炔胶管可以互相代用或混用，可以用氧气吹除胶管中的堵塞物。（    ）

二、选择题

1. 焊条电弧焊温度可达（    ）。

A. 500 ℃　　　　　　　B. 8 000 ℃　　　　　　　C. 10 000 ℃

2. 焊割工作时，乙炔瓶应距工作台点（    ）以上。

A. 5 m　　　　　　　　B. 8 m　　　　　　　　C. 10 m

3. 工作时，必须穿戴好劳动防护用品，劳动防护用品是指（    ）。

A. 工作服、工作帽　　　B. 胶钳、扳手　　　　　C. 护脚、皮手套等

4. 气焊与气割的火焰温度达 （　　） 以上。

A. 1 500 ℃　　　　　　　B. 3 000 ℃　　　　　　　C. 6 000 ℃

5. 焊条电弧焊焊条药皮的作用之一是 （　　）。

A. 容易操作　　　　　　　B. 提高生产率　　　　　　C. 稳定电弧

6. 电阻焊对电焊工的主要危险是 （　　）。

A. 触电　　　　　　　　　B. 产生有害物质　　　　　C. 烧伤

7. 氧气使用时，应注意与易燃易爆物品相距 （　　） 以上。

A. 3 m　　　　　　　　　B. 5 m　　　　　　　　　C. 10 m

8. 氧气瓶的公称工作压力为 （　　） 兆帕（MPa）

A. 3　　　　　　　　　　B. 20　　　　　　　　　　C. 15

9. 当环境温度为 15 ℃ ~ 40 ℃ 时，乙炔气瓶的剩余压力为 （　　） 兆帕（MPa）。

A. 0.1　　　　　　　　　B. 0.05　　　　　　　　　C. 0.2 ~ 0.3

10. 割炬发生回火时，应 （　　）。

A. 立即关闭切割氧调气阀，再关闭氧气和乙炔调节阀

B. 立即关闭乙炔和切割氧气调节阀，再关闭氧气调节阀

C. 立即关闭乙炔调节阀，再关闭切割氧和氧气调节阀

## 三、简答题

1. 什么叫电弧？

2. 点火操作程序是什么？

3. 什么叫回火？

## 四、问答题

1. 焊接的主要缺陷有哪些？产生气孔的主要原因是什么？

2. 试述焊条的组成及各部的作用，选择焊条时应考虑哪些原则？

3. 气割作业时应该注意哪些事项？

4. 使用氧气瓶要注意哪些安全事项？

# 课 题 九

# 现代加工技术实训

**教学目标**：建立对目前机械制造业应用较为广泛的数控加工、特种加工以及快速成型等技术的整体性认识以及相关的基本概念，并了解其加工原理、方法以及应用范围。

**教学重点和难点**：数控车床、铣床的加工原理、加工编程基本方法以及数控加工操作技能。

**案例导入**：传统的机械加工已有很久的历史，它对人类的生产和物质文明起到了极大的推动作用。随着科学技术的不断发展，对机械产品的性能、质量、生产率和成本的要求越来越高，于是人们开始探索采用除机械能进行机械加工以外的电能、化学能、声能、光能、磁能等进行加工，应用现代加工技术改造传统加工产业，促进产业结构调整，将成为今后一段时期内制造业发展的主题之一。

现代加工技术门类繁多，本课题主要介绍目前机械制造业应用较为广泛的数控加工、特种加工和快速成型技术等。

## 9.1 数 控 加 工

数控加工就是用数字化信息对机床运动及加工过程进行控制的一种加工方法。它综合了计算机、自动控制、电机、机械制造、测量、监控等学科的内容。它是解决产品零件品种多变、批量小、形状复杂、精度高等问题和实现高效化和自动化加工的有效途径，目前已广泛应用于机械制造业之中。

### 9.1.1 数控机床的工作原理

数控机床的工作原理如图 9-1 所示。首先根据工件图纸，确定加工工艺过程和工艺参数，编制加工程序（手工编程或自动编程），然后将程序输入到数控控制装置中，输入方式可以通过操作键盘手工输入，或者通过磁盘输入，也可以通过计算机与机床之间的通信传输输入。机床数控装置对输入的指令与数据进行运算和处理后，向主轴箱的驱动电动机和各进给轴伺服装置发出指令，伺服装置再向控制三个方向的进给伺服（步进）电动机发出电脉冲信号。主轴驱动电机带动工件（或刀具）运动，进给伺服（步进）电动机带动滚珠丝杠使机床的工作台或刀架沿 $X$、$Y$、$Z$ 三个方向移动，实现切削加工。

### 9.1.2 数控编程方法

要在数控车床上加工零件，首先要进行数控编程。编程就是根据被加工零件的图纸和技

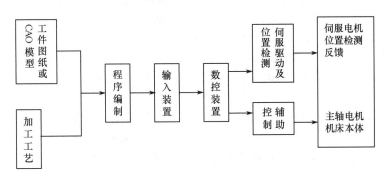

图 9-1　数控机床的工作原理

术要求等，确定零件加工的工艺过程、工艺参数，计算刀具的运行轨迹，按照编程手册规定的代码和程序格式，逐段编写零件的加工程序单。

数控车床编程方法有手工编程和自动编程两种。

**1. 手工编程**

手工编程就是从零件图样的分析、工艺过程的确定、运行轨迹的数值计算到编写加工程序单、键盘输入和程序检验等多个步骤，全部由人工完成。手工编程适用于简单零件的加工。

**2. 自动编程**

自动编程也称计算机辅助编程，目前主要有 CAD/CAM 自动编程和 CAD/CAPP/CAM 全自动编程等。

CAD/CAM 编程是目前计算机辅助编程的主要方法。它是通过调用由 CAD 系统生成的零件的几何信息，再直接调用计算机内相应的数控编程模块，进行刀具轨迹处理，由计算机自动对零件加工轨迹的每一节点进行运算和数学处理，自动生成加工程序，最后传输到数控机床上进行零件加工，并在加工的同时能动态显示其刀具的加工轨迹图形。目前常用的 CAD/CAM 编程软件有 Pro/Engineer、UG、CAXA，MasterCAM 等。

CAD/CAPP/CAM 全自动编程是近年来涌现的功能更强的自动编程方法，它能直接从计算机辅助工艺过程设计（CAPP）的数据库中获得相关零件的工艺信息，自动生成数控加工程序，使程序更合理、工艺性能更可靠。

### 9.1.3　数控编程指令

数控机床的程序格式及指令已有国际标准，但在编制加工程序时，由于各个国家或者公司集团准备功能指令 G 和辅助功能指令 M 的含义不完全相同，所以必须按照用户使用说明书中的规定进行编程。下面以 FANUC 0i 数控系统为例介绍程序的格式及指令功能。

**1. 程序的组成**

数控指令的有序集合称为程序。一个完整的数控加工程序由程序开始符、程序号、程序主体、程序结束指令、程序结束符组成。

下面是一个完整的数控加工程序示例：

```
%                                          //程序开始符
O0001;                                     //程序号
N010 G54 G90 G80;
N020 G00 X0.0 Y0.0 Z5.0 M03 S1000;
N030 G01 X80.0 Y30.0 Z-0.5 F200;           //程序结束指令
……
N300 M30;
%                                          //程序结束符
```

（1）程序开始符、结束符。程序开始符、结束符是同一个字符，ISO 代码中是"%"，书写时要单独占一行。

（2）程序号。程序号是一个必需的标识符，用于把存储于机床中的多个程序区别开来。它通常由地址符和四位数字（1~9999，即程序的编号）组成，如：O0001。

此外，程序号中不允许带小数点和负号，程序号一般要求单独列一行。

（3）程序主体。程序主体是整个程序的核心，由遵循一定结构、句法和格式规则的若干行程序段组成。一个程序段一般占一行。

（4）程序结束指令 M02 或 M30 用来表示程序的结束，一般要求单列一行。

**2. 程序段的组成**

程序段由若干字和程序段结束符组成。

（1）字。一个字的组成如图 9-2 所示。

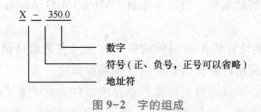

图 9-2　字的组成

地址符用英文字母表示，由它确定其后数字及含义。地址符字母含义见表 9-1。

表 9-1　表示地址符的英文字母含义

| 功　能 | 地址字母 | 含　　义 |
|---|---|---|
| 程序号 | O、P | 程序编号、子程序号的指定 |
| 顺序号 | N | 程序段编号，1~9999 |
| 准备功能 | G | 指令动作方式 |
| 尺寸字 | X、Y、Z | 坐标轴移动指令 |
| | A、B、C | |
| | U、V、W | |
| | I、J、K | 圆弧圆心参数 |
| | R | 圆弧半径 |

续表

| 功　能 | 地址字母 | 含　义 |
|---|---|---|
| 进给速度 | F | 进给速度的指定 |
| 主轴功能 | S | 主轴转速的指定 |
| 刀具功能 | T | 刀具编号的指定 |
| 辅助功能 | M | 机床开/关控制的指定 |
| 补偿功能 | H、D | 刀具补偿号的指定 |
| 暂停功能 | P、X | 暂停时间的指定 |
| 重复次数 | L | 子程序及固定循环的重复次数 |

（2）程序段结束符。在 FANUC 数控系统中各程序段必须单列一行，程序段之间通过分号"；"即程序段结束符分开。

### 9.1.4　数控机床分类

数控机床的分类方法很多，通常按以下几种方法进行分类。

#### 一、按工艺用途分类

**1. 金属切削类数控机床**

按传统加工工艺的不同，这类数控机床主要有数控车床、数控铣床、数控钻床、数控镗床、数控磨床、数控切断机床以及加工中心等，尽管这些数控机床在加工工艺方法上存在很大差别，具体的控制方式也各不相同，但机床的动作和运动都是数字化控制的，具有较高的生产率和自动化程度。据调查，在金属切削机床中除插床外，国内外都已开发了相应的数控机床，而且品种越来越多。

在普通数控机床加装一个刀库和换刀装置就成为数控加工中心机床。加工中心机床进一步提高了普通数控机床的自动化程度和生产效率。例如铣、镗、钻加工中心，它是在数控铣床的基础上增加了一个容量较大的刀库和自动换刀装置而形成的，工件一次装夹后，可以对箱体零件的四面甚至五面大部分加工工序进行铣、镗、钻、扩、铰以及攻螺纹等多工序加工，特别适合箱体类零件的加工。加工中心机床可以有效地避免由于工件多次安装造成的定位误差，减少了机床的台数和占地面积，缩短了辅助时间，大大提高了生产效率和加工质量。

**2. 金属成形类数控机床**

常见的应用于金属板材加工的数控机床有数控冲床、数控压力机、数控剪板机和数控折弯机等。这类机床起步较晚，但目前发展很快。

**3. 特种加工类数控机床**

除了切削加工数控机床以外，数控技术也大量用于数控电火花线切割机床、数控电火花成型机床、数控等离子弧切割机床、数控火焰切割机床以及数控激光加工机床等。

**4. 其他类型的数控机床**

其他类型的数控机床也包括数控三坐标测量机、自动绘图机及工业机器人等。

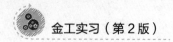
## 二、按控制运动的轨迹分类

### 1. 点位控制数控机床

这类机床只控制运动部件从一点移动到另一点的准确位置，而对移动过程中移动速度和运动轨迹无严格要求。为了精确定位和提高生产率，先高速移动，当接近终点时，再降速缓慢接近定位点。这类机床主要有数控钻床、数控坐标镗床、数控冲床和数控测量机床等。

### 2. 直线控制数控机床

这类机床能控制刀具或工件以一定的进给速度，沿与坐标轴平行的方向进行切削加工。这类机床有直线控制的数控机床和数控铣床等。

### 3. 轮廓控制数控机床

这类机床能够对两个或两个以上坐标的位移和速度进行连续控制，使其合成的运动轨迹能满足零件轮廓的要求。数控装置一般具有直线和圆弧插补功能、主轴转速控制功能和相应的辅助功能。这类机床有数控车床、数控铣床和数控加工中心等。

## 三、按伺服系统分类

### 1. 开环数控机床

这类机床的伺服系统没有位置检测反馈装置，伺服驱动部件通常为步进电动机，如图9-3所示。由于开环控制系统的信息流是单向的，即数控系统将进给脉冲发出以后，实际进给移动量不再反馈回来，系统无法对移动部件的位移误差进行补偿和校正，因此，机床的工作精度取决于步进电动机的转动精度和变速机构、丝杠等机械部件的传动精度。

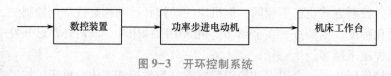

图 9-3　开环控制系统

开环数控系统具有结构简单、造价低、维修简单等优点，适用于中小型的经济数控机床和普通机床的数控化改造。

### 2. 闭环控制机床

这类机床的控制系统，如图9-4所示。该控制系统带有直线位移检测反馈装置，该装置安装在工作台上，能将检测到的实际位移反馈到数控装置中与输入的位置指令进行比较，根据两者的差值对工作台（或刀具）进行实时调控。此外，速度检测元器件随时检测伺服电动机的转速，得到转速反馈信号与速度指令信号相比较，随时对驱动电动机的转速进行校正。

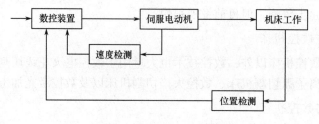

图 9-4　闭环控制系统

闭环控制机床具有定位精度高的优点，但是系统复杂、造价高、调试和维修较困难。此类机床有数控精密镗铣床等。

### 3. 半闭环控制机床

这类机床的控制系统，如图 9-5 所示。它是将位置检测装置及速度检测装置安装在滚珠丝杠端部或伺服电动机轴端，测量其角位移和转速，并反馈到数控装置，间接推算出工作台（或刀具）的位移和移动速度，再与指令信息相比较，通过差值随时对驱动电动机的转速进行校正。半闭环控制系统的性能介于开环与闭环之间，其加工精度没有闭环控制的高，但调试及维护都比闭环控制的方便，因而广泛应用于各类连续控制的数控机床上。

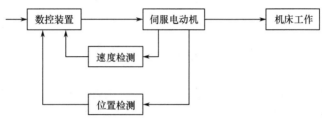

图 9-5 半闭环控制系统

此外，对于大型数控机床，不仅需要较高的进给速度和返回速度，还需要较高的精度，单一的控制方式难以满足其要求，往往使用两种以上控制方式，组成混合控制系统。

### 9.1.5 数控加工的特点及应用

数控机床与普通机床加工相比具有以下特点：

#### 1. 适应性强

适应性及所谓的柔性，是指数控机床随生产对象变化而变化的适应能力。在数控机床上改变加工零件时，只需重新编制程序，输入程序后就能实现零件的加工，而不需要改变机械部分和控制部分的硬件，且生产过程是自动完成的。因此，数控加机床适用于产量小、品种多、产品更新频繁、生产周期短的机械加工场合。适应性强是数控机床最突出的优点，也是数控机床得以生产和迅速发展的主要原因。

#### 2. 加工工艺内容明确

编程人员必须事先对影响加工过程的各种工艺因素，如切削用量、进给路线、刀具的几何形状及尺寸、工步的划分与安排，等等，都要作出定量描述，进行具体的工艺设计。

#### 3. 加工精度高

数控机床是高度综合的机电一体化产品，其结构与传动系统具有很高的刚度和热稳定性，机床的定位精度和重复定位精度都很高，特别是有的数控机床具有加工过程自动监测和误差补偿等功能，所以数控机床具有较高的加工精度。由于同批工件使用同一加工程序自动完成加工，消除了各种人为误差，所以加工质量稳定可靠、产品合格率高。

#### 4. 生产效率高

数控机床的刚性较高，允许进行强力切削，而且一次装夹中可以加工出很多表面，省去了许多辅助工序（如画线、检验等），加上空行程采用快速进给、刀具自动变换或工作台自

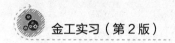

动换位，等等，均使生产效率大大提高。

**5. 适合加工复杂的轮廓表面**

对普通机床难以加工的复杂轮廓表面，如圆形面、用数学模型描述的复杂曲线空间曲面等，数控机床由于采用程序控制切削轨迹，故加工起来特别容易。

**6. 自动化程度高，改善了劳动条件**

数控加工过程是根据输入程序自动完成的，操作者主要是进行程序的编辑、输入及工件的装卸、刀具的准备、加工状态的监测等工作，不需要进行手工操作机床，劳动强度大为减轻，劳动条件大大改善。

**7. 有利于现代化管理**

数控加工可预先计算加工工时，所使用的工具、夹具、量具、刀具均可进行规范化、现代化管理。

数控加工虽然具有上述优点，但是数控机床的初始投资较大，维修费用较高，对操作和管理人员的素质要求也较高。

### 9.1.6 数控车床加工

数控车床是目前机械制造业中使用最多的数控机床，约占数控机床总数的25%，它主要用于对精度要求高、表面粗糙度小、轮廓形状复杂的轴类和盘类等零件的加工。

**一、机床坐标轴及其运动方向的定义**

按照 ISO 标准，卧式数控车床对系统可控制的两个坐标轴定义为 $X$、$Y$ 轴，两个坐标轴相互垂直构成 $X$-$Z$ 平面直角坐标系，如图9-6所示。

$X$ 坐标轴：$X$ 坐标轴定义为与主轴旋转中心线相垂直的坐标轴，$X$ 轴正方向为刀具离开主轴旋转中心的方向。

$Z$ 坐标轴：$Z$ 坐标轴定义为与主轴旋转中心线重合的坐标轴，$Z$ 轴正方向为刀具远离主轴箱方向。

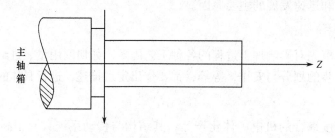

图9-6 卧式数控车床坐标轴

**二、指令代码及其功能**

**1. G 代码**

表9-2所示为 FANUC 0i 系统 G 代码及其指令的功能。

表 9-2  G 代码及其功能

| 组群 | 代码 | | | 功 能 |
| --- | --- | --- | --- | --- |
| | A | B | C | |
| 01 | ★G00 | ★G00 | ★G00 | 快速定位 |
| | G01 | G01 | G01 | 直线插补 |
| | G02 | G02 | G02 | 顺时针圆弧插补 |
| | G03 | G03 | G03 | 逆时针圆弧插补 |
| 00 | G04 | G04 | G04 | 暂停 |
| | G09 | G09 | G09 | 准确定位 |
| 06 | G20 | G20 | G70 | 英制 |
| | ★G21 | ★G21 | ★G71 | 公制 |
| 00 | G27 | G27 | G27 | 返回参考点检测 |
| | G28 | G28 | G28 | 自动返回参考点 |
| | G29 | G29 | G29 | 自动从参考点定位 |
| 01 | G32 | G32 | G32 | 螺纹切削 |
| | G34 | G34 | G34 | 可变螺距切削 |
| 07 | ★G40 | ★G40 | ★G40 | 取消刀尖圆弧半径补偿 |
| | G41 | G41 | G41 | 刀尖半径左补偿 |
| | G42 | G42 | G42 | 刀尖半径右补偿 |
| 00 | G50 | G92 | G92 | 坐标设定/最高转速设定 |
| | G70 | G70 | G72 | 精车加工循环 |
| | G71 | G71 | G73 | 横向切削复合循环 |
| | G72 | G72 | G74 | 纵向切削复合循环 |
| | G73 | G73 | G75 | 仿形加工复合循环 |
| | G74 | G74 | G76 | $Z$ 轴啄式钻孔（沟槽加工） |
| | G75 | G75 | G77 | $X$ 轴沟槽切削循环 |
| | G76 | G76 | G78 | 螺纹复合切削循环 |
| 01 | G90 | G77 | G20 | 外径自动切削循环 |
| | G92 | G78 | G21 | 螺纹自动切削循环 |
| | G94 | G79 | G24 | 端面自动切削循环 |
| 02 | G96 | G96 | G96 | 恒线速度控制 |
| | ★G97 | ★G97 | ★G97 | 恒转速控制 |
| 05 | G98 | G94 | G94 | 每分钟进给量/（mm·min$^{-1}$） |
| | ★G99 | ★G95 | ★G95 | 每转进给量/（mm·r$^{-1}$） |

| 组群 | 代码 | | | 功　能 |
|---|---|---|---|---|
| | A | B | C | |
| 03 | | G90 | G90 | 绝对坐标系设定 |
| | | G91 | G91 | 增量坐标系设定 |

说明：（1）A、B、C三种类型，一般CNC车床多设定成A型，而数控铣或加工中心设定成B、C型。

（2）00组别为非续效指令，非00组别为续效指令。

（3）不同组别的G功能可能在同一程序中使用。但若是同一组别的G功能，则最后面的G功能有效。

（4）有★记号的G代码表示数控机床一经开机后或按了"RESET"键后，即处于此功能状态下。

## 2. M 代码

表9-3为M代码及其指令的功能。

表9-3　M代码及其指令的功能

| 代码 | 功　能 | 代码 | 功　能 |
|---|---|---|---|
| M00 | 程序停止 | M06 | 换刀指令 |
| M02 | 程序结束 | M08 | 切削液开 |
| M03 | 主轴正转 | M09 | 切削液关 |
| M04 | 主轴反转 | M98 | 调用子程序 |
| M05 | 主轴停转 | M99 | 子程序结束返回主程序 |

## 3. F、S、T 代码

F代码用于指定进给速度，它有每转和每分钟进给两种指令模式。

每转进给模式（G99）的指令格式为：

G99 ＿＿ F ＿＿；

该指令在F后面直接指定主轴转一圈刀具的进给量，在数控车床上这种进给量指定方法应用较多。

每分钟进给模式（G98）的指令格式为：

G98 ＿＿ F ＿＿；

该指令在F后面直接指定刀具每分钟的进给量。

S代码用于指定主轴转速，它有恒线速度（G96）和恒转速度（G50）。

T代码用于指定刀具号码和刀具补偿号

例如：T0101前一个01表示选择01号刀具，后一个01表示选用01号刀具补偿。

刀具补偿包括刀具长度补偿和刀具圆弧半径补偿，补偿值为该刀具与基准刀具之间的坐标差值。

### 三、加工程序编制举例

在数控车床上加工一批半球零件，如图9-7所示。零件毛坯为$\phi$40 mm的棒料，各把车刀如图 9-8 所示，其中 T01 为 90°外圆右偏刀，T02 为精加工车刀，T03 为切断刀。其加工程序如表 9-4 所示。

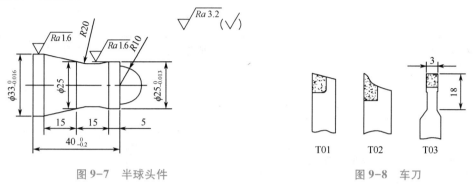

图 9-7　半球头件　　　　　　　　　　　图 9-8　车刀

表 9-4　半球头件的加工程序

| 程　　序 | 说　　明 |
| --- | --- |
| O0001； | 程序名 |
| N010 G50 X100. 0 Z150. 0 T0101； | 建立工件坐标，选择 T01 外圆车刀 |
| N020 G00 X36. 0 Z0. 3 M03 S800 M08； | 冷却液开，主轴正转，转速 800 r/min，快速定位 |
| N030 G01 X0. 0 F0. 3； | 粗车端面 |
| N040 G00 Z1. 0； | |
| N050 X36. 0； | |
| N060 G90 X34. 0 Z-53. 0； | 粗车外圆 $\phi34$ mm |
| N070 X30. 0 Z-36. 0； | 粗车外圆 $\phi30$ mm |
| N080 X26. 0 Z-30. 0； | 粗车外圆 $\phi26$ mm |
| N090 X21. 0 Z-10. 0； | 粗车外圆 $\phi21$ mm |
| N100 G00 X0 Z0. 5； | |
| N110 G03 X21. 0 Z-10. 0 R10. 5 F0. 2； | 粗车半球面 |
| N120 G01 X27. 0 F0. 5； | |
| N130 G00 Z-15. 0； | |
| N140 G01 X26. 0； | |
| N150 G02 X26. 0 Z-30. 0 R20. 0 F0. 2； | 粗车 $R20$ mm 圆弧 |
| N160 G01 X34. 0 Z-45. 0 F0. 3； | 粗车圆锥面 |
| N170 G00 X100. 0 Z150. 0； | |
| N180 S1500 T0202； | 换 T02 精加工刀，主轴转速 1 500 r/min |

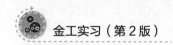

续表

| 程　序 | 说　明 |
|---|---|
| N190 X0 Z1.0; | 快速定位 |
| N200 G01 Z0 F0.1; | 精车端面 |
| N210 G03 X20.0 Z-10.0 R10.0; | 精车半球面 |
| N220 G01 X25.0; |  |
| N230 Z-15.0; | 精车 $\phi 25$ mm 圆柱面 |
| N240 G02 X25.0 W-30.0 R20.0; | 精车 $R20$ mm 圆弧 |
| N250 G01 X33.0 Z-45.0; | 精车圆锥面 |
| N260 Z-53.0; | 精车 $\phi 33$ mm 圆柱面 |
| N270 G00 X35.0; |  |
| N280 X100.0 Z150.0; |  |
| N290 S500 T0303; | 换 T03 切断刀，主轴转速 500 r/min |
| N300 X35.0 Z-53.0; | 快速定位 |
| N310 G01 X-0.5 F0.1; | 切断工件 |
| N320 G00 X100.0 Z150.0 M08; | 冷却液关，返回工件坐标 |
| N330 M05; | 主轴停 |
| N340 M30; | 程序结束 |
| % |  |

### 9.1.7　数控铣床加工

数控铣床是一种加工功能很强的数控机床，世界上首台数控机床就是一部三坐标铣床。数控铣床在数控加工中占据了重要的地位，这主要是因为数控铣床具有 $X$、$Y$、$Z$ 三轴向可移动的特性，更加灵活，并可以一次装夹完成多个加工工序。

一、机床坐标轴及其运动方向的定义

立式数控铣床使用 $X$ 轴、$Y$ 轴、$Z$ 轴组成的直角坐标系进行定位和插补运动，其中 $X$ 轴为铣床工作台水平面的左右方向，$Y$ 轴为铣床工作台水平面的前后方向，$Z$ 轴为铣床的铣刀（或工作台）升降轴，向工件靠近的方向为负方向，离开工件的方向为正方向，如图 9-9 所示。

二、系统指令

数控机床的程序格式及指令已有国际标准，但在编制加工程序时，由于各个国家或者公司集团准备功能指令 G 和辅助功能指令 M 的含义不完全相同，所以必须按照用户使用说明

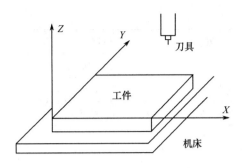

图 9-9 数控立式铣床坐标轴

书中的规定进行编程。下面以 FANUC 0i 数控系统为例介绍程序的格式及指令功能。

## 1. G 代码

表 9-5 所示为 FANUC 0i 系统 G 代码及其指令的功能。

表 9-5 G 代码及其功能

| G 代码 | 组别 | 功能 | G 代码 | 组别 | 功能 |
|---|---|---|---|---|---|
| ★G00 | 01 | 快速定位 | G20 | 06 | 英制单位输入 |
| G01 | | 直线插补 | G21 | | 米制单位输入 |
| G02 | | 顺时针圆弧插补 | ★G27 | 00 | 参考点返回检查 |
| G03 | | 逆时针圆弧插补 | G28 | | 返回参考点 |
| G04 | 00 | 暂停 | G29 | | 由参考点返回 |
| ★G15 | 17 | 极坐标设定取消 | G30 | | 返回第 2、3、4 参考点 |
| G16 | | 极坐标设定有效 | ★G40 | 07 | 刀具半径补偿取消 |
| ★G17 | 02 | XY 平面 | G41 | | 刀具半径左补偿 |
| G18 | 02 | XZ 平面 | G42 | | 刀具半径右补偿 |
| G19 | | YZ 平面 | G81 | 09 | 钻孔循环 |
| G43 | 08 | 刀具长度正向补偿 | G82 | | 孔底暂停钻孔循环 |
| G44 | | 刀具长度负向补偿 | G83 | | 深孔啄钻循环 |
| ★G49 | | 刀具长度补偿取消 | G84 | | 攻右螺纹循环 |
| G50 | 11 | 比例缩放取消 | G85 | | 铰孔循环 |
| G51 | | 比例缩放有效 | G86 | | 高速镗孔循环 |
| G50.1 | 2 | 镜像功能取消 | G87 | | 背精镗孔循环 |
| G51.1 | | 镜像功能有效 | G88 | | 半自动精镗孔循环 |
| G52 | 00 | 局部坐标系设定 | G89 | | 孔底暂停镗孔循环 |
| G53 | | 指定机床坐标系 | ★G90 | 03 | 绝对值编程 |
| ★G54 | 14 | 第一工件坐标系 | G91 | | 增量值编程 |
| G55 | | 第二工件坐标系 | | | |

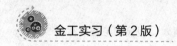

续表

| G 代码 | 组别 | 功能 | G 代码 | 组别 | 功能 |
|------|------|------|------|------|------|
| G56 | 14 | 第三工件坐标系 | G92 | 00 | 设定工件坐标系 |
| G57 | | 第四工件坐标系 | G94 | 05 | 每分钟进给 |
| G58 | | 第五工件坐标系 | G95 | | 每转进给 |
| G59 | | 第六工件坐标系 | G96 | 13 | 恒定表面速度控制（切削速度） |
| G65 | 00 | 宏程序调用 | | | |
| G68 | 16 | 坐标旋转有效 | G97 | | 取消恒定表面速度控制 |
| G69 | | 坐标旋转取消 | ★G98 | 10 | 在固定循环中使 Z 轴返回起始点 |
| G73 | 09 | 高速深孔啄钻循环 | | | |
| G74 | | 攻左螺纹循环 | G99 | | 在固定循环中使 Z 轴返回 R 点 |
| G76 | | 精镗孔循环 | | | |
| ★G80 | | 取消固定循环 | | | |

说明：（1）标有★的 G 代码初始状态 G 代码，即系统接通电源和复位时显示的 G 代码。G20、G21 为断电前状态。

（2）G 指令按功能分组，有 0～22 组。组别可分为两类：模态指令和非模态指令。属于"00"组者是非模态指令，其他则为模态指令。

（3）如果同组的 G 代码出现在同一程序段中，则最后一个 G 代码有效。

（4）在固定循环中（09）组，如果遇到 01 组的 G 代码时，固定循环被自动取消。

## 2. M 代码

数控铣床的 M 指令与数控车床基本相同。表 9-6 所示为 FANUC 0i 系统 M 代码指令及其功能。

表 9-6　M 代码及其功能

| M 指令 | 功能 | M 指令 | 功能 |
|------|------|------|------|
| M00 | 程序停止 | M07 | 切削液开启 |
| M01 | 程序选择性停止 | M08 | 切削液开启 |
| M02 | 程序结束 | M09 | 切削液关闭 |
| M03 | 主轴正转 | M30 | 程序结束，返回开始 |
| M04 | 主轴反转 | M98 | 调用子程序 |
| M05 | 主轴停止 | M99 | 子程序结束 |

## 三、加工程序编制举例

在数控铣床上用 $\phi$16 mm 的立铣刀铣削圆弧规零件轮廓，如图 9-10 所示，加工深度为 10 mm。其加工程序如表 9-7 所示。

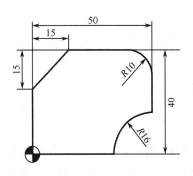

图 9-10　圆弧规

表 9-7　圆弧规轮廓的加工程序

| 程　序 | 说　明 |
| --- | --- |
| O0001； | 程序名 |
| N10 G21 G90 G17 G40 G49； | 设定程序初始状态 |
| N20 G54 G00 X−30.0 Y−30.0 S1000 M03； | 设定工件坐标系，主轴正转 |
| N30 G01 Z−10.0 F2；00 | 下刀至加工深度 10 mm |
| N40 G42 X−12.0 Y0.0 D01； | 粗加工，建立右刀补 |
| N50 G01 X34.0； | |
| N60 G02 X50.0 Y16.0 R16.0； | |
| N70 G01 Y30.0； | |
| N80 G03 X40.0 Y40.0 R10； | |
| N90 G01 X15.0； | |
| N100 G91 X−15.0 Y−15.0 | |
| N110 G90 X0.0 Y−12.0； | |
| N120 G40 X−30.0 Y−30.0； | 取消刀补 |
| N130 G42 X−12.0 Y0.0 D01； | 精加工，建立右刀补 |
| N140 G01 X34.0； | |
| N150 G02 X50.0 Y16.0 R16.0； | |
| N160 G01 Y30.0； | |
| N170 G03 X40.0 Y40.0 R10.0； | |
| N180 G01 X15.0； | |
| N190 G91 X−15.0 Y−15.0； | |
| N200 G90 X0.0 Y−12.0； | |
| N210 G40 X−30.0 Y−30.0； | 取消刀补 |
| N220 G00 Z50.0； | 抬刀至安全平面 |
| N230 M05； | 主轴停止 |
| N240 M30； | 程序结束并返回起始 |
| % | |

# 9.2 电火花加工简介

## 9.2.1 电火花线切割加工

### 一、加工原理

电火花线切割是利用移动的电极丝（钼丝、钢丝或者其他合金丝等）作为负电极，工件为正电极，并在电极丝与工件之间加以高频脉冲电流，使电极丝和工件之间脉冲放电，产生高温使金属熔化或汽化——电蚀作用，达到切割金属的作用，如图9-11所示。为了使电极丝得到充分的冷却，冲走被熔化的金属，须在两极间浇注矿物油、乳化液等工作液。

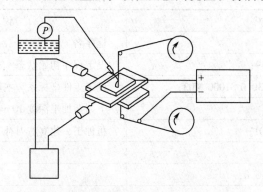

图9-11 线切割加工原理

在电火花线切割过程，工件与电极丝之间产生很强的脉冲电场，使其间的介质被电离击穿产生脉冲放电，由于放电的时间很短（为$10^{-6} \sim 10^{-5}$ s），放电的间隙很小（约0.1 mm），且发生在放电区的小点上，能量高度集中，放电区的温度高达10 000 ℃～12 000 ℃，使工件上的金属材料迅速熔化，甚至汽化。由于熔化或汽化都是瞬间进行，具有爆炸性质，形成耀眼的放电火花。当工件随工作台相对电极丝按预定的轨迹慢速移动，就可以加工出所需形状的工件。

### 二、加工特点

与传统的车削、铣削、钻削和电火花成型加工相比，电火花线切割具有以下特点。

（1）可以加工普通机床难以加工或无法加工的形状复杂的工件，特别适合于单件、小批量的形状复杂零件和试制品的加工；

（2）可以加工传统的车、铣、钻等机床难以加工的淬硬工件，尤其适合于对淬硬的模具零件的精加工；

（3）在加工过程中，电极丝与工件不直接接触，两者之间的作用力很小，电极丝和夹具不需要太高的强度；

（4）直接利用线状金属丝作电极，不需要制作专用电极；

（5）使用水基乳化液，冷却充分，工件不发热，变形小，加工精度较高；

（6）不能加工非导电材料，而且加工效率较低，加工成本较高。

### 9.2.2　电火花成型加工

#### 一、基本原理

与电火花线切割的原理相似，电火花成型加工也是通过正负电极之间产生瞬时脉冲放电，对工件进行电蚀作用，蚀除多余金属而成型的加工方法。

电火花成型加工的基本原理如图9-12所示。加工时，将工具电极和工件安放在绝缘液体中，保证一个很小的间隙。当给工具电极和工件接上脉冲电源，由于工具电极和工件的表面存在很多微小的凸点，这些凸点的电场极强，会引起绝缘液体局部电离，在电场力的作用下，电子高速向阳极运动，正离子高速向阴极移动，产生电火花放电。随着较高的凸起部分被电蚀而形成凹坑，其他部位又形成新的凸点，使得火花放电继续进行。

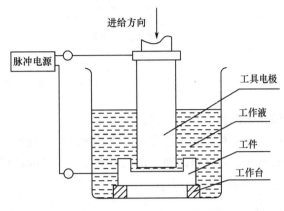

图9-12　电火花成型加工原理

#### 二、工艺特点

电火花成型加工具有以下工艺特点：

（1）可以加工任何高强度、高硬度、高脆性的导电材料。

（2）加工过程工具电极与工件之间的作用很少，夹具夹紧力不要求太大，工件变形小。有利于小孔、窄槽、螺旋孔、薄壁和各种复杂型腔的加工，适合于精密、微细、低刚度结构和淬硬工件盲孔的加工。

（3）脉冲参数可根据需要进行调节，可以在同一台机床上进行粗加工和精加工。精加工时尺寸精度达成不到 0.01 mm，表面粗糙度可达 $Ra0.8\ \mu m$。

（4）工件加工表面呈现的凹坑有利于储存润滑油，起减摩作用。

（5）需要预先加工工具电极，生产率效低于普通切削加工。

（6）放电过程有部分电能消耗在工具电极上，工具电极存在损耗，影响成型精度。

# 9.3　其他特种加工简介

### 9.3.1　激光加工

#### 一、激光加工原理

激光加工就是利用激光与材料相互作用的热效应实现加工的过程。激光加工的基本原理如图9-13所示。

与普通光源不同，激光具有高亮度、高方向性、高单色性和高相干性等优异特性。激光通过光学系统的变换，可以对被加工对象进行不同能量密度的辐射，使材料升温产生固态相

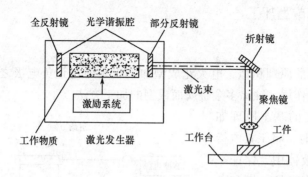

图 9-13　激光加工原理

变而熔化或汽化，从而实现各种加工。

激光加工具有加工速度快、热影响区小、变形小等特点，适合于高熔点、高硬度、脆性大的材料和复合材料的加工，能对零部件的局部进行精确加工。

### 二、激光加工的应用

**1. 激光打孔**

它是利用激光经过光学系统的整理、聚焦和传输，形成直径为几十至几微米的细小光斑焦点，使处于焦点处的材料在瞬间产生高温而汽化，材料蒸气猛烈喷出而形成孔洞。激光打孔适合于在各种硬质、脆性和难熔材料上进行微细孔、异形孔的加工，如在宝石、金刚石、硬质合金上加工微米级小孔等。

**2. 激光切割**

根据激光打孔原理，当材料与激光束产生相对移动，使孔洞连续产生形成切缝。

激光切割可以切割各种材质的材料，切割金属材料时，深宽比可达 20∶1；切割非金属材料时，深宽比可达 100∶1。激光切割尺寸精度高，工件变形小，而且切割速度快，效率高。

**3. 激光焊接**

激光焊接就是将高强度的激光束辐射至待焊接工件的结合处，使其迅速熔化而形成焊缝。

激光焊接具有深宽比大、变形小、焊速快、焊缝强度高等优点，可以焊接钛合金、石英等难熔材料，还可以焊接异种材料接头。目前激光焊接主要用于仪器仪表、电器、半导体器件等精密零件的微型焊接。

**4. 激光硬化**

激光硬化分为激光相变硬化、激光熔化凝固硬化和激光冲击硬化三种，目前主要应用的是激光相变硬化。

激光相变硬化就是利用高功率密度的激光束快速扫描工件表面，使工件表层迅速升温至淬火温度，快冷后获得马氏体淬火组织。

激光相变硬化适合于各种局部易磨件，如缸套、轴颈、模具、刀具、冷轧辊、齿轮和导轨等进行局部强化处理。

此外，激光加工方法还有激光熔覆与合金化、激光打标与雕刻、电子元件的激光微调及激光划线，等等。

### 9.3.2　超声波加工

超声波加工时工具以一定的静压力作用于工件上，在工具和工件之间加入磨料悬浮液（水或煤油和磨料的混合物）。超声波换能器产生 16 kHz 以上的超声频轴向振动，并借助变幅杆把振幅放大到 0.02~0.08 mm，迫使工作液中悬浮的磨粒以很大的速度不断撞击，抛磨被加工表面，把加工区的材料粉碎成非常小的微粒，并从工件上去除下来。虽然每次撞击去除的材料很少，但由于每秒撞击的次数多达 16 000 次以上，所以仍然有一定的加工速度。在这一过程中，工作液受工具端面的超声频率振动而产生高频、交变的液压冲击，使磨料悬浮液在加工间隙中强迫循环，不但带走了从工件上去除下来的微粒，而且使钝化了的磨料及时更新。由于工具的轴向不断进给，工具端面的形状被复制在工件上。当加工到一定的深度即成为和工具形状相同的型孔或型腔。其基本原理如图 9-14 所示。

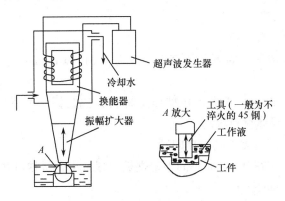

图 9-14　超声波加工原理

超声波加工适用于加工脆硬材料（特别是不导电的硬脆材料），如玻璃、石英、陶瓷、宝石、金刚石、各种半导体材料、淬火钢、硬质合金钢等。可采用比工件软的材料做成形状复杂的工具。去除加工余量是靠磨料瞬时局部的撞击作用，工具对工件加工表面宏观作用力小，热影响小，不会引起变形和烧伤，因此适合于薄壁零件及工件的窄槽、小孔。

### 9.3.3　电子束加工

电子束加工是利用高功率密度的电子束冲击工件时所产生的热能使材料熔化、汽化的特种加工方法，简称为 EBM，是由德国的科学家 K·H·施泰格瓦尔特于 1948 年发明的。

一、电子束加工原理

在真空中从灼热的灯丝阴极发射出的电子，在高电压（30~200 kV）作用下被加速到很高的速度，通过电磁透镜会聚成一束高功率密度（105~109 W/cm²）的电子束。当冲击到工件时，电子束的动能立即转变成为热能，产生出极高的温度，足以使任何材料瞬时熔化、汽化，从而可进行焊接、穿孔、刻槽和切割等加工。由于电子束和气体分子碰撞时会产生能量损失和散射，因此，加工一般在真空中进行。其基本原理如图 9-15 所示。

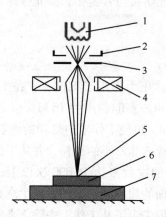

图 9-15　电子束加工原理

1—旁热阴极；2—控制栅极；3—加速阳极；4—聚焦系统；5—电子束斑点；6—工件；7—工作台

## 二、电子束加工特点

电子束加工的主要特点是：

（1）电子束能聚焦成很小的斑点（直径一般为 0.01~0.05 mm），适合于加工微小的圆孔、异形孔或槽。

（2）功率密度高，能加工高熔点和难加工材料如钨、钼、不锈钢、金刚石、蓝宝石、水晶、玻璃、陶瓷和半导体材料等。

（3）无机械接触作用，无工具损耗问题。

（4）加工速度快，如在 0.1 mm 厚的不锈钢板上穿微小孔每秒可达 3 000 个，切割 1 mm 厚的钢板速度可达 240 mm/min。

因此电子束加工广泛用于焊接，其次是薄材料的穿孔和切割。穿孔直径一般为 0.03~1.0mm，最小孔径可达 0.002 mm。切割 0.2 mm 厚的硅片，切缝仅为 0.04 mm，因而可节省材料。

### 9.3.4　离子束加工

#### 一、离子束加工原理

离子束加工是在真空条件下，先由电子枪产生电子束，再引入已抽成真空且充满惰性气体之电离室中，使低压惰性气体离子化，由负极引出阳离子又经加速、集束等步骤，最后射入工件表面。其基本原理如图 9-16 所示。

离子束加工主要有特点：

（1）加工的精度非常高；

（2）污染少；

（3）加工应力、热变形等极小、加工精度高；

（4）离子束加工设备费用高、成本高、加工效率低。

#### 二、离子束加工应用

##### 1. 蚀刻加工

离子蚀刻用于加工陀螺仪空气轴承和动压马达上的沟槽，分辨率高，精度、重复一致

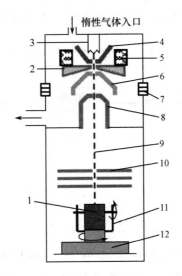

图 9-16 离子束加工原理

1—工件；2—阳极；3—阴极；4—中间电极；5—电磁线圈；6—控制电极；7—绝缘子；

8—引出电极；9—离子束；10—聚焦装置；11—摆动装置；12—三坐标工作台

性好。

离子束蚀刻应用的另一个方面是蚀刻高精度图形，如集成电路、光电器件和光集成器件等电子学构件以及太阳能电池表面具有非反射纹理的表面。离子束蚀刻还应用于减薄材料，制作穿透式电子显微镜试片。

**2. 离子束镀膜加工**

离子束镀膜加工有溅射沉积和离子镀两种形式。

离子镀可镀材料范围广泛，不论金属、非金属表面上均可镀制金属或非金属薄膜，各种合金、化合物、或某些合成材料、半导体材料、高熔点材料亦均可镀覆。

离子束镀膜技术可用于镀制润滑膜、耐热膜、耐磨膜、装饰膜和电气膜等。

离子束镀膜代替镀铬硬膜，可减少镀铬公害，提高刀具的寿命。

# 9.4 快速成型制造

## 9.4.1 基本原理

快速成型制造（Rapid Prototyping Manufacturing，RPM）技术是 20 世纪 80 年代发展起来的一种现代制造技术。它融合了 CAD/CAM 技术、数控技术、材料科学、机械工程、电子技术和激光技术等诸多工程领域的先进成果，能自动、快速、准确地将 CAD 模型直接成型为复杂的零部件或者成型为具有一定功能的产品原型。

快速成型基于离散/堆积的制造技术，其工艺流程如图 9-17 所示。首先应用各种三维 CAD 造型系统进行三维实体造型，建立三维 CAD 数据模型，然后转换成可被快速成型系统接受的数据文件。如 STL、IGES 等格式文件，用分层软件将三维实体模型在高度方向离散切成一系列的二维薄片，最后在计算机控制下根据切片的轮廓和厚度要求，用液体、片材、丝材或粉末材料制成所要求的薄片，并逐层堆积成三维实体原型。

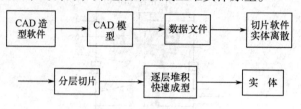

图 9-17  KPM 基本工艺流程

### 9.4.2  常用的 RPM 工艺简介

目前 RPM 工艺方法有数十种之多，但常用的主要有以下几种：

#### 一、光固化效率造型（Stereo Lithography Apparatus，SLA）

SLA 又称立体印刷或立体光刻，简称光刻或光成型。其工艺原理如图 9-18 所示。

液槽中注满液态光敏树脂，这种树脂在一定波长和强度的紫外激光照射下能迅速从液态转变为固态。加工时将工作平台置于液面下一个确定的深度，聚焦后的光斑在液面上按计算机的指令逐点扫描，即逐点固化。当一层扫描完成后，将工作平台下降一层高度，已成型的层面上又布满一层液态树脂，然后再进行下一层的光斑扫描，新固化的一层牢固地粘在前一层上，如此反复，直到整个零件制造完成。

SLA 方法成型精度较高，制造精度可达±0.1 mm。但工艺过程较复杂，设备及材料的价格较昂贵。

#### 二、叠层实体制造（Laminated Object Manufacturing，LOM）

LOM 的工艺原理如图 9-19 所示，它是采用背面带有粘胶的箔材通过加工平面，计算机按切片形状控制激光束切割出该层的形状，切割完一层后，工作台带动已成型的该层材料下降，供料机构转动，带动带状箔材移动，使新层移到加工区域，并通过热压装置与前面已切

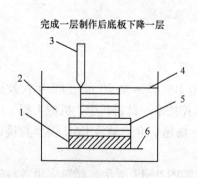

图 9-18  SLA 工艺原理

1—支撑层；2—树脂槽；3—光扫描器；4—工作
液面；5—逐层光固化后的树脂；6—底板

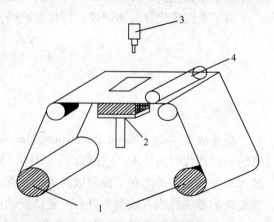

图 9-19  LOM 的工艺原理

1—纸辊；2—工作台；3—扫描器；4—热轧滚

割的一层黏结在一起，再在新层上切割截面轮廓。如此反复，直到加工完成，得到分层制造的实体零件。

叠层实体制造只需切割每层形状的边界，成型速度快，易于制造大型零件；成型材料便宜，形状和尺寸精度稳定，制造精度可达到±0.15 mm以内。

### 三、熔融沉积成型（Fused Deposition Modeling，FDM）

FDM的工艺原理如图9-20所示，快速成型系统将熔丝（蜡、ABS、尼龙等）送入 $XY$ 二维平面数控喷头，在喷头内将熔丝加热熔化后喷出，自然冷却凝固成型。一层扫描完成后，工作台下降一定的高度，扫描下一层，如此反复，直到零件成型。FDM不使用激光器，可大幅度降低加工成本，但制造精度相对偏低。

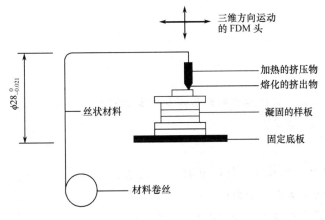

图9-20　FDM的工艺原理

### 四、选择性激光烧结（Selective Laser Sintering，SLS）

SLS工艺原理如图9-21所示，它是在一个充满惰性气体的制造箱中，先将粉末均匀平铺在可垂直运动的底板上，然后按CAD数据控制 $CO_2$ 激光束的运动轨迹，对薄层粉末进行扫描熔化、烧结，从而形成零件原形的一个截面。完成一层熔结后，底板下降一个层厚，开

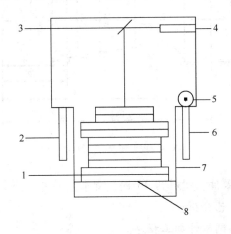

图9-21　SLS工艺原理

1—模样；2—粉末箱；3—扫描镜；4—激光器；5—滚子；6—粉末箱；7—模样制造箱；8—可垂直运动的底板

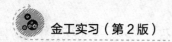

始下一层的铺粉和烧结，每一层的烧结都是在前一层的顶部进行，使前后层能牢固地黏结在一起。

SLS 工艺的特点是取材广泛，包括塑料、蜡、尼龙、陶瓷和金属材料，制造精度可达 ±0.13 mm 左右，表面粗糙度可达 $Ra3.2$ μm。

 **本课题小结**

本课题主要介绍了目前机械制造业应用较为广泛的数控车床加工、数控铣床加工、电火花等特种加工以及快速成型技术的相关概念、加工原理、方法以及应用范围。

 **练习题**

一、简答题

1. 简述数控加工原理？

2. 什么是数控编程？数控编程的内容以及步骤如何？

3. 简述数控编程的方法？

二、实操题

车削如图 9-22 所示的零件，材料为 45 钢，要求：

（1）完成零件的加工工艺分析；

（2）用手工编程方式编制零件加工程序。

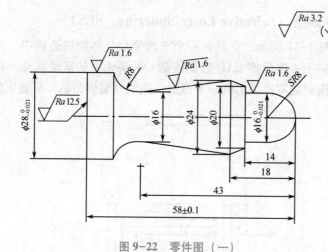

图 9-22　零件图（一）

铣削如图 9-23 所示的零件，材料为 45 钢，要求：

（1）完成零件的加工工艺分析；

（2）用手工编程方式编制零件加工程序。

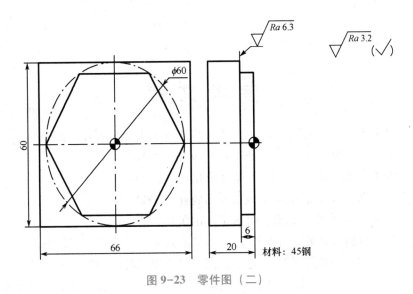

图 9-23 零件图（二）

# 参 考 文 献

[1] 徐永礼，田佩林. 金工实训 [M]. 广州：华南理工大学出版社，2006.

[2] 绍刚. 金工实训 [M]. 北京：电子工业出版社，2004.

[3] 张云新. 金工实训 [M]. 北京：化学工业出版社，2004.

[4] 杨昆. 金工实训 [M]. 北京：机械工业出版社，2002.

[5] 全燕鸣. 金工实训 [M]. 北京：机械工业出版社，2001.

[6] 徐永礼. 模具材料与热处理 [M]. 广州：华南理工大学出版社，2008.

[7] 姚为民. 车工实习与考级 [M]. 北京：高等教育出版社，1997.

[8] 马喜法，肖珑，张莉娟. 钳工基本加工操作实训 [M]. 北京：机械工业出版社，2008.

[9] 杜传坤，方琛玮. 钳工工艺学 [M]. 北京：电子工业出版社，2007.

[10] 金禧得. 金工实习 [M]. 北京：高等教育出版社. 1995.

[11] 刘绍忠. 金工实训 [M]. 长沙：中南大学出版社. 2008. 08.

[12] 葛兆祥. 焊工技师培训教材 [M]. 北京：机械工业出版社，2004.

[13] 关颖. 数控车床 [M]. 沈阳：辽宁科学技术出版社，2005.

[14] 徐颖斌. 金工实训指导 [M]. 哈尔滨：哈尔滨工程大学出版社. 2007.

[15] 栾振涛. 金工实习 [M]. 北京：机械工业出版社，2005.

[16] 关颖. 数控车床 [M]. 沈阳：辽宁科学技术出版社，2005.

[17] 胡少荃. 焊工生产实习 [M]. 北京：中国劳动出版社，2003.

[18] 葛兆祥. 焊工技师培训教材 [M]. 北京：机械工业出版社，2004.

[19] 王毓敏. 工程材料及热加工基础 [M]. 武汉：华中理工大学出版社，1998.

[20] 周世权. 工程实践 [M]. 武汉：华中科技大学出版社，2003.

[21] 陈君若. 制造技术工程实训 [M]. 北京：机械工业出版社，2003.

[22] 张志文. 锻造工艺学 [M]. 北京：机械工业出版社，1983.

[23] 李硕本. 冲压工艺学 [M]. 北京：机械工业出版社，1982.

[24] 李永增. 金工实习 [M]. 北京：高等教育出版社，1996.

[25] 王兴民. 钳工工艺学 [M]. 北京：劳动人事出版社，1985.

[26] 马鹏飞. 钳工与装配技术 [M]. 北京：化学工业出版社，2004.